중학수학
절대강자 1·2

최상위

검토에 도움을 주신 선생님

강경포 송정메타수학학원	강시현 CL학숙	강유리 두란노 수학 과학	고택수 장안 김샘수학
공부자 CMS 부산해운대영재교육센터	공선민 수학의 자신감	권재철 CMS 학원	권진영 청담학원
권현숙 오엠지수학	김건태 매쓰로드 수학학원	김경백 에듀TOP수학학원	김근우 더클래스
김남진 산본 파스칼 학원	김동철 김동철 수학학원	김미령 수과람 영재학원	김미영 명수학교습소
김미희 행복한수학쌤	김보형 오엠지수학	김서인 세모가꿈꾸는수학당	김수은 민수학
김슬기 프로젝트매쓰학원	김승민 분당파인만학원 중등부	김신행 꿈의 발걸음 영수학원	김연진 수학메디컬센터
김영교 코기토 수학	김영옥 탑클래스학원	김용혁 솔루션 수학	김웅록 ENM영수전문학원
김윤애 창의에듀학원	김윤재 코스매쓰 수학학원	김윤정 한수위 CMS학원	김은영 쓰리TOP수학학원
김은정 멘토수학학원	김은정 루틴수학학원	김재현 타임영수학원	김전 더키움수학학원
김정흠 양영학원	김제영 소마사고력학원	김주미 캠브리지수학	김주희 함께하는 영수학원
김진아 오투영수	김진아 1등급 수학학원	김태완 경산여자중학교	김태환 다올수학전문학원
나미경 비엠아이수학학원	나성규 산본페르마 학원	나원선 라플라스 수학학원	노명희 탑클래스
노미선 셈플러스 학원	류은경 제제잉글리쉬학원	류정민 사사모플러스수학학원	민경록 민쌤수학학원
박경아 뿌리깊은 수학	박미경 수올림수학전문학원	박성근 대치피엘학원	박양순 팩토수학학원
박윤미 오엠지수학	박정훈 신현대보습학원	박종민 체험 수학	박준석 버팀목 학원
박지현 하이클래스수학	박형건 오엠지수학	백찬숙 절대수학	서경호 매쓰매티카
설원우 엠베스트SE 신진주캠퍼스	송광혜 두란노 수학 (금호캠퍼스)	송광호 루트원 수학학원	송민우 이은혜영수전문학원
신기정 코스매쓰 수학학원	신민화 신수학	안영대 엠프로 학원	안영주 宇利學房
양한승 공감스터디 영·수학원	오미화 오쌤수학학원	오세현 프로젝트매쓰학원	우선혜 엠코드에듀
유인호 수이학원	윤명희 사랑셈교실	윤문성 평촌 수학의 봄날 입시학원	윤세웅 표현수학학원
윤인한 위드클래스	윤혜진 마스터플랜학원	이건도 아론에듀수학	이공희 민솔수학학원
이규태 이규태수학	이다혜 서연고 학원	이대근 이대근수학전문학원	이명희 조이수학학원
이문수 에듀포스 학원	이미선 이룸학원	이선화 트리플에스 수학학원	이성정 아이비 수학학원
이세영 유앤아이 왕수학 학원	이송이 더쌤수학전문학원	이수연 카이스트수학학원	이수진 이수진수학전문학원
이유환 이유환 수학	이윤호 중앙입시학원	이정아 이김수학	이종근 신사고 학원
이진우 매쓰로드 수학학원	이창성 틀세움수학	이현희 폴리아 에듀	이혜진 엔솔수학
임광호 경산여자중학교	임우빈 리얼수학	임현진 탑클래스수학학원	장세완 장선생수학학원
장영주 안선생수학학원	전홍지 대세수학학원	정미경 버팀목 학원	정영선 시퀀트 영수전문학원
정유라 대세수학학원	정은미 수학의 봄 학원	정의권 WHY 수학전문학원	정인하 정인하 수학교습소
정재숙 김앤정학원	정주영 다시봄이룸수학	정진희 비엠아이수학학원	정태용 THE 공감 쎈수학러닝센터 영수학원
조셉 freedommath	조용찬 카이수학학원	조윤주 와이제이 수학학원	조필재 샤인 학원
조현정 올댓수학학원	차영진 창조적소수수학전문학원	차효순 우등생수학교실	천송이 하버드학원
최나영 올바른 수학학원	최다혜 싹수학 학원	최병기 상동 왕수학 교실	최수정 이루다 수학학원
최순태 보람과학로고스수학영재학원	최시안 데카르트 수학학원	최영희 재미난최쌤수학	최원경 호매실정진학원
최은영 위례수학학원 스키마에듀	최혜령 지혜의 숲	한동민 CS아카데미	한상철 한상철 수학학원
한수진 비엠아이수학학원	한재교 더매쓰중고등관수학교습소	한택수 평거 프리츠 특목관	홍정희 금손수학
홍준희 유일수학(상무캠퍼스)	황인영 더올림수학학원		

중학수학

절대강자

중학수학

절대강자

특목에 강하다! 경시에 강하다!

최상위

1·2

핵심문제

중단원의 핵심 내용을 요약한 뒤 각 단원에 직접
연관된 정통적인 문제와 원리를 묻는 문제들로
구성되었습니다.

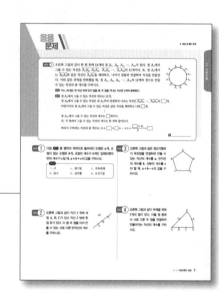

응용문제

핵심문제와 연계되는 단원의 대표 유형 문제를
뽑아 풀이에 맞게 풀어 본 후, 확인 문제로 대표
적인 유형을 확실하게 정복할 수 있도록 하였습
니다.

심화문제

단원의 교과 내용과 교과서 밖에서 다루어지는
심화 또는 상위 문제들을 폭넓게 다루어 교내의
각종 평가 및 경시대회에 대비하도록 하였습니다.

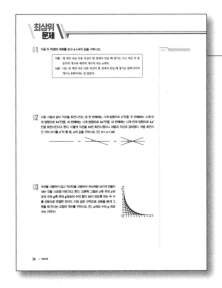

최상위문제

국내 최고 수준의 고난이도 문제들 특히 문제해결력 수준을 평가할 수 있는 양질의 문제만을 엄선하여 전국 경시대회, 세계수학올림피아드 등 수준 높은 대회에 나가서도 두려움 없이 문제를 풀 수 있게 하였습니다.

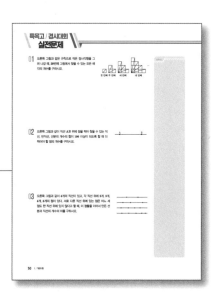

특목고/경시대회 실전문제

특목고 입시 및 경시대회에 대한 기출문제를 비교 분석한 후 꼭 필요한 문제들을 정리하여 풀어봄으로써 실전과 같은 연습을 통해 학생들의 창의적 사고력을 향상시켜 실제 문제에 대비할 수 있게 하였습니다.

1. 이 책은 중등 교육과정에 맞게 교재를 구성하였으며 단계별 학습이 가능하도록 하였습니다.

2. 문제 해결 과정을 통해 원리와 개념을 이해하고 교과서 수준의 문제뿐만 아니라 사고력과 창의력을 필요로 하는 새로운 경향의 문제들까지 폭넓게 다루었습니다.

3. 특목고, 영재고, 최상위 레벨 학생들을 위한 교재이므로 해당 학기 및 학년별 선행 과정을 거친 후 학습을 하는 것이 바람직합니다.

I 기본도형

1 기본도형의 성질

(1) **점, 선, 면** : 도형의 기본 구성요소

　평면도형이나 입체도형은 모두 점, 선, 면으로 이루어져 있다.

　점은 위치만 있고 크기나 모양은 없고, 선은 점이 움직인 자취를 나타낸 것으로 직선과 곡선이 있다.

　면은 선의 움직임을 나타낸 것으로 평면과 곡면이 있다.

(2) **교점과 교선** : 2개 이상의 선 또는 선과 면이 만나서 생기는 점을 교점, 면과 면이 만나서 생기는 선을 교선이라 한다.

(3) **직선의 결정** : 한 점을 지나는 직선은 무수히 많지만 서로 다른 두 점을 지나는 직선은 오직 1개뿐이다.

　① 직선 AB($\overleftrightarrow{AB}$) : 서로 다른 두 점 A, B를 지나는 선

　　오른쪽 그림과 같이 세 점 A, B, C가 한 직선 위에 있을 때, $\overleftrightarrow{AB}=\overleftrightarrow{BA}=\overleftrightarrow{AC}$

　② 반직선 AB($\overrightarrow{AB}$) : 점 A에서 시작하여 점 B의 방향으로 뻗은 직선 AB의 일부분

　　반직선은 시작점과 방향이 모두 같아야 같은 반직선이다.

　　반직선 AB와 반직선 AC는 같고($\overrightarrow{AB}=\overrightarrow{AC}$),

　　반직선 AC와 반직선 CA는 다르다. ($\overrightarrow{AC}\neq\overrightarrow{CA}$)

　③ 선분 AB($\overline{AB}$) : 직선 AB 위의 두 점 A, B를 포함하여 점 A에서 점 B까지의 부분

　　선분 AB와 선분 BA는 같다. ($\overline{AB}=\overline{BA}$)

(4) 한 평면 위의 서로 다른 n개의 점 중 어느 세 점도 한 직선 위에 있지 않을 때,

　① 두 점을 지나는 직선 또는 선분의 개수 : $\dfrac{n(n-1)}{2}$

　② 두 점을 지나는 반직선의 개수 : $n(n-1)$

핵심 1 다음 설명 중 옳은 것을 모두 고르시오.

> ㄱ. 선이 연속적으로 움직이면 면이 된다.
> ㄴ. 도형의 기본 요소는 선과 면 2개이다.
> ㄷ. 평면과 평면이 만나 생기는 교선은 직선이거나 곡선이다.
> ㄹ. 교점은 면과 면이 만나서 생기는 점이다.
> ㅁ. 직육면체에서 교선의 개수는 모서리의 개수와 같다.
> ㅂ. 원기둥에서 교점은 없고, 밑면과 옆면의 교선은 곡선이다.

핵심 2 오른쪽 사각뿔에서 교점과 교선의 개수의 차를 구하시오.

핵심 3 다음 그림과 같이 한 직선 l 위에 있는 네 점 A, B, C, D가 있을 때, 다음 중 옳지 <u>않은</u> 것은?

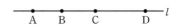

① $l=\overleftrightarrow{BC}$

② $\overrightarrow{AB}=\overrightarrow{AD}$

③ $\overrightarrow{BA}=\overrightarrow{DB}$

④ $\overrightarrow{AC}$와 $\overrightarrow{DC}$의 공통 부분은 없다.

⑤ $\overrightarrow{BC}$와 $\overrightarrow{CD}$를 합한 부분은 $\overline{BC}$와 같다.

핵심 4 오른쪽 그림의 네 점으로 직선, 반직선, 선분을 만들 때, 한 점에서 만나지 <u>않는</u> 것은?

① $\overleftrightarrow{AB}$와 $\overleftrightarrow{CD}$

② $\overleftrightarrow{AD}$와 $\overleftrightarrow{CB}$

③ $\overleftrightarrow{AB}$와 $\overleftrightarrow{CD}$

④ $\overleftrightarrow{BD}$와 $\overleftrightarrow{CA}$

⑤ $\overrightarrow{BA}$와 $\overrightarrow{CD}$

예제 ① 오른쪽 그림과 같이 한 원 위에 12개의 점 A_1, A_2, A_3, $\cdots$, A_{12}가 있다. 점 A_1에서 그을 수 있는 직선은 $\overleftrightarrow{A_1A_2}$, $\overleftrightarrow{A_1A_3}$, $\overleftrightarrow{A_1A_4}$, $\cdots$, $\overleftrightarrow{A_1A_{12}}$의 11개이다. 또, 점 A_2에서는 $\overleftrightarrow{A_1A_2}$와 같은 직선인 $\overleftrightarrow{A_2A_1}$을 제외하고, 나머지 점들과 연결하여 직선을 만들었다. 이와 같은 과정을 반복했을 때, 점 A_1, A_2, A_3, $\cdots$, A_{12}의 12개의 점으로 만들 수 있는 직선의 총 개수를 구하시오.

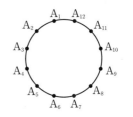

Tip 어느 세 점도 한 직선 위에 있지 않을 때, 두 점을 지나는 직선은 2개씩 중복된다.

풀이 점 A_1에서 그을 수 있는 직선의 개수는 11개,

점 A_2에서 그을 수 있는 직선은 점 A_3부터 연결하여 나오는 직선인 $\overleftrightarrow{A_2A_3}$, $\cdots$, $\overleftrightarrow{A_2A_{12}}$의 $\boxed{}$개,

마찬가지로 점 A_3에서 그을 수 있는 직선은 같은 직선을 제외하고 나면 $\boxed{}$개,

$\vdots$

점 A_{11}에서 그을 수 있는 직선의 개수는 $\boxed{}$개이다.

즉, 각 점에서 그을 수 있는 직선의 개수는 한 개씩 줄어든다.

따라서 구하려는 직선의 총 개수는 $11 + \boxed{} + \boxed{} + \cdots + 1 = \dfrac{\boxed{} \times 11}{2} = \boxed{}$

답 _____

응용 ① 다음 **보기** 중 평면과 곡면으로 둘러싸인 도형은 a개, 교점이 없는 도형은 b개, 교점의 개수가 8개인 입체도형의 면의 개수가 c일 때, $a+b+c$의 값을 구하시오.

> **보기**
> ㄱ. 구   ㄴ. 원기둥   ㄷ. 직육면체
> ㄹ. 반구   ㅁ. 삼각뿔   ㅂ. 오각기둥

응용 ② 오른쪽 그림과 같이 직선 l 위에 세 점 A, B, C가 있고 직선 l 밖에 한 점 D가 있다. 이 중 두 점을 이어 만들 수 있는 서로 다른 반직선의 개수를 구하시오.

응용 ③ 오른쪽 그림과 같은 정오각형의 각 꼭짓점을 연결하여 만들 수 있는 직선의 개수를 a, 반직선의 개수를 b, 선분의 개수를 c라 할 때, $a+b-c$의 값을 구하시오.

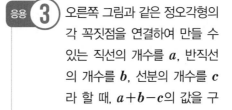

응용 ④ 오른쪽 그림과 같이 부채꼴 위에 **7**개의 점이 있다. 이들 점 중에서 서로 다른 두 점을 연결하여 만들어지는 직선의 개수를 구하시오.

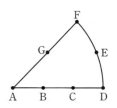

(1) **두 점 A, B 사이의 거리** : 두 점 A, B를 잇는 선 중에서 가장 짧은 선분 AB의 길이

(2) **선분 AB의 중점 M** : 선분 AB 위의 점으로 선분 AB의 길이를 이등분하는 점 M

➡ $\overline{AM} = \overline{MB} = \dfrac{1}{2}\overline{AB}$

두 점 A, B 사이의 거리

(3) 두 직선 AB와 CD가 한 점에서 만나 이루는 각의 크기가 직각일 때, 이들 두 직선은 직교한다고 한다.

➡ $\overleftrightarrow{AB} \perp \overleftrightarrow{CD}$

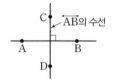
$\overleftrightarrow{AB}$의 수선

(4) **수직과 수선** : 직교하는 두 직선을 서로 수직이라 하고, 한 직선을 다른 직선의 수선이라 한다.

(5) **수선의 발** : 직선 AB 위에 있지 않은 점 P에서 직선 AB에 수선을 그었을 때, 직선과 만나는 점을 수선의 발이라고 하고, 이때 점 P와 $\overleftrightarrow{AB}$ 사이의 거리는 점 P에서 $\overleftrightarrow{AB}$에 내린 수선의 발 H까지의 거리, 즉 $\overline{PH}$의 길이와 같다.

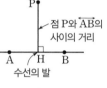
점 P와 $\overleftrightarrow{AB}$의 사이의 거리
수선의 발

(6) **수직이등분선** : 선분 AB의 중점 M을 지나고 선분 AB에 수직인 직선을 선분 AB의 수직이등분선이라고 한다.

핵심 1 다음 그림과 같이 $\overline{AB}=30$, $\overline{BC}=15$인 $\overline{AC}$의 중점을 P, $\overline{AB}$의 중점을 M, $\overline{BC}$의 중점을 N이라고 할 때, $\overline{MP}+\overline{BN}$의 길이를 구하시오.

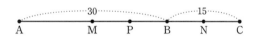

핵심 2 다음 그림에서 점 C, D는 $\overline{AB}$를 삼등분한 점이고 점 E는 $\overline{CD}$의 중점이다. 다음 중 **틀린** 설명을 한 학생을 말하시오.

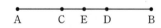

> 가람 : $\overline{AC}$의 길이는 $\overline{AB}$의 길이의 $\dfrac{1}{3}$배와 같아.
>
> 나영 : $\overline{AC}$의 길이는 $\overline{CE}$의 길이의 2배와 같아.
>
> 다솔 : $\overline{BC}$의 길이는 $\overline{AB}$의 길이의 $\dfrac{3}{4}$배와 같아.
>
> 라임 : $\overline{AB}$의 길이는 $\overline{ED}$의 길이의 6배와 같아.

핵심 3 다음 그림에서 두 점 B, D는 각각 $\overline{AC}$, $\overline{CE}$의 중점이다. $\overline{AC} : \overline{CE}=3 : 1$이고, $\overline{CD}=5\,\text{cm}$일 때, $\overline{BD}$의 길이를 구하시오.

핵심 4 오른쪽 그림의 사다리꼴 ABCD에서 두 대각선의 교점을 O, 변 BC의 중점을 E라 할 때, 다음 중 옳지 **않은** 것을 모두 고르면? (정답 2개)

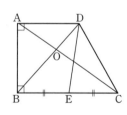

① $\overline{AC}$와 $\overline{BD}$는 서로 수직이다.

② 직선 AD는 직선 AB의 수선이다.

③ 선분 DE는 선분 BC의 수직이등분선이다.

④ 점 D에서 변 BC에 이르는 거리는 변 AB의 길이와 같다.

⑤ 점 C에서 변 AB에 내린 수선의 발은 점 B이다.

예제 2 다음 그림에서 세 점 P, Q, R는 각각 $\overline{AB}$, $\overline{BC}$, $\overline{CA}$의 중점이고 $\overline{PR} : \overline{RQ} = 8 : 5$이다. $\overline{AC} = 52$일 때, $\overline{BR}$의 길이를 구하시오.

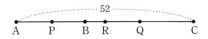

Tip 선분의 중점에서 양 끝점에 이르는 거리는 각각 같음을 이용하여 $\overline{PQ}$의 길이를 구한다.

풀이 $\overline{AB} = 2\overline{PB}$, $\overline{BC} = 2\overline{BQ}$이므로
$\overline{AC} = \overline{AB} + \overline{BC} = 2(\overline{PB} + \overline{BQ}) = 2\overline{PQ}$
$\overline{AC} = 52$이므로 $\boxed{}\overline{PQ} = 52$ ∴ $\overline{PQ} = \boxed{}$
$\overline{PR} : \overline{RQ} = 8 : 5$이므로 $\overline{PR} = \boxed{}\overline{PQ} = \boxed{}$
$\overline{AR} = \boxed{}\overline{AC} = \boxed{} \times 52 = \boxed{}$이므로 $\overline{AP} = \overline{AR} - \overline{PR} = \boxed{}$
∴ $\overline{BR} = \overline{AR} - \overline{AB} = \overline{AR} - 2\overline{AP} = 26 - 2 \times \boxed{} = \boxed{}$

답 ＿＿＿＿＿＿＿＿

응용 1 다음 조건을 모두 만족시키는 서로 다른 다섯 개의 점 A, B, C, D, E가 있다. 이때 $\overline{AB}$의 길이는 $\overline{BC}$의 길이의 몇 배인지 구하시오.

> ㈎ 다섯 개의 점 A, B, C, D, E는 한 직선 l 위에 있다.
> ㈏ 점 B는 점 E의 왼쪽에 있다.
> ㈐ 점 D는 선분 $\overline{BE}$의 중점이다.
> ㈑ $\overline{AE} : \overline{DA} = 1 : 1$이다.
> ㈒ 다섯 개의 점들 중 이웃하는 점들 사이의 거리는 모두 같다.

응용 2 다음 그림에서 두 점 M, N은 각각 $\overline{AC}$, $\overline{BC}$의 중점이고, $\overline{AB} : \overline{BC} = 5 : 2$이다. $\overline{MN} = 10$일 때, $\overline{AC}$의 길이를 구하시오.

응용 3 오른쪽 그림과 같이 $\angle B = 90°$인 직각삼각형 ABC에서 점 B와 $\overline{AC}$ 사이의 거리를 구하시오.

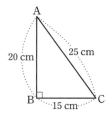

응용 4 좌표평면 위에 두 점 P(-4, 2), Q(3, -3)가 있다. 점 P에서 x축과 y축에 내린 수선의 발을 각각 A, B라 하고 점 Q에서 x축과 y축에 내린 수선의 발을 각각 C, D라 할 때, 사각형 ABCD의 넓이를 구하시오.

03 각

(1) **각** : 한 점 O에서 시작하는 두 반직선 OA, OB로 이루어진 도형으로
  ∠AOB, ∠BOA, ∠O, ∠a로 나타낸다.

(2) **각의 크기** : ∠AOB에서 $\overrightarrow{OA}$가 점 O를 중심으로 $\overrightarrow{OB}$까지 회전한 양

(3) **각의 분류**

  ① 평각 : 각의 두 변이 한 직선을 이룰 때의 각, 즉 크기가 180°

  ② 직각 : 평각의 크기의 $\frac{1}{2}$인 각, 즉 크기가 90°인 각

  ③ 예각 : 0°보다 크고 90°보다 작은 각

  ④ 둔각 : 90°보다 크고 180°보다 작은 각

(4) **교각** : 두 직선이 한 점에서 만날 때 생기는 4개의 각 ➡ ∠a, ∠b, ∠c, ∠d

(5) **맞꼭지각** : 서로 다른 두 직선이 한 점에서 만날 때, 서로 마주 보는 한 쌍의 각

  ➡ ∠a와 ∠c, ∠b와 ∠d

(6) **맞꼭지각의 성질** : 맞꼭지각의 크기는 서로 같다. ➡ ∠a=∠c, ∠b=∠d

핵심 1 다음 보기 중 항상 옳은 것이 <u>아닌</u> 것을 모두 고르시오.

보기
ㄱ. (직각)+(직각)=(평각)
ㄴ. (예각)+(예각)=(둔각)
ㄷ. (둔각)-(예각)=(둔각)
ㄹ. (평각)-(둔각)=(예각)

핵심 2 다음 물음에 답하시오.

(1) x의 값을 구하시오.

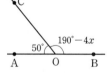

(2) ∠COD의 크기를 구하시오.

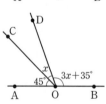

(3) ∠x - ∠y의 크기를 구하시오.

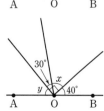

핵심 3 오른쪽 그림과 같이 3개의 직선이 한 점에서 만날 때, x의 값을 구하시오.

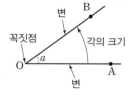

핵심 4 다음 글을 읽고 서로 다른 직선들이 한 점 O에서 만날 때 생기는 맞꼭지각의 쌍의 개수를 구하시오.

서로 다른 n개의 직선이 한 점에서 만날 때, 직선 n개 중 2개를 뽑는 방법 수는
$n \times (n-1) \div 2$(가지)이다. … ㉠
서로 다른 2개의 직선이 한 점에서 만날 때 생기는 맞꼭지각의 개수는 2쌍이다. … ㉡
㉠, ㉡에 의해서 서로 다른 n개의 직선이 한 점에서 만날 때 생기는 맞꼭지각의 쌍의 개수는
$n \times (n-1) \div 2 \times 2 = n \times (n-1)$이다.

(1)

(2)

(3)

예제 3 오른쪽 그림은 한 평면 위에 있는 여러 개의 직선들이 몇 개의 각을 이룬 것이다.
∠x의 크기를 ∠A, ∠B, ∠C, ∠D, ∠E, ∠F, ∠G를 사용한 식으로 나타내시오.

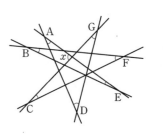

Tip 점 C와 E를 연결해 보고, 맞꼭지각의 크기는 서로 같음을 이용한다.

풀이 오른쪽 그림과 같이 직선 BE와 CF의 교점을 H라 하고,
직선 AE와 CG의 교점을 I라 놓자.
또한, 점 C와 E를 연결하면, △BHF와 △CHE에서 ∠H는 두 삼각형의
맞꼭지각이므로

∠B+∠F=∠[ ]+∠CEH

△ICE에서

∠ICE+∠IEC+(180°−∠x)=[ ]°이므로 ∠x=∠ICE+∠IEC

∠ICE=∠[ ]+∠C, ∠IEC=∠E+∠CEH

∴ ∠x=∠ICE+∠IEC=∠C+∠E+∠[ ]+∠CEH=∠[ ]+∠C+∠E+∠[ ]

답 _____

응용 1 오른쪽 그림에서
∠**POA**=5∠**AOB**,
∠**COQ**=5∠**BOC**일 때,
∠**AOC**의 크기의 크기를
구하시오. (단, **PQ**는 직선
이다.)

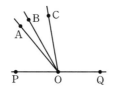

응용 2 오른쪽 그림에서 직선 **AB** 위
에 있지 않는 세 점 **C**, **D**, **E**가
$\overline{AB} \perp \overline{EO}$,
∠**DOE**=$\frac{1}{3}$∠**EOB**,
∠**AOC**=$\frac{3}{4}$∠**AOD**을 만족시킬 때, ∠**DOE**−∠**COE**
의 크기를 구하시오.

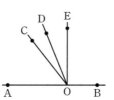

응용 3 오른쪽 그림은 직사각형 모양
의 종이 **ABCD**를 선분 **CE**
를 접는 선으로 하여 접은 것
이다.
∠**AED**′ : ∠**CED**′=4 : 3일 때, ∠**AED**′의 크기를 구
하시오.

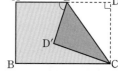

응용 4 다음 그림은 미주와 선우가 각각 **5**개의 직선을 가지고 그
린 그림이다. 미주와 선우가 그린 그림에서 생긴 맞꼭지각
이 각각 a쌍, b쌍일 때, $a-b$의 값을 구하시오.

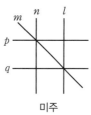

미주
(단, $n \, / \! / \, l$, $p \, / \! / \, q$)

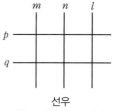

선우
(단, $p \, / \! / \, q$, $m \, / \! / \, n \, / \! / \, l$)

04 한 평면 위에 있는 두 직선의 위치 관계

(1) **두 직선의 평행** : 한 평면 위의 두 직선 l, m이 서로 만나지 않을 때, 두 직선 l, m은 평행하다고 한다.

　　➡ $l /\!/ m$

(2) **평면에서 두 직선의 위치 관계**

　① 한 점에서 만난다.　　　　② 평행하다. ($l /\!/ m$)　　　③ 일치한다.

　　교점

(3) **평면이 하나로 결정되기 위한 조건**

　다음과 같은 경우에 하나의 평면이 결정된다.

　① 한 직선 위에 있지 않은 세 점　　② 한 직선과 그 직선 밖의 한 점

　③ 한 점에서 만나는 두 직선　　　　④ 평행한 두 직선

핵심 1 다음 보기 중 오른쪽 그림과 같이 한 평면 위의 직선과 점에 대한 설명으로 옳은 것은 모두 몇 개인지 구하시오.

보기

ㄱ. 점 A는 직선 l 위에 있지 않다.

ㄴ. 직선 n과 p의 공통 부분은 점 D이다.

ㄷ. 점 B는 세 직선 l, m, n 위에 있는 점이다.

ㄹ. 점 C는 직선 l 위에 있지만 직선 p 위에 있지는 않다.

ㅁ. 직선 m은 두 점 C, D를 지나지 않는다.

ㅂ. 직선 p는 점 D를 지나고, 두 점 A, C를 지나지 않는다.

핵심 2 오른쪽 그림의 정육각형에서 다음 조건을 만족시키는 각 변의 연장선(직선)을 구하시오.

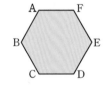

(1) $\overleftrightarrow{\text{AB}}$와 평행한 직선

(2) $\overleftrightarrow{\text{BC}}$와 만나는 직선

(3) $\overleftrightarrow{\text{CD}}$와 만나지 않는 직선

핵심 3 다음 중 한 평면 위에 있는 두 직선의 위치 관계가 될 수 없는 것은?

① 서로 수직이다.

② 서로 일치한다.

③ 서로 만나지 않는다.

④ 오직 한 점에서 만난다.

⑤ 서로 다른 두 점에서 만난다.

핵심 4 다음 중 옳지 않은 것을 모두 고르시오.

ㄱ. 평행한 두 직선은 한 평면 위에 있다.

ㄴ. 한 평면 위에 있으면서 서로 만나지 않는 두 직선은 평행하다.

ㄷ. 서로 다른 두 점을 지나는 직선은 무수히 많다.

ㄹ. 수직으로 만나는 두 직선은 한 평면 위에 있다.

ㅁ. 한 직선과 그 직선 밖의 한 점을 지나는 평면은 하나로 결정된다.

ㅂ. 한 평면 위에 있는 서로 다른 세 점을 지나는 직선은 반드시 존재한다.

예제 4 다음 물음에 답하시오.

(1) 오른쪽 그림과 같이 평행한 두 직선 l, m과 평면 밖에 한 점 A가 주어졌을 때, 만들 수 있는 서로 다른 평면의 개수를 구하시오.

(2) 오른쪽 그림과 같이 서로 평행한 세 직선 l, m, n에 대하여 이들 중 두 직선을 포함하는 평면의 개수를 구하시오. (단, 세 직선은 한 평면 위에 있지 않다.)

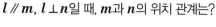

Tip 순서쌍 (한 점, 직선), (한 직선, 또 다른 직선)을 구해본다.

풀이 (1) 만들 수 있는 평면의 개수는 한 직선과 그 직선 밖에 있는 한 점 또는 평행한 두 직선으로 만들어지므로 (l, A), (m, A), $(l, \boxed{})$의 $\boxed{}$개이다.

(2) 만들 수 있는 평면의 개수는 세 직선 중 평행한 두 직선으로 만들어지므로 (l, m), $(l, \boxed{})$, $(m, \boxed{})$ 의 $\boxed{}$개이다.

답 _____

응용 1 오른쪽 그림과 같은 입체도형에서 모서리 AC 위에 있지 않은 꼭짓점의 개수를 a, 면 ABC 위에 있는 꼭짓점의 개수를 b라 할 때, $b - a$의 값을 구하시오.

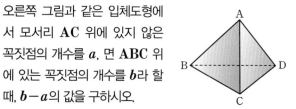

응용 2 한 평면 위의 서로 다른 세 직선 l, m, n에 대하여 □ 안에 알맞은 기호를 써넣으시오.

(1) $l /\!/ m$이고 $m /\!/ n$이면 $l \boxed{} n$이다.

(2) $l /\!/ m$이고 $m \perp n$이면 $l \boxed{} n$이다.

(3) $l \perp m$이고 $m \perp n$이면 $l \boxed{} n$이다.

(4) $l \perp m$이고 $m /\!/ n$이면 $l \boxed{} n$이다.

응용 3 한 평면 위에 있는 서로 다른 세 직선 l, m, n에 대하여 $l /\!/ m$, $l \perp n$일 때, m과 n의 위치 관계는?

① 일치한다.　　　　② 평행하다.

③ 수직이다.　　　　④ 두 점에서 만난다.

⑤ 알 수 없다.

응용 4 오른쪽 그림과 같이 네 점 A, B, C, D는 한 평면 위에 있고, 점 E와 F를 연결한 직선이 평면 위에 있는 임의의 두 점을 연결한 직선과 평행하지 않을 때, 세 점으로 결정되는 평면의 개수를 구하시오.

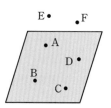

05 공간에서 두 직선의 위치 관계

(1) 꼬인 위치 : 공간에서 두 직선이 만나지도 않고 평행하지도 않을 때, 두 직선은 꼬인 위치에 있다고 한다.

(2) 공간에서 두 직선의 위치 관계

① 한 점에서 만난다.　　② 일치한다.　　③ 평행하다. ($l /\!/ m$)　　④ 꼬인 위치에 있다.

- ① 또는 ③일 때, 두 직선은 한 평면 위에 있다.
  ③ 또는 ④일 때, 두 직선은 만나지 않는다.
- 공간에서 두 직선이 한 평면 위에 있지 않는다.
  ➡ ④ 두 직선은 꼬인 위치에 있다.

핵심 1 오른쪽 그림과 같은 삼각기둥에서 모서리 $\overline{AB}$와 위치 관계가 다른 모서리는?

① $\overline{AC}$　　② $\overline{AD}$
③ $\overline{CB}$　　④ $\overline{EB}$
⑤ $\overline{EF}$

핵심 2 오른쪽 그림과 같은 밑면이 정오각형인 오각기둥에서 모서리 $\overline{BG}$와 평행한 모서리의 개수는 a, 모서리 $\overline{BG}$와 만나는 모서리의 개수는 b, 모서리 $\overline{BG}$와 꼬인 위치에 있는 모서리의 개수는 c일 때, $a+b+c$의 값을 구하시오.

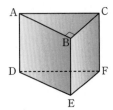

핵심 3 오른쪽 그림과 같은 직육면체에 대한 설명으로 옳지 <u>않은</u> 것을 모두 고르면? (정답 2개)

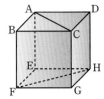

① $\overline{AB}$와 $\overline{CA}$는 한 점에서 만난다.
② $\overline{CD}$는 $\overline{FG}$와 평행하다.
③ $\overline{BF}$와 $\overline{FG}$는 수직으로 만난다.
④ $\overline{BC}$와 수직으로 만나는 모서리의 개수는 4이다.
⑤ $\overline{FH}$와 만나지도 않고 평행하지도 않는 선분의 개수는 6이다.

핵심 4 오른쪽 그림은 8개의 정삼각형으로 이루어진 입체도형이다. $\overline{AB}$와 꼬인 위치에 있는 모서리의 개수를 a, $\overline{AB}$와 평행한 모서리의 개수를 b라고 할 때, ab의 값을 구하시오.

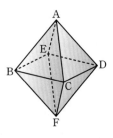

▶ 정답 및 풀이 **4**쪽

예제 **5** 오른쪽 그림은 직육면체를 면 CDF를 품는 평면으로 자른 것이다. 각 모서리를 연장했을 때, 다음 물음에 답하시오.

(1) $\overrightarrow{\text{ED}}$와 평행한 직선의 개수를 구하시오.

(2) $\overrightarrow{\text{CD}}$와 꼬인 위치에 있는 직선의 개수를 구하시오.

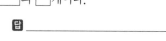

Tip▶ 두 직선이 만나는지 여부는 선을 연장하여 살펴본다.

풀이 (1) $\overrightarrow{\text{ED}}$와 평행한 직선은 직선 AB, ▭, ▭의 ▭개이다.

(2) $\overrightarrow{\text{CD}}$와 꼬인 위치에 있는 직선은 직선 AG, BH, FI, EJ, GH, ▭, ▭, ▭의 ▭개이다.

답 _____

응용 **1** 오른쪽 그림과 같은 직육면체에서 선분 **EG**와 꼬인 위치에 있으면서 동시에 선분 **BC**와 꼬인 위치에 있는 모서리의 개수를 구하시오.

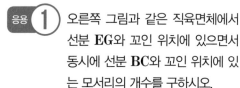

응용 **3** 오른쪽 그림은 정육면체를 세 꼭짓점 **B, G, D**를 지나는 평면으로 잘라서 만든 입체도형이다. 모서리 **BD**와 만나는 모서리의 개수와 모서리 **AB**와 꼬인 위치에 있는 모서리의 개수의 차를 구하시오.

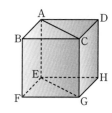

응용 **2** 다음 중 공간에서 서로 다른 두 직선의 위치 관계에 대한 설명으로 옳지 <u>않은</u> 것을 모두 고르면? (정답 2개)

① 서로 다른 두 직선이 만날 때, 그 교점은 1개이다.

② 서로 평행한 두 직선은 한 평면 위에 있다.

③ 서로 만나지 않는 두 직선은 꼬인 위치에 있다.

④ 한 평면 위에 있으면서 서로 만나지 않는 두 직선 은 꼬인 위치에 있다.

⑤ 한 점에서 만나는 두 직선은 한 평면 위에 있다.

응용 **4** 오른쪽 그림의 전개도로 만들어 진 밑면이 정사각형인 정사각뿔에서 모서리 **AB**와 꼬인 위치에 있는 모서리의 개수를 a, 수직으로 만나는 모서리의 개수를 b라고 할 때, $4a+6b$의 값을 구하시오.

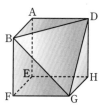

06 공간에서 직선과 평면, 두 평면의 위치 관계

(1) 공간에서 직선 l과 평면 P의 위치 관계는 다음과 같다.

　① 포함된다.　　　　　② 한 점에서 만난다.　　　　③ 평행하다. ($l /\!/ P$)

(2) **직선과 평면의 수직** : 직선 l과 평면 P가 점 H에서 만나고 직선 l이 점 H를 지나는 평면 P 위의 모든 직선과 수직일 때, 직선 l과 평면 P는 수직이라 하고 기호로 $l \perp P$와 같이 나타 낸다.

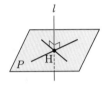

(3) **두 평면의 위치 관계**

　① 한 직선에서 만난다.　　　② 평행하다.($P /\!/ Q$)　　　③ 일치한다.

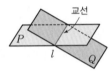　　　　

(4) **두 평면의 수직** : 두 평면 P, Q가 만나고 평면 P가 평면 Q에 수직인 직선 l을 포함할 때, 두 평면은 수직이라 하고, 기호로 $P \perp Q$와 같이 나타낸다.

핵심 ① 오른쪽 그림의 직육면체에 대한 설명으로 옳은 것은 몇 개인지 구하시오. (단, $\overline{AC}$, $\overline{BD}$, $\overline{EG}$, $\overline{FH}$는 직육면체의 밑면의 대각선이다.)

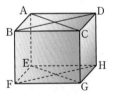

ㄱ. $\overline{AC}$와 평행한 면은 면 EFGH이다.
ㄴ. $\overline{AE}$와 $\overline{CG}$를 포함하는 평면은 $\overline{BF}$와 평행하다.
ㄷ. 모서리 BC와 면 CGHD는 수직으로 만난다.
ㄹ. $\overline{EG}$를 포함한 면은 면 ABCD이다.
ㅁ. 면 BFHD와 평행한 모서리의 개수는 2개이다.
ㅂ. 면 AEHD는 $\overline{CD}$와는 수직으로 만나고, $\overline{BF}$와는 평행하다.

핵심 ② 위 1의 직육면체에서 ∠BFH의 크기를 구하시오.

핵심 ③ 오른쪽 그림은 밑면이 정육각형인 각기둥이다. 서로 평행한 평면의 쌍의 개수를 a, 면 ABCDEF와 수직인 평면의 개수를 b, 면 BHIC와 수직으로 만나는 평면의 개수를 c라 할 때, $a+b-c$의 값을 구하시오.

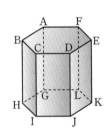

핵심 ④ 오른쪽 그림과 같이 두 밑면이 직각삼각형인 삼각기둥에서 꼭짓점 A에서 면 BEFC에 이르는 거리를 x cm, 꼭짓점 B에서 면 CFDA에 이르는 거리를 y cm, 면 ABC와 면 DEF 사이의 거리를 z cm라 할 때, $(x+y)z$의 값을 구하시오.

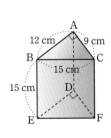

예제 6 오른쪽 그림과 같이 직육면체의 모서리 AB와 CD의 중점을 각각 P, Q라 할 때, 네 점 P, Q, F, G를 지나는 평면으로 잘랐다. 다음 설명 중 옳지 <u>않은</u> 것을 모두 고르시오.

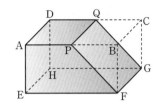

ㄱ. 직선 AE와 직선 QG는 꼬인 위치에 있다.
ㄴ. 모서리 EF와 평행한 모서리는 3개이다.
ㄷ. 면 EFGH와 수직으로 만나는 면은 4개이다.
ㄹ. 모서리 FG와 평면 APQD와의 거리는 $\overline{PF}$의 길이와 같다.
ㅁ. 면 AEHD와 면 PFGQ를 각각 연장하면 만난다.

Tip 두 직선, 직선과 평면, 두 평면이 만나는지 여부는 선이나 면을 연장하여 살펴본다.

풀이 ㄱ. 직선 AE와 직선 QG는 만나지도 않고 ☐하지도 않으므로 꼬인 위치에 있다.
ㄴ. 모서리 EF와 평행한 모서리는 $\overline{AP}$, $\overline{DQ}$, ☐이므로 3개이다.
ㄷ. 면 EFGH와 수직으로 만나는 면은 면 AEHD, 면 AEFP, 면 ☐의 3개이다.
ㄹ. 모서리 FG와 평면 APQD와의 거리는 $\overline{AE}$ 또는 ☐의 길이와 같다.
ㅁ. 면 AEHD와 면 PFGQ는 면을 연장하면 모서리 AD와 모서리 PQ의 위쪽에서 만난다.

답 _____

응용 1 오른쪽 그림은 정육면체의 전개도이다. 다음은 이 전개도로 정육면체를 만든 모양을 보고 발표한 내용이다. 발표 내용이 옳지 <u>않은</u> 학생을 말하시오.

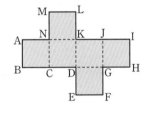

혜림 : 면 ABCN과 한 직선에서 만나는 면은 4개이다.
창섭 : $\overline{KJ}$와 수직으로 만나는 면은 2개이다.
영호 : 면 MNKL과 $\overline{AB}$는 평행하다.
승준 : $\overline{GD}$와 $\overline{CN}$은 꼬인 위치에 있다.

응용 2 공간에서 서로 다른 세 평면 P, Q, R에 대하여 $P /\!/ Q$이고 $Q \perp R$이면 두 평면 P와 R의 위치 관계를 말하시오.

응용 3 다음 보기 중 공간에서 항상 평행이 되는 경우는 몇 개인지 구하시오.

보기
㈎ 한 직선에 수직인 서로 다른 두 직선
㈏ 한 직선에 평행한 서로 다른 두 평면
㈐ 한 직선에 수직인 서로 다른 두 평면
㈑ 한 평면에 평행한 서로 다른 두 직선
㈒ 한 평면에 수직인 서로 다른 두 직선

응용 4 공간에서 서로 다른 세 평면 P, Q, R에 대하여 옳은 것을 고르시오.

㈎ $P \perp Q$이고 $Q /\!/ R$이면 $P /\!/ R$
㈏ $P /\!/ Q$이고 $Q /\!/ R$이면 $P /\!/ R$
㈐ $P \perp Q$이고 $P \perp R$이면 $Q \perp R$

07 평행선의 성질

(1) 동위각과 엇각 : 서로 다른 두 직선과 한 직선이 만나서 생기는 각 중에서
   ① 동위각 : 같은 위치에 있는 각
      ➡ $\angle a$와 $\angle e$, $\angle b$와 $\angle f$, $\angle c$와 $\angle g$, $\angle d$와 $\angle h$
   ② 엇각 : 엇갈린 위치에 있는 각 ➡ $\angle b$와 $\angle h$, $\angle c$와 $\angle e$

(2) 평행선의 성질
   한 평면 위에 있는 두 직선 l, m이 만나지 않을 때, 두 직선은 평행하다고 하며, 기호로는
   $l /\!/ m$으로 나타낸다. 이때 평행한 두 직선을 평행선이라 한다.
   ① 평행한 두 직선이 다른 한 직선과 만날 때, 동위각과 엇각의 크기는 각각 같다.
   ② 서로 다른 두 직선이 한 직선과 만날 때, 동위각(또는 엇각)의 크기가 같으면 두 직선은 평행하다.

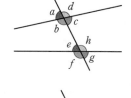

➡ ●＋★＝180°

핵심 1 세 직선이 오른쪽 그림과 같이 만날 때, 다음을 모두 구하시오.

(1) $\angle a$와 $\angle c$의 동위각을 각각 구하시오.

(2) $\angle g$와 $\angle l$의 엇각을 각각 구하시오.

핵심 2 오른쪽 그림에서 $l /\!/ m$일 때, 다음 중 옳은 것을 모두 고르면? (정답 2개)

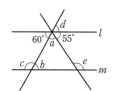

① $\angle a = 55°$　　② $\angle b = 60°$
③ $\angle c = 115°$　　④ $\angle d = 65°$
⑤ $\angle e = 125°$

핵심 3 오른쪽 그림에서 평행한 두 직선을 찾아 기호로 나타내시오.

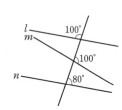

핵심 4 오른쪽 그림에서 세 점 A, P, Q는 직선 l 위에 있고, 세 점 B, C, D는 직선 m 위에 있다.
$\angle PAB = \angle DAB$,
$\angle QAC = \angle DAC$이고 $l /\!/ m$일 때, $\angle x$의 크기를 구하시오.

핵심 5 오른쪽 그림에서 $l /\!/ m$일 때, $\angle a - \angle b$의 크기를 구하시오.

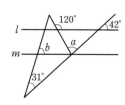

핵심 6 오른쪽 그림과 같이 직사각형 모양의 종이테이프를 겹쳐 놓았을 때, $\angle a + \angle b + \angle c + \angle d$의 크기를 구하시오.

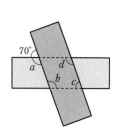

예제 **7** 오른쪽 그림에서 $l /\!/ m$이고, $\angle x : \angle y : \angle z = 6 : 4 : 5$일 때, 다음 물음에 답하시오.

(1) $\angle x + \angle y + \angle z$의 값을 구하시오.

(2) $\angle x$의 값을 구하시오.

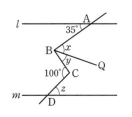

Tip ▶ 평행한 두 직선 사이에 보조선을 긋고, 두 직선이 평행하면 엇각의 크기가 같다는 평행선과 엇각의 성질을 이용하도록 한다.

풀이 (1) 오른쪽 그림과 같이 점 B, C를 지나고 직선 l, m에 평행한 보조선 n, p를 긋는다.

점 S와 T는 각각 직선 n, p 위의 점이다.

$\overrightarrow{TC} /\!/ m$이므로 $\angle TCD = \angle z$(엇각)

$\angle BCT = \angle BCD - \angle TCD = \boxed{}° - \angle z$

$l /\!/ \overrightarrow{BS} /\!/ \overrightarrow{TC}$이므로

$\angle ABS = 35°$, $\angle CBS = \boxed{}° - \angle z$이고,

$\angle ABC = \angle x + \angle y = \angle ABS + \angle CBS = 35° + \boxed{}° - \angle z = \boxed{}° - \angle z$

$\therefore \angle x + \angle y + \angle z = \boxed{}°$

(2) $\angle x = (\angle x + \angle y + \angle z) \times \dfrac{6}{6+4+5} = \boxed{}° \times \dfrac{2}{5} = \boxed{}°$

답 _____

응용 **1** 오른쪽 그림에서 $l /\!/ m$일 때, $\angle x$의 크기를 구하시오.

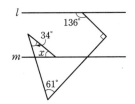

응용 **3** 오른쪽 그림에서 직선 **AB**와 직선 **EF**가 평행할 때, $\angle \mathbf{FED}$의 크기를 구하시오.

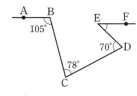

응용 **2** 다음 그림에서 정사각형 **ABCD**의 두 꼭짓점 **D**, **B**를 지나면서 평행한 두 직선 l, m을 그었을 때, $\angle \mathbf{FDC} : \angle \mathbf{GBC} = 3 : 2$라고 한다. 이때 $\angle \mathbf{AED}$의 크기를 구하시오. (단, 점 **F**, **G**는 각각 직선 l, m 위의 점이다.)

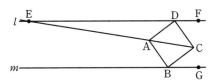

응용 **4** 오른쪽 그림과 같이 평행사변형을 접었을 때, $\angle x + \angle y$의 크기를 구하시오.

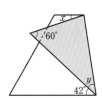

01 아래의 수직선 위의 점 A, B에 대응하는 수는 각각 −6, 554이고, 점 C와 D는 선분 AB를 각각 2 : 5와 3 : 1로 나누는 점이다. 이때 선분 CD의 길이를 구하시오.

02 유승이네 집, 은행, 서점, 학교, 우체국이 일직선 상에 있고, 다음 조건 을 모두 만족할 때 유승이네 집과 우체국 사이의 최소 거리를 구하시오.

> 조건
> ㈎ 은행과 학교 사이의 거리는 60 m이다.
> ㈏ 유승이네 집에서 학교까지의 거리와 서점에서 학교까지의 거리의 비는 2 : 5이다.
> ㈐ 유승이네 집에서 서점을 가려면 학교를 지나가야 한다.
> ㈑ 유승이네 집에서 학교를 가려면 은행을 지나가야 한다.
> ㈒ 학교와 우체국 사이의 거리는 유승이네 집과 은행 사이의 거리의 4배이다.
> ㈓ 서점과 우체국 사이의 거리는 30 m이다.

03 한 평면 위에 한 개의 직선을 그으면 평면은 두 부분으로 나누어진다. 한 평면 위에 일치하지 않는 여섯 개의 직선을 그을 때 평면은 최소 몇 개, 최대 몇 개의 부분으로 나누어지는지 각각 구하시오.

04 오른쪽 삼각형 ABC에서 ∠ABC의 이등분선이 변 AC와 만나는 점을 D라 하고, ∠BAD의 삼등분선이 선분 BD와 만나는 점을 E, F라고 하자. ∠ABD=25°, ∠AFD=69°일 때 ∠ACB의 크기를 구하시오.

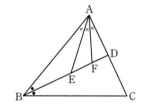

05 다음 그림에서 ∠a+∠b−∠c−∠d+∠e+∠f−∠g−∠h의 값을 구하시오.

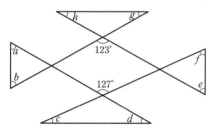

06 5시와 6시 사이에 시계의 시침과 분침이 이루는 각 중에서 작은 쪽의 각의 크기가 60° 이하인 때는 몇 분 동안인지 구하시오.

07 오른쪽 그림에서 점 A, B, C, D는 중심이 점 O인 반원 위의 점이고, 점 E는 직선 CD와 직선 AB의 교점이며, $\overline{OB}=\overline{DE}$이다. 이때 ∠DEA의 크기를 구하시오.

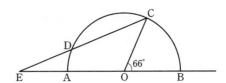

08 오른쪽 그림은 직사각형 모양의 종이를 접은 것이다. 세 점 A, B, C가 한 직선 위에 있을 때, ∠x−∠y의 크기를 구하시오.

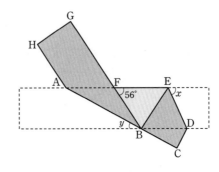

09 오른쪽 그림은 직사각형 모양의 종이를 $\overline{PQ}$, $\overline{DQ}$를 각각 접는 선으로 하여 접은 것이다. ∠B′QC′=58°이고 ∠x : ∠y=9 : 8일 때, ∠x−∠y의 크기를 구하시오.

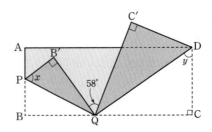

10 오른쪽 그림과 같이 평행사변형 ABCD의 꼭짓점 C가 C′에 오도록 접었을 때, $\overline{BA}$의 연장선과 $\overline{DC'}$의 연장선의 교점을 E라 하자. ∠BED=92°일 때, ∠EBD의 크기를 구하시오.

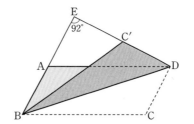

11 오른쪽 그림과 같이 ∠A = ∠D인 사다리꼴 ABCD를 $\overline{BE}$를 접는 선으로 하여 접었을 때, 2∠x + ∠y의 크기를 구하시오.

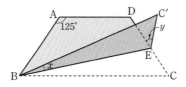

12 오른쪽 그림과 같이 △ABE와 △DBC에서 ∠BCD의 이등분선과 ∠BAE의 이등분선이 만나는 점을 F라 할 때, ∠AFC의 크기를 구하시오.

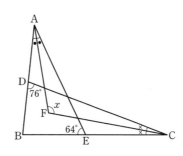

13 오른쪽 그림과 같이 $\overline{AB}\,/\!/\,\overline{DC}$, $\overline{AD}\,/\!/\,\overline{BF}$이고, $\angle BAF = \angle DAF$, $3\angle ABC = 2\angle DAB$, $5\angle ECG = 3\angle GCF$일 때, $\angle CGE$의 크기를 구하시오.

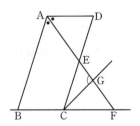

14 오른쪽 그림과 같이 정육각형 $ABCDEF$와 정사각형 $FGHI$가 두 평행한 직선 l, m에 접하고 있다. 직선 l과 $\overline{IF}$가 이루는 작은 쪽의 각의 크기가 $55°$이고, 직선 m과 $\overline{CD}$가 이루는 작은 쪽의 각의 크기가 $20°$일 때, $\angle EFG$의 크기를 구하시오.

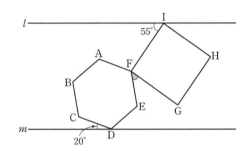

15 공간에서 직선과 평면의 위치 관계에 대한 다음 설명 중 옳은 것을 모두 찾아 그 오른쪽에 있는 수의 합을 구하시오.

> (개) 한 직선에 수직인 두 직선은 평행하다. · · · · · · · · · · · · · · · · · · · 1
> (내) 한 직선에 수직인 서로 다른 두 평면은 평행하다. · · · · · · · · · · · 2
> (대) 한 직선에 평행한 서로 다른 두 직선은 평행하다. · · · · · · · · · · · 4
> (래) 한 직선에 평행한 두 평면은 평행하다. · · · · · · · · · · · · · · · · · 8
> (매) 한 평면에 수직인 서로 다른 두 직선은 평행하다. · · · · · · · · · · · 16
> (배) 한 평면에 수직인 두 평면은 평행하다. · · · · · · · · · · · · · · · · · 32
> (새) 한 평면에 평행한 두 직선은 평행하다. · · · · · · · · · · · · · · · · · 64
> (애) 한 평면에 평행한 서로 다른 두 평면은 평행하다. · · · · · · · · · · · 128

16 오른쪽 그림과 같은 입체도형에 대하여 모서리 **AB**와 평행한 면의 개수를 a, 모서리 **CH**와 꼬인 위치에 있는 모서리의 개수를 b, 모서리 **EJ**와 수직인 면의 개수를 c라 할 때, $a+b+c$의 값을 구하시오. (단, 모서리는 직선으로 생각한다.)

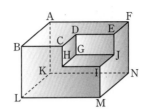

17 오른쪽 그림과 같은 정육면체에서 $\overline{AH}$와 $\overline{GH}$, $\overline{AH}$와 $\overline{FH}$, $\overline{AH}$와 $\overline{EH}$가 이루는 각을 각각 $\angle a$, $\angle b$, $\angle c$라고 할 때, $\angle a + \angle b + \angle c$의 크기를 구하시오.

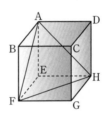

18 오른쪽 그림과 같은 전개도를 접어 만든 사각기둥에서 모서리 **AB**와 꼬인 위치에 있는 모서리는 a개, 모서리 **AB**와 수직인 면은 b개, 모서리 **AB**와 평행한 면은 c개이다. 이때 $a+b+c$의 값을 구하시오.

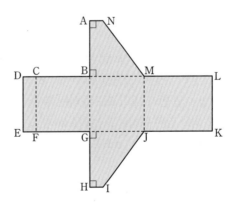

01 다음 두 학생의 대화를 보고 $a+b$의 값을 구하시오.

> 가희 : 세 개의 서로 다른 직선이 한 점에서 만날 때 생기는 크고 작은 각 중
> 둔각의 개수와 예각의 개수의 차는 a개야.
> 나은 : 나는 네 개의 서로 다른 직선이 한 점에서 만날 때 생기는 맞꼭지각의
> 개수는 b쌍이라는 걸 알았어.

02 다음 그림과 같이 직선을 회전시키는 데 첫 번째에는 시계 방향으로 $x°$만큼, 두 번째에는 시계 반대 방향으로 $2x°$만큼, 세 번째에는 시계 방향으로 $3x°$만큼, 네 번째에는 시계 반대 방향으로 $4x°$만큼 회전시킨다고 한다. 이렇게 직선을 15번 회전시켰더니 처음의 직선과 겹쳐졌다. 처음 회전시킨 각의 크기를 $x°$라 할 때, x의 값을 구하시오. (단, $0<x<45$)

03 곡선을 사용하지 않고 직선만을 사용하여 곡선처럼 보이게 만들어 내는 것을 '스트링 아트'라고 한다. 오른쪽 그림은 x축 위의 x좌표의 수와 y축 위의 y좌표의 수의 합이 10이 되도록 하는 두 수를 선분으로 연결한 것이다. 이와 같은 규칙으로 선분을 20개 그렸을 때 만나는 교점의 개수를 구하시오. (단, x좌표 수와 y 좌표 수는 자연수)

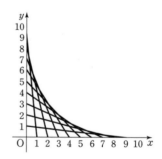

04 오른쪽 그림에서 나타낼 수 있는 모든 각의 크기의 합이 **750°**이고, $\angle a : \angle b : \angle c : \angle d = 1 : 2 : 3 : 4$일 때, $\angle A_1OA_5$의 크기를 구하시오. (단, 180°보다 작은 각만 생각한다.)

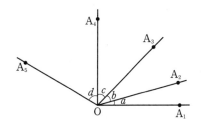

05 오른쪽 그림은 6개의 각이 모두 같은 육각형이고, $\overline{AB}=2\,cm$, $\overline{BC}=4\,cm$, $\overline{CD}=3\,cm$, $\overline{DE}=5\,cm$일 때, $\overline{EF}$와 $\overline{AF}$의 길이를 각각 구하시오.

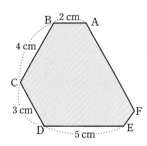

06 6개의 점 A, B, C, D, E, F가 차례대로 한 직선 위에 있다. 점 B는 $\overline{AC}$의 중점, 점 D는 $\overline{CE}$의 중점이고 $\overline{AC}=\dfrac{2}{3}\overline{DF}$, $\overline{BD}=\dfrac{3}{7}\overline{AF}$이다. $\overline{EF}=6\,cm$일 때 $\overline{AF}$의 길이를 구하시오.

07 어느 시계가 4시와 5시 사이를 가리키고 있다. 시침과 분침이 서로 반대 방향으로 일직선을 이루는 시각이 4시 a분, 시침과 분침이 직각을 이루는 두 시각의 차가 b분이라 할 때, $11(a-b)$의 값을 구하시오.

08 오른쪽 그림은 직사각형 모양의 종이를 2번 접은 것이다. $\angle GIC = 32°$, $\angle BGH = 20°$일 때, $\angle x + \angle y$의 크기를 구하시오.

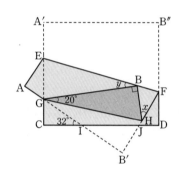

09 오른쪽 그림의 사각형 $ABCD$는 가로가 $254\,cm$, 세로가 $127\,cm$인 당구대를 나타낸다. 점 A에서 출발한 공이 변 CD, BC, AB 위의 점 E, F, G를 차례로 찍고 점 D에 도착하였다. 이때 선분 EC의 길이를 구하시오. (단, 공이 각 변에 들어오는 각과 나가는 각은 서로 같다.)

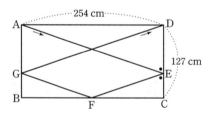

10 광선이 원의 내부에서 반사되는 경우 [그림 1]과 같다. 또, 광선이 직선에서 반사되는 경우 [그림 2] 처럼 반사된다. [그림 3]처럼 $\overline{AB}$를 지름으로 하는 반원에서 점 A에서 쏜 광선이 반원의 내부의 세 점 C, D, E에서 반사된 후 지름 AB 위에 있는 점 F에서 수직으로 부딪쳤다. 이때 ∠DEF의 크기를 구하시오. (단, 점 O는 원의 중심이다.)

[그림 1]  [그림 2] 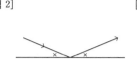 [그림 3]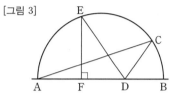

11 오른쪽 그림과 같이 직선 l 위의 한 점 P에서 직선 l과 15°가 되 도록 반직선 l_1을 그린 후 다시 반직선 l_1 위의 한 점에서 반직선 l_1과 30°가 되도록 반직선 l_2를 그리고, 다시 반직선 l_2 위의 한 점에서 반직선 l_2와 45°가 되도록 반직선 l_3을 그렸다. 이와 같은 방법으로 반직선을 계속 그릴 때, 몇 번째 반직선이 처음으로 직 선 l과 평행하게 되는지 구하시오.

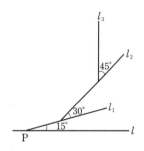

12 오른쪽 그림에서 $l \parallel m$이고,

$\angle BAD = \dfrac{1}{5}\angle ADC$, $5\angle ADB = 4\angle ADC$,

$\angle ADB - \angle FCD = 20°$일 때,

∠FCD의 크기를 구하시오.

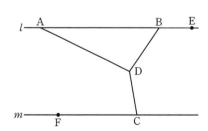

13 오른쪽 그림과 같이 크기가 같은 정오각형이 겹쳐 있다. 직선 l과 직선 m이 평행할 때 $\angle x$의 크기를 구하시오.

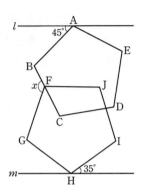

14 오른쪽 그림에서 $l \parallel m$이고 $\overrightarrow{\mathrm{BE}}$, $\overrightarrow{\mathrm{DE}}$는 각각 $\angle \mathrm{ABC}$, $\angle \mathrm{CDG}$의 이등분선이다. $\angle \mathrm{BCD}=100°$, $\angle \mathrm{FAB}=72°$ 일 때 $\angle x$의 크기를 구하시오.

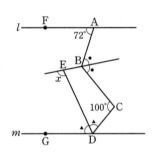

15 오른쪽 그림과 같은 전개도로 만든 정육면체에서 $\overline{\mathrm{DL}}$, $\overline{\mathrm{FJ}}$ 와 동시에 꼬인 위치에 있는 모서리의 개수를 구하시오.

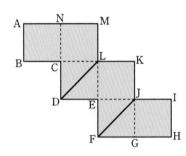

16 오른쪽 그림과 같이 평행한 두 직선 l, m 사이에 정사각형, 정오각형, 정육각형이 하나씩 있을 때, $\angle x + \angle y$의 크기를 구하시오.

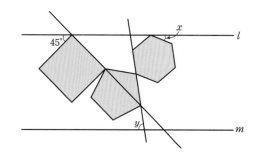

17 밑면이 정다각형인 n각기둥에서 밑면의 한 모서리와 꼬인 위치에 있는 모서리의 개수를 $f(n)$이라 하자. 예를 들어 $f(3)=3$, $f(4)=4$일 때, $f(8)+f(9)+f(10)+f(11)$의 값을 구하시오.

18 서로 다른 100개의 직선 L_1, L_2, L_3, $\cdots$, L_{100}이 있다. 이 중에서 직선 L_1, L_5, L_9, $\cdots$, L_{97}은 모두 한 점 P를 지난다. 직선 L_1, L_2, L_3, $\cdots$, L_{100}이 만나서 생기는 교점의 최대 개수를 A라 할 때, A의 값을 구하시오.

2 작도와 합동

(1) **작도** : 눈금 없는 자와 컴퍼스만을 사용하여 도형을 그리는 것

　① 눈금 없는 자 : 두 점을 잇는 선분을 그리거나 선분을 연장할 때 사용

　② 컴퍼스 : 선분의 길이를 재어 다른 직선 위로 옮기거나 원을 그릴 때 사용

(2) **크기가 같은 각의 작도**

　∠XOY와 크기가 같은
　∠CPD의 작도

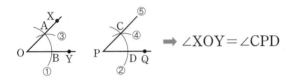

➡ ∠XOY = ∠CPD

(3) **평행선의 작도**

　직선 l 위에 있지 않은 점 P를 지나면서 직선 l과 평행한 직선을
　작도할 때, 다음과 같은 성질이 이용된다.

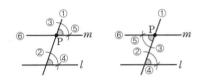

　㈎ 동위각의 크기가 같으면 두 직선은 평행하다.

　㈏ 엇각의 크기가 같으면 두 직선은 평행하다.

핵심 1 다음 작도에 대한 설명 중 옳은 것을 모두 고르면?

(정답 2개)

① 눈금 없는 자와 각도기만을 사용하여 도형을 그리는 것을 작도라 한다.

② 작도에서 눈금 없는 자는 두 점을 연결하거나 임의의 선분의 길이를 옮길 때 사용한다.

③ 두 선분의 길이를 비교할 때에는 자를 사용한다.

④ 컴퍼스는 원을 그릴 때 사용한다.

⑤ 눈금 없는 자는 주어진 선분의 길이를 연장할 때 사용한다.

핵심 2 다음은 선분 **AB**를 한 변으로 하는 정삼각형을 작도하는 과정이다.

㉠~⑤에 알맞은 것을 차례대로 써넣으시오.

　㉠ 두 점 A, ① ▢를 중심으로 하고 반지름의 길이가
　　② ▢인 원을 각각 그려 두 원의 교점을 ③ ▢라
　　한다.

　㉡ 선분 AC와 선분 BC를 그리면 △ABC의 세 변의
　　④ ▢가 모두 같으므로 △ABC는 ⑤ ▢이다.

핵심 3 다음 그림은 $\overline{AB}$를 점 B의 방향으로 연장하여 $\overline{BD}$의 길이가 $\overline{AB}$의 길이의 2배가 되도록 점 D를 작도하는 과정이다. 작도 순서를 바르게 나열하시오.

　㈎ 컴퍼스를 사용하여 $\overline{AB}$의 길이를 잰다.

　㈏ $\overline{AB}$를 점 B의 방향으로 연장한다.

　㈐ 점 C를 중심으로 하고 반지름의 길이가 $\overline{BC}$인 원을 그려 $\overline{AB}$의 연장선과 만나는 점을 D라 하면 $\overline{BC}=\overline{CD}$이다.

　㈑ 점 B를 중심으로 하고 반지름의 길이가 $\overline{AB}$인 원을 그려 $\overline{AB}$의 연장선과 만나는 점을 C라 하면 $\overline{AB}=\overline{BC}$이다.

핵심 4 오른쪽 그림은 직선 l 위에 있지 않은 한 점 P를 지나고 직선 l과 평행한 직선 m을 작도한 것이다. 다음 중 옳지 않은 것을 고르시오.

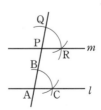

　ㄱ. $\overline{AB}=\overline{PR}$ 　　ㄴ. $\overline{AC}=\overline{PQ}$

　ㄷ. $\overline{QR}=\overline{PR}$ 　　ㄹ. ∠QPR = ∠BAC

예제 **1** 오른쪽 그림은 여러 가지 도형을 작도한 것이다. 다음 중 눈금 없는 자와 컴퍼스만으로 그릴 수 있는 각을 모두 고르면?

① 10° ② 22.5° ③ 45°
④ 100° ⑤ 135°

(1) 각의 이등분선 작도

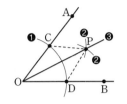

(2) 선분의 수직이등분선 작도

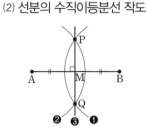

Tip ⑴ △OCP와 △ODP가 합동이므로 ∠COP와 ∠DOP의 크기가 같다.
⑵ '선분의 수직이등분선 위의 점은 선분의 양 끝점에서 같은 거리에 있다.'는 성질을 이용하여 선분의 수직이등분선을 작도한다.

풀이 ⑴ 평각의 이등분선의 작도로 90°의 작도가 가능하다.
⑵ 각의 이등분선의 작도로 다음 각의 작도가 가능하다.
➡ 90° → ☐° → 22.5° → …
⑶ 작도 가능한 각끼리 더하거나 뺀 각의 작도가 가능하다.
➡ 135° = 90° + ☐°

답 _____

응용 **1** 두 사람의 대화를 보고 아래의 [그림] 위에 점 F의 위치와 북극성의 위치를 예상해 표시하시오.

> 해성 : 지국아, 북극성을 찾고 싶었는데 잘 안보이네.
> 지국 : 북극성이 그리 밝지 않으니까 국자를 닮은 큰곰자리나 W 모양의 카시오페이아자리를 이용해서 찾을 수 있어.
> 해성 : 어떻게?
> 지국 : 여기 카시오페이아자리의 각 별의 자리를 점 A부터 점 E라 하고 $\overline{AB}$의 연장선과 $\overline{DE}$의 연장선의 교점을 F라 하면 점 F에서 점 C 방향으로 $\overline{CF}$의 길이의 6배만큼 떨어진 곳에 북극성을 찾을 수 있을 거야.

[그림]

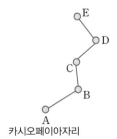

카시오페이아자리

응용 **2** 오른쪽 그림과 같이 길이가 a인 선분과 ∠XOY를 이용하여 이등변삼각형 CDE를 그리는 과정이다. ①~⑤ 중 알맞은 것을 모두 고르면? (정답 2개)

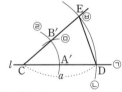

㉠ 직선 l 위의 한 점 C를 잡는다.
㉡ 컴퍼스로 점 C를 중심으로 하고 반지름의 길이가 a인 원을 그려 직선 l과의 교점을 ①이라 한다.
㉢ 점 O가 중심인 원을 그려 $\overrightarrow{OY}$, $\overrightarrow{OX}$와의 교점을 각각 A, B라 한다.
㉣ 점 C가 중심이고 반지름의 길이가 ②와 같은 원을 그려 $\overline{CD}$와의 교점을 A′라 한다.
㉤ 점 ③이 중심이고 반지름의 길이가 $\overline{AB}$인 원을 그려 ㉣에서 그린 원과 만나는 점을 B′라 한다.
㉥ 두 점 C, B′을 잇는 반직선과 ㉡에서 그은 원과의 교점을 E라 하고 선분 DE를 그으면 ④이므로 △CDE는 ⑤이다.

① E ② $\overline{AB}$ ③ B′
④ $\overline{CD} = \overline{CE}$ ⑤ 이등변삼각형

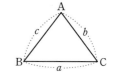

02 삼각형이 하나로 결정될 조건

(1) 삼각형의 세 변의 길이 사이의 관계

삼각형의 두 변의 길이의 합은 나머지 한 변의 길이보다 크다.

즉, 삼각형의 세 변의 길이를 각각 a, b, c라 할 때, $a+b>c$, $b+c>a$, $a+c>b$

(2) 삼각형이 하나로 결정될 조건

① 세 변의 길이가 주어질 때

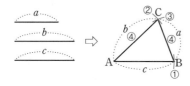

② 두 변의 길이와 그 끼인각의 크기가 주어질 때

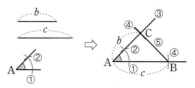

③ 한 변의 길이와 그 양 끝각의 크기가 주어질 때

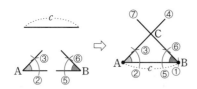

핵심 1 다음 중 삼각형의 세 변의 길이가 될 수 있는 것을 모두 고르면? (정답 2개)

① 2 cm, 3 cm, 4 cm

② 3 cm, 3 cm, 6 cm

③ 3 cm, 4 cm, 5 cm

④ 4 cm, 7 cm, 12 cm

⑤ 6 cm, 7 cm, 15 cm

핵심 2 다음 **보기** 중 △ABC가 하나로 결정되는 것을 모두 고르시오.

> **보기**
>
> ㄱ. $\overline{AB}=7$ cm, $\overline{BC}=6$ cm, ∠A=50°
>
> ㄴ. $\overline{AB}=5$ cm, $\overline{BC}=12$ cm, $\overline{CA}=10$ cm
>
> ㄷ. $\overline{BC}=10$ cm, ∠A=50°, ∠B=65°
>
> ㄹ. $\overline{AC}=\overline{AB}=7$ cm, ∠A=120°
>
> ㅁ. ∠A=∠B=∠C=60°

핵심 3 다음은 한 변의 길이가 **20 cm**이고 두 각의 크기가 **50°, 70°**인 삼각형의 개수를 구하는 과정이다. ㉠+㉡의 값을 구하시오.

> 한 변의 길이가 20 cm이고 그 양 끝각의 크기가 될 수 있는 쌍을 구하면
>
> (50°, 70°), (50°, ㉠°), (70°, ㉠°)이다.
>
> 따라서 구하는 삼각형의 개수는 ㉡개이다.

핵심 4 다음 지도는 어느 아파트 **A, B동**을 중심으로 반지름의 길이가 **1 km**씩 커지는 원을 그린 것이다. **A동**에서 **3 km**, **B동**에서 **4 km** 떨어진 지점에 놀이터를 지으려고 한다. 놀이터의 위치를 **C**라 할 때, 삼각형 **ABC**를 그리시오.

(단, 아파트 놀이터의 규모는 생각하지 않는다.)

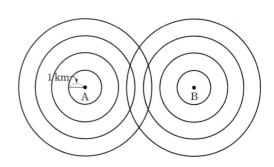

예제 2 삼각형의 세 변의 길이가 각각 9 cm, $(x+3)$ cm, x cm일 때, x의 값의 범위로 옳은 것은?

① $0<x<3$ ② $3<x<6$ ③ $6<x<12$

④ $x>3$ ⑤ $x>6$

Tip ▸ 삼각형의 세 변의 길이가 a, b, x일 때 가장 긴 변과 가장 짧은 변의 길이를 모두 모를 경우
$a<b+x$, $b<a+x$, $x<a+b$를 모두 고려해야 하므로 부등식을 풀어서 구한 x의 값의 범위는
$|a-b|<x<a+b$이다.

풀이 삼각형의 변의 길이는 양수이어야 하므로 $x>0$이다.   … ㉠
삼각형의 세 변의 길이가 주어졌을 때, 가장 긴 변의 길이가 나머지 두 변의 길이의 합보다 작으면 삼각형이 결정된다.
따라서 $9<(x+\boxed{})+x$, $x+3<9+x$를 만족해야 한다.
각 부등식을 풀면
(i) $9<(x+\boxed{})+x$, $2x>\boxed{}$ ∴ $x>\boxed{}$ … ㉡
(ii) $x+3<9+x$, $3<9$이므로 x의 값이 무엇이든지 항상 참이다.   … ㉢
㉠, ㉡, ㉢에 의해서 $x>\boxed{}$

답 _____

응용 1 길이가 **6 cm**, **8 cm**, **10 cm**, **11 cm**, **14 cm**인 5개의 선분 중 세 개의 선분을 선택하여 만들 수 있는 서로 다른 삼각형의 개수를 구하시오. (단, 돌리거나 뒤집었을 때 같은 도형은 하나로 생각한다.)

응용 2 세 변의 길이가 각각 a cm, b cm, b cm이고 둘레의 길이가 **24 cm**인 이등변삼각형은 모두 몇 개인지 구하시오.
(단, a, b는 자연수이고, $a\neq b$이다.)

응용 3 △ABC에서 $\overline{BC}=8$ cm, $\angle C=60°$일 때, △ABC가 하나로 정해지기 위해 더 필요한 나머지 한 조건으로 적당하지 <u>않은</u> 것을 모두 골라 그 기호를 쓰시오.

> ㄱ. $\overline{AB}=7$ cm   ㄴ. $\overline{AC}=7$ cm   ㄷ. $\angle B=120°$
> ㄹ. $\overline{AB}=8$ cm   ㅁ. $\angle A=50°$ ㅂ. $\angle B=40°$

응용 4 세 변의 길이가 연속하는 세 홀수이고, 세 변의 길이의 합이 다음과 같을 때, 삼각형을 만들 수 <u>없는</u> 경우는?

① 9   ② 15   ③ 21

④ 27   ⑤ 33

03 삼각형의 합동 조건

(1) **합동** : 두 도형이 모양과 크기가 같아서 한 도형이 다른 도형에 완전히 포개어지는 것을 합동이라고 한다. 이때 △ABC와 △DEF가 합동이면 △ABC≡△DEF로 나타낸다.

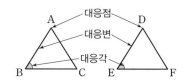

(2) **합동인 도형의 성질**

　① 대응하는 변의 길이는 서로 같다.　② 대응하는 각의 크기는 서로 같다.

(3) **삼각형의 합동 조건**

　① 세 변의 길이가 같을 때(SSS 합동)
　　➡ $\overline{AB}=\overline{DE}$, $\overline{BC}=\overline{EF}$, $\overline{AC}=\overline{DF}$

　② 두 변의 길이와 그 끼인각의 크기가 같을 때(SAS 합동)
　　➡ $\overline{AB}=\overline{DE}$, $\overline{BC}=\overline{EF}$, $\angle B=\angle E$

　③ 한 변의 길이와 그 양 끝각의 크기가 같을 때(ASA 합동)
　　➡ $\overline{BC}=\overline{EF}$, $\angle B=\angle E$, $\angle C=\angle F$

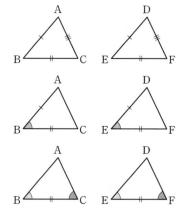

핵심 ① (1) 다음 보기 중 오른쪽 그림의 △ABC와 합동인 삼각형을 모두 찾아 합동 기호를 사용하여 나타내시오.

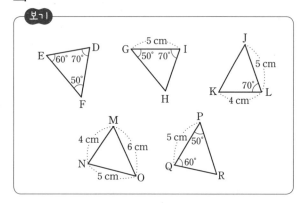

핵심 ② (2) 다음 중 △ABC≡△DEF가 되는 조건이 <u>아닌</u> 것은?

① $\overline{AB}=\overline{DE}$, $\overline{BC}=\overline{EF}$, $\overline{CA}=\overline{FD}$
② $\overline{AB}=\overline{DE}$, $\overline{AC}=\overline{DF}$, $\angle A=\angle D$
③ $\overline{BC}=\overline{EF}$, $\overline{AC}=\overline{DF}$, $\angle B=\angle E$
④ $\overline{AB}=\overline{DE}$, $\angle A=\angle D$, $\angle B=\angle E$
⑤ $\overline{AC}=\overline{DF}$, $\angle B=\angle E$, $\angle C=\angle F$

핵심 ③ (3) '이등변삼각형의 두 밑각의 크기는 같다.'를 설명하기 위해 아래 그림과 같이 $\overline{AB}=\overline{AC}$인 삼각형 ABC를 오른쪽으로 뒤집은 후 두 삼각형을 겹쳤다. 다음 □ 안에 알맞은 것을 써넣으시오.

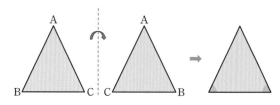

$\overline{AB}=\overline{AC}$, $\overline{AC}=$ ▢ , $\angle BAC=\angle$ ▢

이므로 △ABC≡△ ▢ (▢ 합동)

따라서 $\angle B=\angle$ ▢ 임을 알 수 있다.

핵심 ④ $\overline{AO}=\overline{DO}$, $\overline{BO}=\overline{CO}$일 때, 다음 설명 중 옳지 <u>않은</u> 것은? (단, 점 O는 두 대각선의 교점이다.)

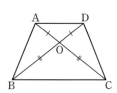

① $\overline{AB}=\overline{DC}$
② $\angle BAC=\angle CDB$
③ $\angle ABO=\angle OBC$
④ △OAB≡△ODC
⑤ △ABD≡△DCA

예제 3 오른쪽 그림에서 △ABC와 △ECD는 정삼각형이다. 선분 BE와 선분 AD의 교점을 P라고 할 때, ∠x의 크기를 구하시오.

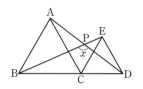

Tip 합동인 삼각형을 찾고, '합동인 도형의 대응하는 변의 길이와 각의 크기는 각각 같다.'는 성질을 이용한다.

풀이 △ABC와 △ECD는 정삼각형이므로 $\overline{AC}=\overline{BC}$, $\overline{CD}=$ ☐

∠ACD=180°−∠BCA=120°,

∠BCE=180°−∠ECD=☐°이므로

△ACD≡△BCE(SAS 합동)

따라서 ∠ADC=∠BEC이다.

△BPD에서 ∠PBD+∠PDB=∠PBD+∠BEC=180°−∠BCE=☐°

∴ ∠x=180°−☐°=☐°

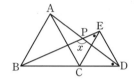

답 _____

응용 1 오른쪽 그림의 정사각형 **ABCD**에서 직각으로 만나는 두 직선이 이 사각형과 만나는 점을 **P**, **Q**, **X**, **Y**라고 하자. 다음은 $\overline{PX}=\overline{YQ}$임을 설명하는 과정이다. ☐ 안에 알맞은 것을 써넣으시오.

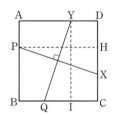

점 P, Y에서 $\overline{CD}$, $\overline{BC}$와 직각으로 만나는 직선을 긋고 그 교점을 각각 H, I라고 하자.

△PHX와 △YIQ에서

$\overline{PH}=$ ☐ ⋯ ㉠

∠PHX=☐ ⋯ ㉡

☐=☐ ⋯ ㉢

따라서 ㉠, ㉡, ㉢에 의해

△PHX≡☐(☐ 합동)이다.

이때 합동인 두 삼각형에서 대응하는 변의 길이는 같으므로 $\overline{PX}=$ ☐이다.

응용 2 오른쪽 그림의 정오각형 **ABCDE**에서 $\overline{BP}=\overline{CQ}$일 때, ∠$x$의 크기를 구하시오.

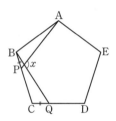

응용 3 오른쪽 그림에서 △**ABC**와 △**BDE**는 정삼각형이다. ∠**BCD**=18°일 때, ∠**EAC**의 크기를 구하시오.

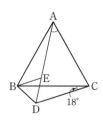

NOTE

01 다음의 도형을 모두 작도하려고 할 때 컴퍼스를 사용해야 할 최소한의 횟수의 합을 구하시오.

> ㉠ 각의 이등분선의 작도　　㉡ 크기가 같은 각의 작도
> ㉢ 직각의 삼등분선의 작도　㉣ 평행선의 작도

02 오른쪽 그림과 같이 직선 **AB** 위의 점 **O**에 대하여 임의의 $\overline{OC}$를 그어 ∠AOC와 ∠COB를 작도하였다. 그후 ∠AOC와 ∠COB의 이등분선 $\overline{OD}$, $\overline{OE}$를 작도하였더니 다음과 같이 되었다. ∠DOC의 크기가 $\left(\dfrac{b}{a}\right)^{\circ}$일 때, $a+b$의 최솟값을 구하시오.

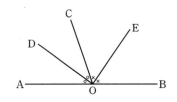

$$\frac{\angle AOD+\angle DOE+\angle AOC}{\angle DOC+\angle COE+\angle EOB}=\frac{5}{4}$$

03 삼각형의 세 변의 길이가 각각 $x+5$, 4, $2x+1$일 때 삼각형을 그릴 수 있는 자연수 x의 값을 모두 찾아 합을 구하시오.

04 '임의의 각의 3등분은 작도 불가능하다.'는 것이 증명되어 있지만 특수한 각의 3등분은 가능하다. 오른쪽 그림에서 ∠CAB=45°일 때, 자와 컴퍼스만으로 ∠CAB를 3등분 하는 방법을 설명하시오.

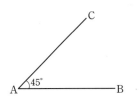

05 오른쪽 그림과 같이 정삼각형 ABC의 변 AB 위의 점 D에서 그은 직선이 $\overline{AC}$의 연장선과 만나는 점을 E, $\overline{BC}$와 만나는 점을 F라고 하자. $\overline{BD}=\overline{CE}=4\,\text{cm}$, $\overline{DF}=7\,\text{cm}$일 때, $\overline{EF}$의 길이를 구하시오.

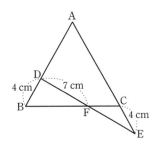

06 직사각형 ABCD에서 대각선 AC의 수직이등분선이 $\overline{AD}$, $\overline{BC}$와 만나는 점을 각각 E, F라 할 때, $\overline{AF}$의 길이를 구하시오.

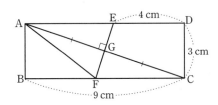

07 오른쪽 그림과 같이 $\overline{AD} /\!/ \overline{BC}$인 사다리꼴 ABCD에서 $\overline{CD}$의 중점을 E라 하자. △ABE의 넓이가 **67 cm²**일 때, △AED와 △EBC의 넓이의 합을 구하시오.

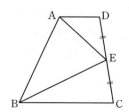

08 오른쪽 그림에서 사각형 ABCD와 사각형 EFCG는 정사각형이다. ∠ABF=65°, ∠BCF=30°일 때 ∠EGD의 크기를 구하시오.

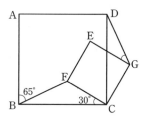

09 오른쪽 그림에서 △ABC와 △ADE는 모두 정삼각형이고, ∠DCE=57°일 때 ∠BDC의 크기를 구하시오.

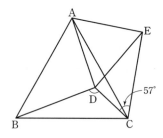

I
기본도형

10 정삼각형 ABC의 내부에 $\overline{AD}=\overline{BD}$인 점 D를 잡고, 외부에 $\overline{BP}=\overline{BA}$인 점 P를 잡았다. ∠DBC=∠DBP일 때, ∠BPD의 크기를 구하시오.

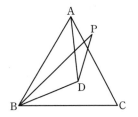

11 오른쪽 그림에서 △ABC와 △ADE는 정삼각형일 때, $\overline{DC}+\overline{CE}$의 길이를 구하시오.

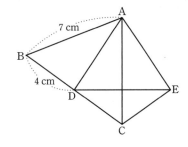

12 오른쪽 직사각형 ABCD에서 ∠EDF=∠EHG=90°이고 $\overline{AB}=\overline{BF}$, $\overline{ED}=\overline{DF}$일 때 $\overline{EH}$의 길이를 구하시오.

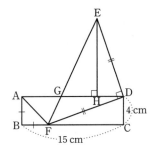

13 오른쪽 그림과 같은 오각형 ABCDE에서 ∠B＝∠E＝90°이다. $\overline{AB}=\overline{CD}=\overline{EA}=8$, $\overline{BC}+\overline{DE}=8$일 때, 오각형 ABCDE의 넓이를 구하시오.

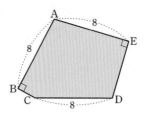

14 오른쪽 그림에서 △ABC, △DBE, △ECF는 정삼각형이다. ∠BCE＝∠ECA이고, ∠EBC＝65°일 때, ∠EFA의 크기를 구하시오.

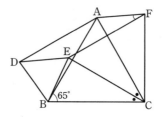

15 다음 그림과 같이 반직선 OA 위에 A_1, A_2, A_3, …와 반직선 OB 위에 B_1, B_2, B_3, …를 $\overline{OA_1}=\overline{A_1B_1}=\overline{B_1A_2}=$ …이 되도록 정한다. 이런 방법으로 하면 5개의 이등변삼각형 △OA_1B_1, △$A_1B_1A_2$, △$B_1A_2B_2$, △$A_2B_2A_3$, △$B_2A_3B_3$를 만들 수 있고, 여섯 번째 이등변삼각형은 만들 수 없게 된다. ∠AOB의 크기를 x라 할 때, x의 범위를 구하시오.

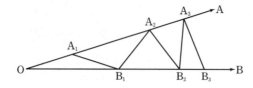

16 오른쪽 정사각형 ABCD에서 $\overline{BC}$, $\overline{CD}$ 위의 각각 점 E, F를 잡아 ∠EAF=45°가 되도록 하였다. ∠AEF=71°일 때, ∠x의 크기를 구하시오.

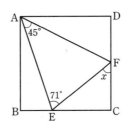

17 오른쪽 그림에서 $\overline{AP}=\overline{BQ}$, $\overline{AM}=\overline{BM}$, ∠PMA=76°, ∠QBM=40°일 때, ∠PAM의 크기를 구하시오.

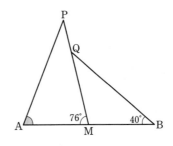

18 오른쪽 그림의 직사각형 ABCD에서 $\overline{CE}=\overline{DE}$, $\overline{BC}=\overline{DF}$, ∠DAF=53°일 때, ∠DFE의 크기를 구하시오.

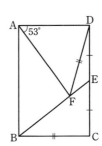

NOTE

01 세 자연수 a, b, c에 대하여 $a \leq b \leq c$이고 $a+b+c=30$일 때, a, b, c를 세 변의 길이로 하는 삼각형의 개수를 구하시오.

02 오른쪽 그림과 같이 세 개의 선분과 한 각의 크기가 주어져 있다. 세 개의 선분 중 2개의 선분과 주어진 각을 두 변의 끼인각으로 하는 삼각형의 개수를 x개, 세 개의 선분 중 2개의 선분과 주어진 각을 두 변의 끼인각이 아닌 다른 한 각으로 하는 삼각형의 개수를 y개라 할 때, $x+y$의 값을 구하시오.

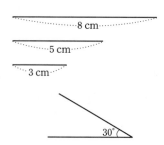

03 오른쪽 그림에서 $\triangle ABC$는 정삼각형이고 $\overline{AD} = \overline{CE} = 5\ cm$, $\angle ADE = 75°$일 때, $\angle ABE$의 크기를 구하시오.

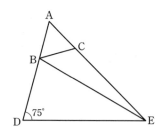

04 오른쪽 그림에서 □ABCD와 □CEFG는 한 변의 길이가 각각 10 cm, 12 cm인 정사각형이고, 꼭짓점 G는 변 AD 위에 있다. 이때 △DCE의 넓이를 구하시오.

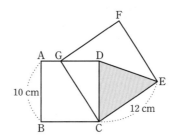

05 오른쪽 그림과 같은 직각삼각형 ABC에서 $\overline{AB}=28$ cm, $\overline{BC}=21$ cm, $\overline{AC}=35$ cm이다. ∠ACB의 이등분선과 $\overline{AB}$의 교점을 D라 하고, 점 D에서 $\overline{BC}$에 평행한 직선을 그었을 때 $\overline{AC}$와의 교점을 E라 하자. 이때 △ABE의 넓이를 구하시오.

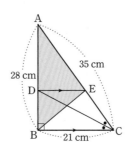

06 오른쪽 그림에서 △ABC와 △EDC는 정삼각형이고 ∠EBD=34°일 때, ∠AEB의 크기를 구하시오.

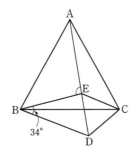

07 오른쪽 그림의 직사각형 ABCD에서 $\overline{AB}=\overline{DF}$, $\overline{AE}=\overline{ED}$, $\angle EFD=25°$일 때, $\angle x$의 크기를 구하시오.

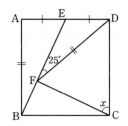

08 오른쪽 그림은 한 변의 길이가 **5 cm**인 정사각형 **10개**를 늘어놓아 직사각형을 만든 것이다. 이때 $\angle x+\angle y$의 크기를 구하시오.

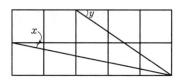

09 오른쪽 그림의 △ABC는 넓이가 **100 cm²**인 정삼각형이고, 점 **D**는 $\overline{AB}$의 중점이다. $\overline{CD}$ 위에 $\overline{CF}:\overline{FD}=5:3$이 되도록 점 **F**를 잡고 정삼각형 **BEF**를 그렸을 때 □**FBEC**의 넓이를 구하시오.

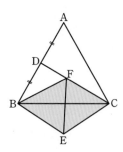

10 오른쪽 그림과 같은 정사각형 ABCD에서 $\overline{PD} \perp \overline{PQ}$를 만족시키는 $\overline{AB}$ 위에 점 P를 잡는다. $\overrightarrow{BQ}$가 ∠CBE의 이등분선일 때, ∠PQD의 크기를 구하시오. (단, 점 E는 $\overrightarrow{AB}$ 위의 점이다.)

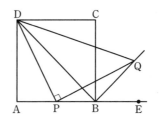

11 오른쪽 그림에서 □EBAD, □ACHI, □BFGC는 △ABC의 변 AB, BC, CA를 한 변으로 하는 정사각형이다. ∠CEB=35°, ∠AGC=15°, ∠BAC=105°, ∠ACB=45°일 때 ∠x의 크기를 구하시오.

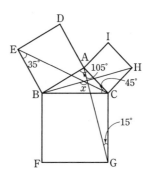

12 오른쪽 그림에서 △ABC는 정삼각형이고 $\overline{AB}$=12 cm, $\overline{AD}$=13 cm, ∠ADB=60°일 때, $\overline{BD}+\overline{DC}$의 길이를 구하시오.

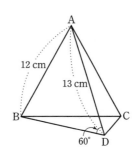

13 오른쪽 그림과 같이 직선 k, l은 평행하고, 직선 m, n은 평행하지 않으며, 이 직선들의 교점을 각각 A, B, C, D라 하자. 이때 $\overline{AB}=40$ cm, $\square ABCD=1400$ cm²라 하면, 선분 CD의 중점 M에서 직선 m에 내린 수선의 길이는 몇 cm인지 구하시오.

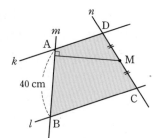

NOTE

14 오른쪽 그림과 같이 △BAC의 한 변 AC 위에 $\overline{AD}=\overline{BC}$인 점 D를 잡았다. ∠BCD=50°, ∠CBD=15°일 때, ∠BAD의 크기를 구하시오.

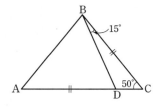

15 오른쪽 그림은 ∠A=90°인 직각삼각형 ABC에서 세 변 AB, BC, CA를 각각 한 변으로 하는 정사각형 ADEB, BFGC, ACHI를 그린 것이다. $\overline{AB}=9$ cm, $\overline{AC}=12$ cm일 때, 색칠한 부분의 넓이를 구하시오.

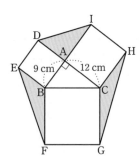

16 길이가 각각 2, 2.1, 3, 4, 5, 6인 6개의 선분을 이용하여 삼각형을 만들 때, 모두 몇 가지의 삼각형을 만들 수 있는지 구하시오.

17 오른쪽 그림에서 △ABC는 $\overline{AB}=\overline{AC}$인 이등변삼각형이다. 점 D, E는 각각 △ABC의 변 CA, AB 위의 점으로서 ∠ABD=20°, ∠CBD=60°, ∠BCE=50°이다. 이때 ∠BDE의 크기를 구하시오.

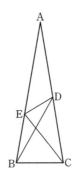

18 오른쪽 그림과 같이 넓이가 36인 정삼각형 ABC의 한 변 AC의 중점 M에 대하여 $\overline{BM}$ 위에 적당한 점 D를 잡은 후 $\overline{AD}$를 기준으로 점 M의 반대쪽에 점 E를 잡아 정삼각형 ADE를 그렸다. $\overline{AB}$와 $\overline{ED}$의 교점을 F라고 하면 $\overline{EF}:\overline{FD}=5:2$일 때, 사각형 AEBD의 넓이를 구하시오.

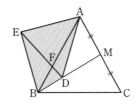

01 오른쪽 그림과 같은 규칙으로 작은 정사각형을 그려 나갈 때, 20번째 그림에서 찾을 수 있는 모든 예각의 개수를 구하시오.

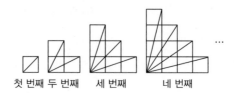

첫 번째 두 번째   세 번째   네 번째

02 오른쪽 그림과 같이 직선 **AB** 위에 점을 찍어 찾을 수 있는 직선, 반직선, 선분의 개수의 합이 **100** 이상이 되도록 할 때 더 찍어야 할 점의 개수를 구하시오.

03 오른쪽 그림과 같이 4개의 직선이 있고, 각 직선 위에 2개, 3개, 4개, 5개의 점이 있다. 서로 다른 직선 위에 있는 점은 어느 세 점도 한 직선 위에 있지 않다고 할 때, 이 점들을 이어서 만든 선분과 직선의 개수의 차를 구하시오.

04 오른쪽 그림과 같이 평면 P 위에 세 점 A, B, C가 있고, 평면 Q 위에 네 점 D, E, F, G가 있다. 7개의 점 중 두 점을 선택하여 이은 직선들은 서로 평행하지 않고 세 점 E, F, G를 제외한 어떤 세 점도 한 직선 위에 있지 않다고 할 때, 이들 7개의 점으로 만들 수 있는 평면의 개수를 구하시오.

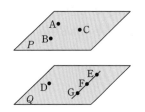

05 한 평면은 공간을 두 부분으로 나누고, 서로 다른 두 평면은 위치 관계에 따라 공간을 최소 세 부분, 최대 네 부분으로 나눈다. 이와 같이 공간을 서로 다른 네 개의 평면 P, Q, R, S로 나누면 공간은 최소 m부분, 최대 M부분으로 나누어진다고 한다. 이때 $m+M$의 값을 구하시오.

06 다음 에 따라 $\angle BA_0C=14°$인 두 반직선 A_0B, A_0C 위에 점 A_1, A_2, A_3, $\cdots$, A_n을 찍는다고 할 때, n의 최댓값을 구하시오.

> **조건**
> ㈎ 점 A_1을 반직선 A_0B 위에 임의로 찍는다.(단, $A_0 \neq A_1$)
> ㈏ 점 A_{n-1}이 반직선 A_0B 위에 있으면 점 A_n을 반직선 A_0C 위에 찍고, 점 A_{n-1}이 반직선 A_0C 위에 있으면 점 A_n을 반직선 A_0B 위에 찍는다.(단, $n \geq 2$)
> ㈐ $\overline{A_{n-2}A_{n-1}}=\overline{A_{n-1}A_n}$(단, $n \geq 2$)

07 오른쪽 그림과 같이 한 점 **C**를 같은 꼭짓점으로 하는 정삼각형 **ABC**와 정삼각형 **DCE**가 있다. ∠**AEB**의 크기가 **116°**일 때, ∠**EBD**의 크기를 구하시오.

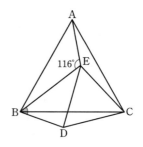

NOTE

08 오른쪽 그림의 □**ABCD**와 같은 넓이의 직사각형을 그리려고 합니다. 넓이가 같은 직사각형을 그리는 방법을 설명하시오.

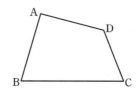

09 오른쪽 그림과 같이 ∠**ABC**=**41°**, ∠**ACB**=**38°**인 △**ABC**에서 ∠**ACB**의 이등분선 위에 ∠**PBC**=**11°**가 되도록 점 **P**를 잡을 때, ∠**APC**의 크기를 구하시오.

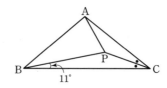

Ⅱ 평면도형

1. 다각형

2. 원과 부채꼴

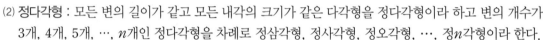

(1) **다각형** : 세 개 이상의 선분으로 둘러싸인 평면도형을 다각형이라 하고 선분의 개수가 3개, 4개, 5개, ⋯, n개인
다각형을 차례로 삼각형, 사각형, 오각형, ⋯, n각형이라 한다.
　① **변** : 다각형을 이루는 선분
　② **꼭짓점** : 다각형에서 변과 변이 만나는 점
　③ **내각** : 다각형에서 이웃하는 두 변으로 이루어진 각
　④ **외각** : 다각형의 각 꼭짓점에서 한 변과 그 변에 이웃하는 변의 연장선이 이루는 각

(2) **정다각형** : 모든 변의 길이가 같고 모든 내각의 크기가 같은 다각형을 정다각형이라 하고 변의 개수가
3개, 4개, 5개, ⋯, n개인 정다각형을 차례로 정삼각형, 정사각형, 정오각형, ⋯, 정n각형이라 한다.

(3) **대각선** : 다각형에서 이웃하지 않은 두 꼭짓점을 이은 선분
　① n각형의 한 꼭짓점에서 그을 수 있는 대각선의 개수 ➡ $(n-3)$개(단, $n \geq 3$)
　② n각형의 대각선의 총 개수 ➡ $\dfrac{n(n-3)}{2}$개(단, $n \geq 3$)

핵심 ① 1 다음 조건을 모두 만족시키는 다각형의 이름을 말하시오.

> ㈎ 모든 변의 길이가 같다.
> ㈏ 모든 내각의 크기가 같다.
> ㈐ 꼭짓점의 개수와 변의 개수의 합이 14개이다.

핵심 2 다음 평면도형에 대한 설명 중 옳지 <u>않은</u> 것을 모두 고르면? (정답 2개)

① 세 개 이상의 선분으로 둘러싸인 평면도형을 다각형이라 한다.
② 정다각형은 모든 변의 길이가 같고, 모든 내각의 크기가 같다.
③ 삼각형은 대각선이 없는 유일한 다각형이다.
④ 한 내각과 그 내각에 대한 외각의 크기의 합은 $360°$이다.
⑤ 정다각형에서 모든 대각선의 길이가 서로 같다.

핵심 3 변의 개수가 $(2x-7)$개이고, 꼭짓점의 개수가 $(x+3)$개인 다각형의 내각의 개수를 구하시오.

핵심 4 다음 중 다각형과 대각선의 총 개수가 잘못 짝지어진 것은?

① 사각형, 2개　　　② 오각형, 5개
③ 육각형, 9개　　　④ 칠각형, 14개
⑤ 팔각형, 24개

핵심 5 다각형의 내부의 한 점 P에서 각 꼭짓점에 선분을 그었을 때 삼각형이 모두 11개가 생겼다. 이 다각형의 대각선의 총 개수를 구하시오.

예제 1 오른쪽 그림과 같이 원 모양의 탁자에 6명이 앉아 있다. 양 옆에 있는 사람을 제외한 모든 사람과 서로 악수를 한다고 할 때, 악수는 모두 몇 번 하게 되는지 구하시오.

Tip 사람을 다각형의 꼭짓점으로 생각하면, 양 옆에 있는 사람을 제외한 사람과 악수하는 횟수는 대각선의 총 개수로 구할 수 있다.

풀이 사람을 꼭짓점으로 하는 ☐☐☐☐을 생각하면 양 옆에 있는 사람을 제외한 사람과 악수를 하는 것은 대각선을 의미한다.

따라서 악수를 모두 몇 번 하게 되는지를 구하려면 육각형의 대각선의 총 개수를 구하면 된다.

육각형의 대각선의 총 개수는 $\dfrac{\square\times(\square-3)}{2}=\square$(개)이므로 악수는 모두 ☐번 하게 된다.

답 _____

응용 1 다음은 교통표지판에 대한 두 사람의 대화 내용이다. 밑줄에 가람이의 답변으로 적절한 말을 써넣으시오.

  A   B

나희 : 가람아, 집에 가는 길에 이런 표지판들을 봤어. 둘 중 다각형이라고 할 수 있는 건 무엇일까?

가람 : A 표지판이야.

나희 : 그럼 왜 B는 다각형이 아닌 거지?

가람 : _____

 _____

응용 2 어떤 다각형의 한 꼭짓점에서 몇 개의 대각선을 그었더니 삼각형, 오각형, 칠각형, 구각형으로 나누어졌다. 이 다각형의 대각선의 총 개수를 구하시오.

응용 3 정n각형에서 대각선의 길이가 서로 다른 것의 가짓수를 $f(n)$이라 하자. 예를 들어 정5각형은 대각선의 길이가 모두 같으므로 $f(5)=1$이고, 정6각형은 길이가 서로 다른 대각선의 가짓수가 2개이므로 $f(6)=2$이다. 이때 $f(11)+f(12)+f(13)+\cdots+f(20)$의 값을 구하시오. (단, $n\geq4$이다.)

응용 4 서로 다른 두 정다각형에 대하여 내각의 개수의 합이 10, 대각선의 총 개수의 합이 11일 때, 이 두 정다각형의 이름을 말하시오.

02 삼각형의 내각과 외각

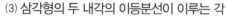

(1) 삼각형의 세 내각의 크기의 합은 180°이고, 세 내각에 대한 외각의 크기의 합은 360°이다.

(2) 삼각형의 내각의 크기와 외각의 크기의 관계

삼각형의 한 외각의 크기는 그와 이웃하지 않는 두 내각의 크기의 합과 같다.

(3) 삼각형의 두 내각의 이등분선이 이루는 각

△ABC에서 점 P가 ∠B, ∠C의 이등분선의 교점일 때

$2● + 2▲ = 180° - ∠A$임을 이용하여 $● + ▲$의 크기를 구할 수 있다.

(4) 삼각형의 한 내각과 한 외각의 이등분선이 이루는 각

△ABC에서 점 D가 ∠B의 이등분선과 ∠C의 외각의 이등분선의 교점일 때,

△ABC에서 $∠BAC = 2▲ - 2●$, △BDC에서 $∠BDC = ▲ - ●$이므로

$$∠BDC = \frac{1}{2}∠BAC$$

핵심 ① 다음은 △ABC의 세 내각의 크기의 합이 180°임을 설명한 것이다. □ 안에 알맞은 것을 써넣으시오.

> 오른쪽 그림과 같이 △ABC의 꼭짓점 C를 지나고 변 AB에 평행한 반직선 CE를 그으면
>
> $∠A = ∠ACE$(엇각), $∠B = \boxed{}$ (동위각)
>
> $∴ ∠A + ∠B + ∠C$
>
> $= ∠ACE + \boxed{} + ∠C = \boxed{}°$

핵심 ② 오른쪽 그림에서 $∠BAC = 40°$, $∠DAC = 16°$, $∠ACB = 65°$일 때, $∠x + ∠y$의 크기를 구하시오.

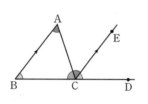

핵심 ③ 오른쪽 그림에서 $∠CDE = 90°$, $∠CDA = 40°$, $∠DEC = 55°$이다. 선분 AC가 ∠BAD의 이등분선일 때, $∠x$의 크기를 구하시오.

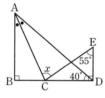

핵심 ④ 오른쪽 그림에서 $∠ABE = ∠EBC$, $∠ACE = ∠ECD$일 때, ∠E의 크기를 구하시오.

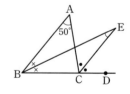

예제 **2** 오른쪽 그림과 같은 도형에서 ∠ABD=35°, ∠ACD=43°, ∠BDC=128°일 때, ∠x의 크기를 구하시오.

> Tip 오른쪽 그림에서
> ∠BDC=∠BDE+∠CDE
> = ∠BAC+∠ABD+∠ACD

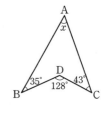

> 풀이 두 점 A, D를 지나는 보조선을 그어 ∠BAE=∠a, ∠CAE=∠b라 하면
> ∠a+∠b=∠☐ … ㉠
> △ABD에서 ∠BDE=∠a+35°, △ACD에서 ∠CDE=∠b+☐°
> ∠BDC=∠BDE+∠CDE=∠a+35°+∠b+☐°=(∠a+∠b)+☐°
> ∠x+☐°=128°(∵ ㉠)
> ∴ ∠x=☐°

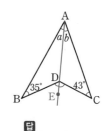

답 ＿＿＿＿＿＿＿＿

응용 **1** △ABC에서 세 외각의 크기의 비가 2 : 3 : 4일 때, 이 삼각형의 세 내각 중 크기가 가장 작은 각의 크기를 구하시오.

응용 **3** 오른쪽 그림에서 ∠B=43°, ∠C=23°, ∠D=27°, ∠E=33°일 때, ∠x의 크기를 구하시오.

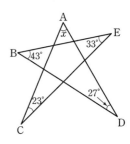

응용 **2** 오른쪽 그림의 사각형 ABCD에서 ∠A와 ∠B의 이등분선의 교점이 P일 때, ∠x의 크기를 구하시오.

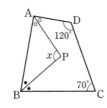

응용 **4** 오른쪽 그림에서 ∠AFE=20°일 때, ∠A+∠B+∠C+∠D+∠E의 크기를 구하시오.

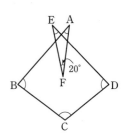

(1) 다각형의 내각의 크기의 합

n각형의 한 꼭짓점에서 대각선을 모두 그으면 n각형은 $(n-2)$개의 삼각형으로 나누어지므로

n각형의 내각의 크기의 합은 $180° \times (n-2)$이다.

(2) 다각형의 외각의 크기의 합

n각형의 한 내각과 그와 이웃하는 외각의 크기의 합은 $180°$이므로

(내각의 크기의 합)+(외각의 크기의 합)$=180° \times n$

$\therefore$ (외각의 크기의 합)$=180° \times n - $(내각의 크기의 합)

$\qquad = 180° \times n - 180° \times (n-2)$

$\qquad = 360°$

(3) 정다각형의 한 내각과 한 외각의 크기

① 정n각형의 한 내각의 크기 : $\dfrac{180° \times (n-2)}{n}$　　② 정n각형의 한 외각의 크기 : $\dfrac{360°}{n}$

핵심 1 한 내각의 크기와 한 외각의 크기의 비가 5 : 1인 정다각형을 구하시오.

핵심 2 오른쪽 그림은 정다각형 모양의 색종이의 일부분을 찢은 것이다. 찢기 전의 정다각형 모양의 색종이의 변의 개수를 구하시오.

144°

핵심 3 한 꼭짓점에서 그을 수 있는 대각선의 개수가 6개인 정다각형의 한 외각의 크기를 구하시오.

핵심 4 다음 중 정다각형에 대한 설명으로 옳은 것을 모두 고르면? (정답 3개)

① 육각형의 내각의 크기의 합은 $540°$이다.

② 한 내각의 크기와 한 외각의 크기가 서로 같은 정다각형은 정사각형뿐이다.

③ 한 변의 길이가 3이고 한 내각의 크기가 $120°$인 정다각형의 둘레의 길이는 36이다.

④ 한 꼭짓점에서 대각선을 모두 그었을 때, 13개의 삼각형으로 나누어진 정다각형의 한 외각의 크기는 $24°$이다.

⑤ 정육각형의 가장 긴 대각선의 길이는 한 변의 길이의 2배이다.

핵심 5 정n각형의 한 내각의 크기를 $x°$라 하자. x가 자연수일 때, 가능한 n의 개수를 구하시오.

예제 3 오른쪽 그림에서 ∠E＝105°, ∠F＝100°, ∠G＝160°일 때,
∠a＋∠b＋∠c＋∠d의 크기를 구하시오.

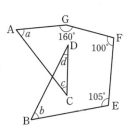

> **Tip** ▶ 보조선을 그어 다각형을 만든 후, 맞꼭지각 성질을 이용하여 구하려는 각의 크기의 합을 구할 수 있다.

풀이 $\overline{AC}$와 $\overline{BD}$의 교점을 H라 하고, $\overline{AB}$를 그으면
△ABH와 △CDH에서 ∠AHB＝[　　]（맞꼭지각）이므로
∠c＋∠d＝∠HAB＋[　　]이다.
∠a＋∠b＋∠c＋∠d＋105°＋100°＋[　　]°
＝（오각형 ABEFG의 내각의 크기의 합）
＝180°×(5−[　]）＝[　　]°
∴ ∠a＋∠b＋∠c＋∠d＝[　　]°

답 _____

응용 1 오른쪽 그림에서
∠A＝100°, ∠B＝75°,
∠C＝55°, ∠E＝85°,
∠F＝55°일 때, ∠D의
크기를 구하시오.

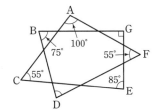

응용 3 오른쪽 그림은 긴 직사각형
모양의 끈을 한번 매듭지어
만들어진 도형이다. 정오각
형 ABCDE에서 ∠AFB
의 크기를 구하시오.

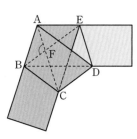

응용 2 오른쪽 그림처럼 반원
형의 꼴로 쌓은 구조
물을 홍예라고 하는
데, 선암사 무지개다
리, 창덕궁 금천교 등
우리나라 건축물에서 많이 볼 수 있다. 주어진 그림의 홍
예는 $\overline{AD}$∥$\overline{BC}$인 등변사다리꼴 ABCD와 합동인 사각
형 11개를 붙인 아치형 구조물일 때, ∠BCD의 크기를
구하시오. (단, 제일 아래 두 개의 구조물은 **90°**로 잘랐
다.)

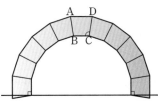

응용 4 오른쪽 그림과 같이 세 내각의 크기
가 각각 30°, 60°, 90°이고 서로 합동
인 직각삼각형들이 있다. 평면 위에
이들 삼각형을 내각의 크기가 90°인
꼭짓점과 60°인 꼭짓점이 일치되고
겹치지 않도록 변을 붙여가는데 어
느 삼각형도 서로 겹치지 않을 때까지 되도록 많이 붙이려
고 한다. 가장 많이 붙였을 때, 삼각형의 내각의 크기가
30°인 꼭짓점으로 이루어지는 다각형의 내각의 크기의 총
합을 구하시오.

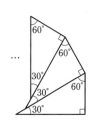

01 어떤 다각형의 변의 개수를 a개, 대각선의 개수를 b개라 할 때, $a : b = 1 : 9$이다. 이때 $b - a$의 값을 구하시오.

02 오른쪽 그림의 $\triangle ABC$에서 $\angle BAC$의 외각의 이등분선과 $\angle BCA$의 외각의 이등분선의 교점을 D라 하면 $\angle ADC = 72°$ 이다. 이때 $\angle ABC$의 크기를 구하시오.

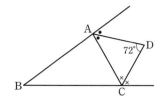

03 오른쪽 그림과 같이 $\triangle ABC$에서 $\angle ABD = 2\angle DBC$, $\angle ACD = 2\angle DCE$, $\angle BAC = 57°$일 때, $\angle BDC$의 크기를 구하시오.

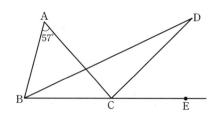

04 오른쪽 그림과 같이 정사각형을 대각선으로 접은 후 이것을 두 번 더 접었을 때, ∠ABC＝60°이다. 이때, ∠x의 크기를 구하시오.

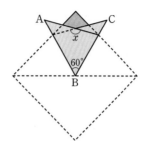

NOTE

05 오른쪽 그림과 같이 정팔각형의 내부에 한 변의 길이가 같은 정육각형과 정오각형을 그렸을 때, ∠x의 크기를 구하시오.

06 오른쪽 그림은 매번 **1 m**씩 진행하면서 시계 방향으로 **120°**씩 방향 전환을 하면 3번 만에 제자리로 돌아오는 경우와 시계 방향으로 **90°**씩 방향 전환을 하면 4번 만에 제자리로 돌아오는 경우를 그려놓은 것이다. 만약 매번 **1 m**씩 진행하면서 진행하던 방향에 대하여 시계 방향으로 **150°**씩 방향 전환을 하면 몇 번 만에 제자리에 돌아오는지 구하시오.

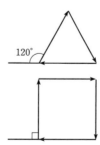

07 다음 그림의 사각형 ABCD는 가로의 길이가 세로의 길이의 5배인 직사각형이다. 사각형 BFDE 는 둘레의 길이가 52 cm인 마름모이고, 삼각형 ABE의 둘레의 길이는 30 cm이다. 이때 사각형 ABCD의 넓이는 몇 cm²인지 구하시오.

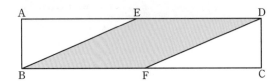

08 오른쪽 그림에서 ∠ABC=90°, ∠C=80°, ∠D=25°, ∠E=30°, ∠F=70°, ∠FGA=15°일 때, ∠A의 크기를 구하시오.

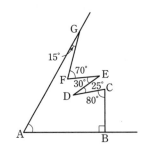

09 A, B 두 개의 정다각형이 있다. B 정다각형의 변의 수는 A 정다각형의 변의 수의 2배이다. 또한 A 정다각형의 한 내각의 크기는 B 정다각형의 한 내각의 크기보다 10°가 작다. 이때 A, B 정다각 형의 한 내각의 크기를 각각 구하시오.

10 오른쪽 그림에서 *l* // *m*일 때,
∠*a*+∠*b*+∠*c*+∠*d*+∠*e*+∠*f*+∠*g*+∠*h*의
크기를 구하시오.

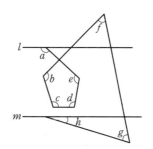

11 오른쪽 그림과 같이 사각형 **ABCD**에서 두 꼭짓점 **A**, **B**
에서의 외각의 이등분선의 교점을 **P**, 두 꼭짓점 **C**, **D**에서
의 외각의 이등분선의 교점을 **Q**라 하자. 이때 ∠**P**+∠**Q**
의 크기를 구하시오.

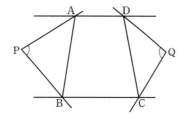

12 오른쪽 그림과 같이 ∠**BAC**=**75°**인 △**ABC**에서 ∠**B**의 삼
등분선과 ∠**C**의 삼등분선의 교점으로 사각형 **PQRS**를 만들
었다. 이때 ∠**PQR**+∠**PSR**의 크기를 구하시오.

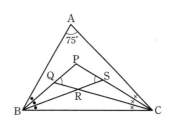

13 $n \geq 10$인 자연수 n에 대하여 정n각형의 한 점 A_1에서 시작하여 일정한 간격으로 위치한 점들을 순서대로 A_2, A_3, A_4, $\cdots$, A_n이라 하자. 이때 $\triangle A_1 A_2 A_{10}$이 이등변삼각형이 되는 n의 값을 모두 구하시오.

NOTE

14 A, B 두 정다각형의 한 꼭짓점에서 대각선을 모두 그었을 때 생기는 삼각형의 개수의 비가 5 : 9 이고 한 내각의 크기의 비가 25 : 27일 때, A, B 두 정다각형의 변의 개수의 합을 구하시오.

15 오른쪽 그림은 $\overline{AB} = \overline{AC}$인 이등변삼각형 ABC에 대하여 $\overline{AB}$, $\overline{AC}$를 각각 한 변으로 하는 정삼각형 ADB, ACE를 그린 것이다. $\overline{CD}$와 $\overline{BE}$의 교점을 F라 하고, $\angle ABC = 75°$일 때, $\angle DBF$의 크기를 구하시오.

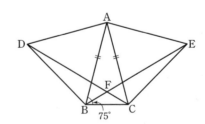

16 오른쪽 그림의 △ABC에서 ∠B=36°이고, $\overline{AE}$, $\overline{CD}$는 각각 ∠A, ∠C의 이등분선일 때, ∠x+∠y의 크기를 구하시오.

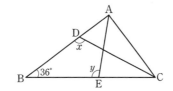

17 오른쪽 그림은 정십이각형인데 일부가 찢어져 보이지 않는다. 변 BC 위의 점 E, 변 CD 위의 점 F에 대하여 $\overline{BE}=\overline{CF}$이고 $\overline{AE}$와 $\overline{BF}$의 교점을 G라 할 때, ∠AGF의 크기를 구하시오.

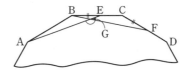

18 오른쪽 그림에서 ∠BAD=60°, ∠BCD=110°이고 ∠ABC의 이등분선과 ∠ADC의 이등분선이 만나는 점을 E라 할 때, ∠BED의 크기를 구하시오.

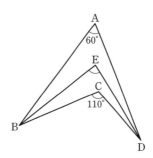

01 다음 그림과 같이 정다각형의 이웃하는 두 변 위에 $\overline{BP}=\overline{CQ}$가 되도록 두 점 P, Q를 잡고 $\overline{AP}$
와 $\overline{BQ}$의 교점을 R라 하자. 이때 ∠ARB의 크기가 20°인 정다각형을 구하시오.

 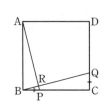 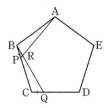

02 오른쪽 그림과 같이 △ABC의 내부에 점 P를 잡고 정삼각형
APQ와 정삼각형 ACD를 그렸습니다. $\overline{AP}+\overline{BP}+\overline{CP}$가 최소
가 되도록 하였을 때, ∠APB의 크기를 구하시오.

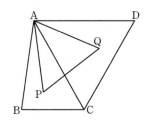

03 오각형 ABCDE에서 $\overline{AC}=5$이다. 오각형 내부의 한 점 P에서
네 꼭짓점 A, B, C, D에 이르는 거리의 합의 최솟값이 11이고,
오각형 내부의 한 점 Q에서 네 꼭짓점 A, B, C, E에 이르는 거
리의 합의 최솟값이 13이다. 이때 $10 \times \overline{BD}+\overline{BE}$의 값을 구하
시오.

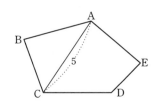

04 오른쪽 그림과 같이 정오각형 ABCDE의 한 꼭짓점 A에서 변 CD와 두 변 CB, DE의 연장선에 내린 수선의 발을 각각 P, Q, R라고 하자. $\overline{\mathrm{AP}}$ 위의 점 O에서 각 꼭짓점에 이르는 거리가 모두 같고 $\overline{\mathrm{OP}}=4$일 때, $\overline{\mathrm{AO}}+\overline{\mathrm{AQ}}+\overline{\mathrm{AR}}$의 길이를 구하시오.

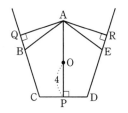

05 오른쪽 그림과 같이 모든 변의 길이가 같은 별모양 도형에 대하여

$\angle \mathrm{A}_1 = \angle \mathrm{A}_2 = \angle \mathrm{A}_3 = \cdots = \angle \mathrm{A}_n,$

$\angle \mathrm{B}_1 = \angle \mathrm{B}_2 = \angle \mathrm{B}_3 = \cdots = \angle \mathrm{B}_n,$

$\overline{\mathrm{A}_1\mathrm{B}_1} = \overline{\mathrm{B}_1\mathrm{A}_2} = \overline{\mathrm{A}_2\mathrm{B}_2} = \cdots = \overline{\mathrm{A}_n\mathrm{B}_n} = \overline{\mathrm{B}_n\mathrm{A}_1}$이다.

$\angle \mathrm{A}_1$은 $\angle \mathrm{A}_1\mathrm{B}_1\mathrm{A}_2$보다 20°만큼 작을 때, n의 값을 구하시오. (단, $\angle \mathrm{A}_1$, $\angle \mathrm{A}_1\mathrm{B}_1\mathrm{A}_2$는 예각이다.)

06 한 내각의 크기가 자연수인 정다각형 중에서 한 내각의 크기가 가장 작은 각을 $\angle a$, 가장 큰 각을 $\angle b$라 할 때, $\angle a + \angle b$의 크기를 구하시오.

NOTE

07 정범이는 서로 다른 n개의 점 중 세 점을 선택하는 방법 수가 $\dfrac{n(n-1)(n-2)}{6}$ 가지임을 알게 되었다. 이 사실을 이용하여 정십오각형의 15개의 꼭짓점 중에서 3개의 꼭짓점을 택하여 만들어지는 삼각형 중에서 정십오각형의 변과 겹치는 변이 하나도 없는 삼각형을 만들었더니 총 a개였다. 이때 a의 값을 구하시오.

08 [그림 1]은 한 변의 길이가 1, 2, 3인 정삼각형을 한 변의 길이가 1인 정삼각형으로 쪼갠 것이고, [그림 2]는 한 변의 길이가 1, 2, 3인 정육각형을 한 변의 길이가 1인 정삼각형으로 쪼갠 것이다. 한 변의 길이가 20인 정육각형을 같은 방법으로 쪼개었을 때, 한 변의 길이가 1인 정삼각형은 모두 몇 개인지 구하시오.

[그림 1]   [그림 2]

09 세 다각형 A, B, C의 한 꼭짓점에서 그을 수 있는 대각선의 개수의 비가 1 : 3 : 6이고, 세 다각형의 모든 내각의 크기의 합이 4140°일 때, 세 다각형 A, B, C의 변의 개수의 합을 구하시오.

10 정 r각형의 한 내각의 크기는 정 s각형의 한 내각의 크기의 $\dfrac{59}{58}$배이다. s로 가능한 값 중 최댓값을 구하시오.

11 오른쪽 그림에서 사각형 ABCD는 $\overline{AD} /\!/ \overline{BC}$, $\overline{AB} = \overline{CD}$인 사다리꼴이다. 사다리꼴 ABCD의 외부의 점 P에 대하여 $\angle PAD = 24°$, $\angle ABC = 2\angle PAB$, $\angle ADC = 2\angle ADP$일 때, $\angle APD$의 크기를 구하시오.

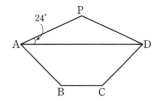

12 오른쪽 그림과 같은 사각형 ABCD에서 $\angle ABC = \angle BCD = 80°$, $\angle BAC = 40°$, $\angle DBC = 50°$, $\angle ACB = 60°$일 때, $\angle BAD$의 크기를 구하시오.

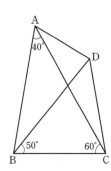

13 오른쪽 그림과 같이 $\overline{AB}=\overline{AC}$인 이등변삼각형 ABC의 내부에 $\overline{AD}=\overline{BC}$, $\angle BAD=12°$, $\angle CAD=24°$가 되도록 점 D를 정했을 때, $\angle BDC$의 크기를 구하시오.

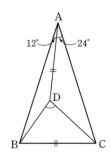

14 오른쪽 그림에서 $\angle CED=x$, $\angle A+\angle B=y$라 할 때, x와 y 사이의 관계식을 구하시오.

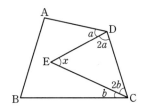

15 오른쪽 그림은 변의 길이가 모두 같은 정삼각형 1개, 정사각형 2개, 정육각형 1개를 변끼리 맞닿게 하여 네 꼭짓점이 점 A에서 빈틈없이 만나게 한 것이다. 이와 같은 방법으로 변의 길이가 모두 같은 정a각형, 정b각형, 정c각형 1개씩을 변끼리 맞닿게 하여 세 꼭짓점이 한 점에서 빈틈없이 만나게 하는 순서쌍 (a, b, c)는 모두 몇 개인지 구하시오. (단, $a<b<c$)

16 4 이상의 자연수 k에 대하여 $f(k)=$(정 k각형의 서로 다른 길이의 대각선의 개수)라 할 때, $f(n)+f(n+2)=17$을 만족시키는 자연수 n의 최솟값을 구하시오.

17 9개의 평행한 선과 그 선에 수직인 9개의 선이 8×8의 체스판 모양을 하고 있다. a는 직사각형의 개수, b는 정사각형의 개수라고 할 때, $\dfrac{b}{a}$의 값을 구하시오. (단, a, b는 서로소)

18 오른쪽 그림에서 $\angle ABD=2\angle DBE$, $\angle ACD=2\angle DCE$ 이고 $\angle BAC=52°$, $\angle BEC=46°$일 때, $\angle BDC$의 크기를 구하시오.

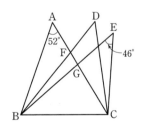

01 중심각의 크기, 호의 길이, 부채꼴의 넓이 사이의 관계

(1) 원과 부채꼴
　① 원 : 평면 위의 한 점으로부터 일정한 거리에 있는 모든 점들로 이루어진 도형
　② 호 : 원 위의 두 점을 양 끝으로 하는 원의 일부분
　③ 현 : 원 위의 두 점을 이은 선분
　④ 부채꼴 : 원의 두 반지름과 호로 둘러싸인 도형
　⑤ 활꼴 : 원에서 호와 현으로 둘러싸인 도형

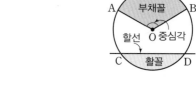

(2) 중심각의 크기, 호의 길이, 부채꼴의 넓이 사이의 관계
　한 원 또는 합동인 두 원에서
　① 같은 길이의 호에 대한 중심각의 크기는 같다.
　② 호의 길이는 중심각의 크기에 정비례한다.
　③ 부채꼴의 넓이는 부채꼴의 중심각의 크기에 정비례한다.

(3) 중심각의 크기와 현의 길이 사이의 관계
　① 같은 길이의 현에 대한 중심각의 크기는 같다.
　② 중심각의 크기와 현의 길이는 정비례하지 않는다.

핵심 1 한 원에서 부채꼴과 활꼴이 같아질 때, 이 부채꼴의 중심각의 크기를 구하시오.

핵심 2 오른쪽 그림과 같은 원 O에서 $\overparen{AB} : \overparen{BC} : \overparen{CDA} = 2 : 3 : 7$이 되게 점 A, B, C, D를 잡을 때, ∠BOC의 크기를 구하시오.

핵심 3 오른쪽 그림과 같은 원 O에서 부채꼴 COD와 AOB의 넓이가 각각 $3\,cm^2$, $32\,cm^2$이고 ∠COD=21°일 때, ∠x의 크기를 구하시오.

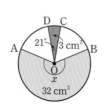

핵심 4 오른쪽 그림에서 $\overline{AE}\,/\!/\,\overline{CD}$이고, ∠BOD=20°, $\overparen{AC}=5\,cm$일 때, $\overparen{AE}$의 길이를 구하시오.

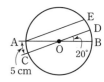

핵심 5 오른쪽 그림에서 $\overparen{AB}=2\pi$, $\overparen{BC}=6\pi$일 때, 다음 중 옳지 않은 것은? (단, $\overline{AC}$는 지름이다.)

　① $\overline{AC}$는 원 O의 길이가 가장 긴 현이다.

　② $∠AOB = \dfrac{1}{3}∠BOC$

　③ $\overparen{AB} = \dfrac{1}{4}\overparen{AC}$

　④ ∠BOC=135°

　⑤ $\overparen{BC} > 3\overparen{AB}$

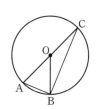

예제 1 오른쪽 그림과 같이 △ABC의 세 변과 원 O가 각각 세 점 D, E, F에서 만나고 있다. ∠B=50°, ∠C=70°일 때, $\widehat{DE} : \widehat{EF} : \widehat{FD}$를 가장 간단한 자연수의 비로 나타내시오.

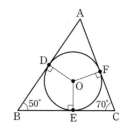

Tip 부채꼴의 호의 길이는 중심각의 크기에 정비례한다.

풀이 △ABC에서 ∠A=□°이고, $\overline{AB} \perp \overline{OD}$, $\overline{BC} \perp \overline{OE}$, $\overline{CA} \perp$ □ 이므로

□DBEO에서 ∠DOE=360°−(50°+90°+90°)=130°

□OECF에서 ∠EOF=360°−(70°+□°+90°)=□°

□ADOF에서 ∠FOD=360°−(□°+90°+90°)=□°

∴ $\widehat{DE} : \widehat{EF} : \widehat{FD}$ = ∠DOE : ∠EOF : ∠FOD

=130° : □° : □°=□ : □ : □

답 _____

응용 1 오른쪽 그림과 같이 한 변의 길이가 원 O의 반지름의 길이와 같도록 정오각형 OABCD를 그렸다. 부채꼴 AOD의 넓이가 32이고 ∠EOF=27°일 때, 부채꼴 EOF의 넓이를 구하시오.

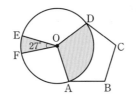

응용 3 수영이의 한 달 용돈은 8만 원이고 오른쪽 원그래프는 수영이가 한 달 동안 쓴 용돈의 사용 내용을 나타낸 것이다. 교통비와 책 값의 비가 3 : 2일 때, 교통비를 구하시오.

응용 2 오른쪽 그림에서 점 P는 원 O의 현 AB의 연장선과 현 CD의 연장선의 교점이다. ∠P=30°이고 $\widehat{BD}=18\ \text{cm}$, $\overline{CO}=\overline{CP}$ 일 때, $\widehat{AC}$의 길이를 구하시오.

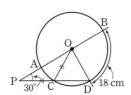

응용 4 오른쪽 그림에서 5∠AOD=∠BOC이고 부채꼴 AOB의 넓이를 S_1, 부채꼴 BOC의 넓이를 S_2라 할 때, S_1과 S_2의 비를 가장 간단한 자연수의 비로 나타내시오. (단, $\overline{AC}$, $\overline{BE}$는 지름이다.)

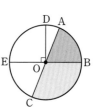

02 원과 부채꼴의 둘레의 길이와 넓이

(1) 원의 둘레의 길이와 넓이

반지름의 길이가 r인 원의 둘레의 길이(원주)를 l이라 하고, 원의 넓이를 S라 하면

① (원주)=(지름의 길이)×(원주율) ➡ $l=2\pi r$

② (원의 넓이)=$\dfrac{1}{2}$×(원주)×(반지름의 길이) ➡ $S=\pi r^2$

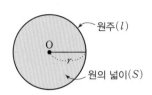

원주(l)

O · · · r

원의 넓이(S)

(2) 부채꼴의 호의 길이와 넓이

① 반지름의 길이가 r, 중심각의 크기가 $x°$인 부채꼴의 호의 길이를 l이라 하면 $l=2\pi r \times \dfrac{x}{360}$

② 반지름의 길이가 r, 중심각의 크기가 $x°$인 부채꼴의 넓이를 S라 하면 $S=\pi r^2 \times \dfrac{x}{360}$

③ 반지름의 길이가 r, 호의 길이가 l인 부채꼴의 넓이를 S라 하면 $S=\dfrac{1}{2}rl$

> **설명** 중심각의 크기가 $x°$인 부채꼴의 반지름의 길이와 호의 길이를 각각 r, l이라 하면
>
> 부채꼴의 넓이 $S=\pi r^2 \times \dfrac{x}{360}=\dfrac{1}{2}r \times \left(2\pi r \times \dfrac{x}{360}\right)=\dfrac{1}{2}r \times l=\dfrac{1}{2}rl$

핵심 ① 오른쪽 그림에서 색칠한 부분의 넓이를 구하시오.

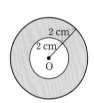

2 cm
2 cm
O

핵심 ② 오른쪽 그림에서 색칠한 부분의 둘레의 길이를 구하시오.

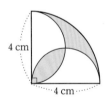

4 cm
4 cm

핵심 ③ 오른쪽 그림에서 $\overline{AC}=\overline{CD}=\overline{BD}$이고 $\overline{AB}=18\ cm$일 때 색칠한 부분의 둘레의 길이를 구하시오.
(단, $\overline{AB}$는 원 O의 지름이다.)

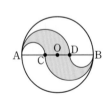

A C O D B

핵심 ④ 다음 중 오른쪽 부채꼴에 대한 설명으로 옳지 <u>않은</u> 것은?

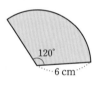

120°
6 cm

① 부채꼴의 중심각의 크기는 120°이다.

② 호의 길이는 $4\pi\ cm$이다.

③ 넓이는 $12\pi\ cm^2$이다.

④ 둘레의 길이는 $(12+4\pi)\ cm$이다.

⑤ 중심각의 크기는 같고 반지름의 길이가 2배인 부채꼴의 넓이는 이 부채꼴의 넓이의 2배가 된다.

핵심 ⑤ 호의 길이가 $5\pi\ cm$, 넓이가 $15\pi\ cm^2$인 부채꼴의 반지름의 길이와 중심각의 크기를 각각 구하시오.

예제 2 오른쪽 그림과 같이 A지점으로부터 길이가 **4 m**인 줄에 묶여 있는 강아지가 줄을 팽팽하게 유지하면서 움직일 때, 강아지가 움직일 수 있는 총 거리를 구하시오.

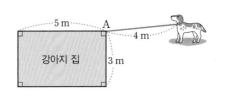

Tip 움직일 수 있는 부분을 그림으로 나타내었을 때 구하려는 거리의 합은 여러 개의 부채꼴의 호의 길이의 합과 같다.

풀이 강아지가 움직일 수 있는 거리를 그리면 오른쪽 그림과 같으므로

$$2\pi \times 4 \times \boxed{} + 2\pi \times 1 \times \frac{1}{4} = \boxed{} \ (\text{m})$$

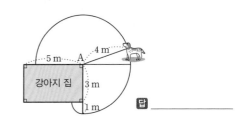

답 _____

응용 1 오른쪽 그림과 같이 한 변의 길이가 **3 cm**인 정오각형에서 색칠한 부채꼴의 넓이를 구하시오.

응용 3 다음 그림과 같이 길이가 **5 cm**인 선분 위를 반지름의 길이가 **1 cm**인 원이 지나간 자리의 넓이를 구하시오.

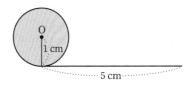

응용 2 오른쪽 그림과 같이 원 O의 내부에 꼭 맞는 정사각형의 한 변을 지름으로 하여 원 O′을 그렸다. 이때 원 O와 O′의 넓이의 비를 가장 간단한 자연수의 비로 나타내시오.

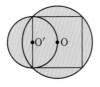

응용 4 오른쪽 그림은 한 변의 길이가 **12 cm**인 정삼각형 **ABC**의 각 변을 지름으로 하는 반원을 그린 것이다. 색칠한 부분의 넓이를 구하시오.

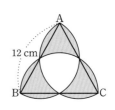

01 반지름의 길이가 **10**인 큰 원 안에 반지름의 길이가 **5**인 작은 원을 오른 쪽 그림과 같이 **4**개를 그렸을 때, 색칠한 부분의 넓이를 구하시오.

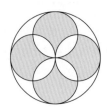

02 오른쪽 그림의 반원 O에서 $\overline{AC}\,/\!/\,\overline{OD}$이고 $\widehat{AC} : \widehat{CB}=2 : 1$일 때, ∠DOB의 크기를 구하시오.

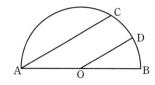

03 반지름의 길이가 **2 cm**인 원이 오른쪽 그림과 같이 부채 꼴의 둘레를 한 바퀴 돌았을 때, 원이 지나간 자리의 넓 이는 $(a+b\pi)$ **cm²**이다. 이때 $a+b$의 값을 구하시오.
(단, a, b는 유리수)

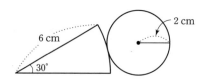

04 오른쪽 그림은 직사각형 ABCD와 $\overline{CD}$를 반지름으로 하는 사분원을 겹쳐 놓은 것이다. 색칠한 두 도형 P, Q의 넓이가 서로 같을 때, 직사각형 ABCD에서 변 AB의 길이와 변 BC의 길이의 비가 $a : b$이다. 이때 $\dfrac{b}{a}$의 값을 구하시오.

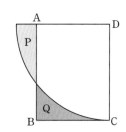

05 오른쪽 그림은 원의 중심이 같은 원의 일부와 선분으로 이루어진 도형이다. $\overparen{AC}=12$ cm, $\overparen{BD}=6$ cm, $\overline{AB}=\overline{CD}=3$ cm일 때, 도형의 넓이를 구하시오.

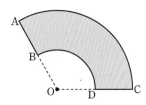

06 다음 그림과 같이 반지름의 길이가 **9 cm**이고 중심각의 크기가 **80°**인 부채꼴 BOA를 직선 l 위에서 미끄러지지 않게 시계 방향으로 한 바퀴 돌렸을 때, 점 O가 움직인 거리를 구하시오.

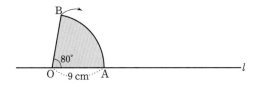

07 오른쪽 그림과 같이 반지름의 길이가 **10 cm**인 반원을 가로 **30 cm**, 세로 **20 cm**인 직사각형의 둘레를 따라 미끄러지지 않게 화살표 방향으로 회전시켰을 때, 반원이 처음의 위치까지 오는 동안에 중심 **A**가 움직인 거리를 구하시오. (단, 원주율은 3으로 계산한다.)

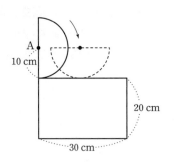

08 오른쪽 그림과 같이 한 변의 길이가 **10 cm**인 정사각형 안에 정사각형의 꼭짓점이 중심이고 반지름의 길이가 **8 cm**인 부채꼴 두 개를 그렸다. $S_3 - S_1 - S_2 = a\pi + b$라고 할 때, $a - b$의 값을 구하시오. (단, a, b는 유리수)

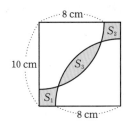

09 오른쪽 그림과 같이 반지름의 길이가 각각 **3 cm**인 세 원 **P**, **Q**, **R**이 일렬로 접하고 있다. 원 **O**가 원 **P**, **Q**, **R**의 둘레를 1회전 할 때, 원 **O**의 중심이 지나간 자리의 길이는 $a\pi$ **cm**이다. 이때 a의 값을 구하시오.

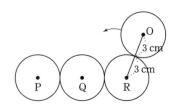

10 다음 그림과 같이 크기가 다른 세 반원으로 두 모양을 만들었다. 작은 두 반원의 반지름의 길이가 각각 a cm, b cm이고, 색칠한 부분 (개)의 넓이는 112π cm², (내)의 넓이는 48π cm²이다. $a : b$의 비율이 $\dfrac{4}{3}$일 때, b의 값을 구하시오.

 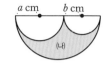

11 오른쪽 그림과 같이 $\overline{\text{AB}}$를 지름으로 하는 반원 O 안에 지름의 길이가 각각 20 cm, 12 cm인 두 반원과 ∠CAO=45°인 삼각형 ABC가 있다. 이때 색칠한 부분의 넓이를 구하시오.

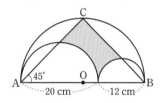

12 오른쪽 그림은 반지름의 길이가 10 cm인 원을 오른쪽 방향으로 10 cm만큼 이동시키고, 이어서 위쪽 방향으로 10 cm만큼 이동시킨 모양이다. 처음의 원이 마지막 위치까지 움직이면서 지나는 부분의 넓이를 $(a+b\pi)$ cm²라고 할 때, $a+b$의 값을 구하시오.

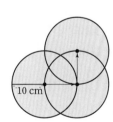

13 오른쪽 그림과 같이 $\overline{AB}$가 지름인 반원 O에서 $\overline{AC}$의 연장선과 $\overline{BD}$의 연장선의 교점을 P라 하자. $\angle DOB = 48°$, $\angle APB = 64°$일 때, $\overset{\frown}{AC} : \overset{\frown}{CD}$를 가장 간단한 자연수의 비로 나타내시오.

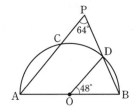

14 오른쪽 그림에서 $\overline{AB}$는 원 O의 지름이고, $\overset{\frown}{AC} : \overset{\frown}{CB} = 5 : 4$, $\overset{\frown}{AD} = \overset{\frown}{DE} = \overset{\frown}{EB}$이다. 이때 $\angle x + \angle y$의 크기를 구하시오.

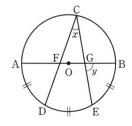

15 오른쪽 그림의 원 O에서 현 AB의 연장선과 현 DC의 연장선의 교점을 P라 하면 $\angle APD = 48°$이고 $\overset{\frown}{AB}$의 길이와 $\overset{\frown}{DC}$의 길이는 각각 원 O의 둘레의 $\dfrac{1}{6}$, $\dfrac{2}{9}$이다. 이때 $\overset{\frown}{BC}$의 길이와 $\overset{\frown}{AD}$의 길이의 비를 가장 간단한 자연수의 비로 나타내시오.

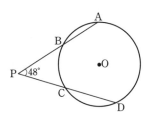

16 다음 그림과 같이 반지름의 길이가 **10 cm**인 원 5개가 고정되어 있다. 이 5개의 원과 반지름의 길이가 같은 한 원을 **A**에서 **B**까지 미끄러지지 않게 굴려서 이동시킬 때, 움직이는 원의 중심이 이동한 거리를 구하시오.

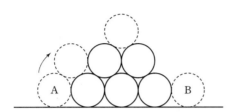

17 반지름의 길이가 **20 cm**인 원 **O**에서 점 **P**는 원 **O**의 원주 위를 움직이고 있다. 점 **Q**는 원 **O**의 내부에 있는 한 점이다. 두 점 **P**와 **Q**가 겹쳐지도록 원의 일부를 접었다 폈을 때, 접은 선과 $\overline{OP}$의 교점을 **R**이라 하자. 이때 $\overline{OR}+\overline{QR}$의 길이를 구하시오.

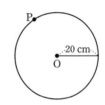

18 오른쪽 그림과 같이 한 변의 길이가 **60 cm**인 정사각형을 8개의 정사각형으로 나누고, 그 안에 꼭 맞는 원을 그렸다. 이때, 색칠한 부분의 넓이를 구하시오.

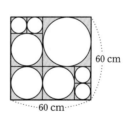

II 평면도형

01 오른쪽 그림과 같이 한 변의 길이가 **10 cm**인 정팔각형의 변 위에 한 변의 길이가 **10 cm**인 정삼각형이 있다. 이 정삼각형이 정팔각형의 변을 따라 내부를 한 바퀴 돌아서 제자리로 왔을 때, 점 **P**가 움직인 거리를 구하시오.

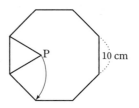

02 오른쪽 그림과 같이 반지름의 길이가 각각 r **m**, $3r$ **m**인 원형의 산책로가 점 **P**에서 접해 있다. 슬기는 초속 **4 m**, 유승이는 초속 **3 m**의 일정한 속력으로 점 **P**에서 동시에 출발하여 슬기는 큰 원, 유승이는 작은 원 둘레를 각각 돌았다. 슬기가 **30**바퀴 도는 동안 출발 후 두 사람은 몇 번 만나는지 구하시오.

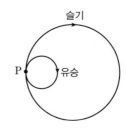

03 밑면의 반지름의 길이가 **10 cm**인 똑같은 크기의 원통 **7**개를 묶으려고 한다. 매듭을 짓는데만 **18 cm**의 끈이 필요하다고 할 때, 필요한 전체 끈의 길이는 최소한 $(a+b\pi)$ **cm**이다. 이때 $a+b$의 값을 구하시오.

04 오른쪽 그림에서 선분 **AB**는 작은 원의 지름으로 길이는 **20 cm**이며, 큰 원의 중심은 작은 원의 원둘레 위에 있다. 색칠한 부분의 넓이를 구하시오.

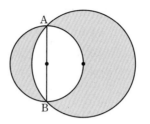

NOTE

II

평면도형

05 오른쪽 그림은 점 **O**를 중심으로 하는 반원을 그린 것이다. $\overline{OA}=\overline{DE}$, $\overline{OB}/\!/\overline{CD}$이고, $\angle EDO=28°$일 때 $\angle ABC$의 크기를 구하시오.

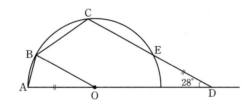

06 오른쪽 그림에서 $\overset{\frown}{AB}:\overset{\frown}{BC}:\overset{\frown}{CD}:\overset{\frown}{DE}=1:2:3:4$이고 $\angle ADB=10°$일 때, $\angle ADE$의 크기를 구하시오.

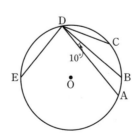

07 오른쪽 그림과 같이 한 변의 길이가 **9 cm**인 정사각형 **ABCD**의 변 **AB** 위에 한 변의 길이가 **6 cm**인 정삼각형을 놓은 후, 정사각형의 각 변을 미끄러지지 않게 화살표 방향으로 굴려 처음에 놓인 자리에 오게 하였다. 이때 점 **P**가 움직인 거리를 구하시오.

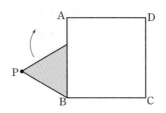

08 가로의 길이가 **4 m**, 세로의 길이가 **3 m**인 직사각형 모양의 우리에 길이가 **1 m**인 줄을 달고 개를 키우고 있다고 한다. 개가 움직일 수 있는 영역의 넓이를 ($a+b\pi$) **m²**라고 할 때, ab의 값을 구하시오. (단, 우리는 끈으로 되어 있고 연결부분이 고리로 되어 있어서 개는 줄을 따라서 직사각형 모양의 우리를 안팎으로 다닐 수 있다.)

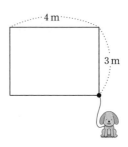

09 오른쪽 그림과 같이 원 밖의 점 **A**에서 원 **O**에 그은 접선이 점 **T**에서 접하고 ∠CAT=**40°**가 되도록 그은 선분 **AC**와 원의 교점을 **B**라고 한다. ∠CAT의 이등분선과 $\overline{BT}$, $\overline{CT}$와의 교점을 각각 **D**, **E**라 하고 $\overline{BT}=\overline{BA}$일 때, ∠AET의 크기를 구하시오.

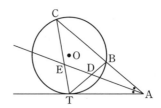

10 오른쪽 그림과 같이 반지름의 길이가 **10 cm**인 반원 O에서 $\widehat{CB}=\dfrac{1}{2}\widehat{AB}$인 점 **C**가 있고, $\widehat{BC}$ 위에 점 **P**를 잡아 $\overline{AP}$를 한 변으로 하는 정삼각형 APQ를 그렸다. 점 **P**가 점 **B**를 출발하여 점 **C**까지 $\widehat{BC}$ 위를 움직일 때, $\overline{AQ}$가 지나가는 부분의 넓이를 $(a+b\pi)$ **cm**^{2}라고 하자. 이때 $a+b$의 값을 구하시오.

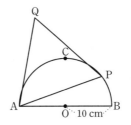

11 오른쪽 [그림 1]은 구두를 만들 때 사용하는 특별한 모양의 칼이다. 수학에서도 [그림 2]와 같이 선분 **AB**에 중심이 있으며 서로 접하는 세 반원에 둘러싸여 색칠한 부분이 바로 이 칼 모양과 유사해 아르벨로스(Arbelos, 그리스어로 '구두장이의 칼')로 불린다. [그림 2]의 아르벨로스의 둘레의 길이가 12라고 할 때, [그림 3]의 색칠한 부분의 둘레의 길이를 구하시오. (단, [그림 2], [그림 3]의 가장 큰 반원의 반지름의 길이는 같고, 눈금의 크기도 같다.)

[그림 1]

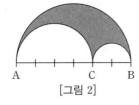

[그림 2]

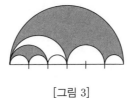

[그림 3]

12 오른쪽 그림과 같이 $\overline{AB}$를 원의 중심 **O**를 중심으로 화살표 방향으로 **135°**만큼 회전시켰다. 이때 $\overline{AB}$가 지나간 부분의 넓이를 $(a\pi-b)$ **cm**^{2}라고 할 때, $a+b$의 값을 구하시오. (단, a, b는 정수)

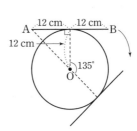

13 오른쪽 그림과 같이 원 O에 접하는 넓이가 **180 cm²**인 정육각형 **ABCDEF**가 있다. 이 정육각형의 한 변의 길이를 지름으로 하는 반원을 정육각형의 각 변에 그리고, 점 **O**를 중심으로 하고 정육각형의 한 변의 길이를 지름으로 하는 원을 그렸을 때, 색칠한 부분의 넓이의 합을 구하시오.

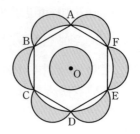

14 오른쪽 그림은 반지름의 길이가 **10 cm**인 사분원, 반지름의 길이가 **8 cm**인 사분원, △**AOB**, △**OCD**를 겹치지 않게 붙여 놓은 도형이다. 이 도형의 넓이를 $(a+b\pi)$ **cm²**라고 할 때, $a+b$의 값을 구하시오.

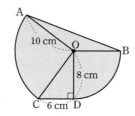

15 오른쪽 그림과 같이 반지름의 길이가 각각 **10 cm, 5 cm**인 두 원 O, O′이 있다. 작은 원 O′이 큰 원 O의 둘레를 한 바퀴 돌 때 작은 원 O′은 몇 바퀴 도는지 구하시오.

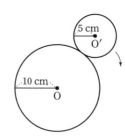

16 원 O의 반지름이 **12 cm**일 때 색칠한 부분의 넓이의 합은 $(a\pi - b)$ **cm²**이다. 이때 $a + b$의 값을 구하시오. (단, a, b는 정수)

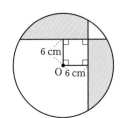

6 cm
O 6 cm

17 반지름의 길이가 **6 cm**인 원통 모양의 물건에 두께가 일정한 테이프를 **100회** 감았더니 중심에서 테이프의 맨 바깥쪽까지의 길이가 **12 cm**가 되었다. 감은 테이프의 길이가 얼마인지 구하시오.

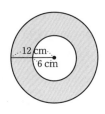

12 cm
6 cm

18 오른쪽 그림과 같이 지름의 길이가 **12 cm**인 **14개**의 통나무를 서로 맞닿도록 세웠다. 통나무 주위를 끈으로 팽팽하게 감을 때, 한 바퀴 감았을 때의 끈의 길이를 구하시오.

01 오른쪽 그림과 같이 가로, 세로의 간격이 일정한 **36**개의 점이 있다. 이 중에서 4개의 점으로 만들 수 있는 크기가 서로 다른 직사각형의 개수를 구하시오.

02 오른쪽 그림은 꼭짓점 A_1, A_2, A_3, $\cdots$, A_{20}과 꼭짓점 B_1, B_2, B_3, $\cdots$, B_{20}으로 이루어진 별 모양의 도형이다. 다음 **조건**을 모두 만족시킬 때, x의 값을 구하시오.

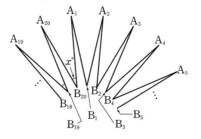

조건
(가) $\overline{A_1B_1}=\overline{B_1A_2}=\overline{A_2B_2}=\cdots=\overline{B_{20}A_1}$
(나) $\angle B_1A_2B_2=\angle B_2A_3B_3=\cdots=\angle B_{20}A_1B_1=8°$
(다) $\angle A_1B_1A_2=\angle A_2B_2A_3=\cdots=\angle A_{20}B_{20}A_1$

03 한 변의 길이가 **3 m**인 정사각형 모양의 화장실 바닥에 가로의 길이가 **15 cm**, 세로의 길이가 **12 cm**인 타일을 일정한 방향으로 빈틈없이 붙이려고 한다. 이때 바닥의 두 대각선과 만나는 타일은 몇 개인지 구하시오.

04 오른쪽 그림과 같이 중심이 O인 원의 지름이 아닌 서로 다른 두 현 AB, CD의 교점 P는 $\overline{AB}$의 중점과 $\overline{CD}$의 중점이 동시에 될 수 없음을 설명하시오. (참고로 점 P를 지나는 직선 중에서 $\overline{OP}$와 수직인 직선은 하나뿐이라는 사실을 이용해서 설명해도 좋다.)

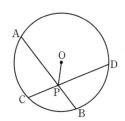

NOTE

05 오른쪽 그림에서 사각형 ABCD는 평행사변형이고, $\overline{AD}=8\,cm$, $\overline{AB}=12\,cm$, $\angle DAB=30°$, 높이 $\overline{CH}$의 길이는 $4\,cm$, 부채꼴의 호 BE, DF는 각각 차례로 $\overline{AB}$와 $\overline{CD}$가 반지름이고, 부채꼴의 호 DM, BN은 각각 차례로 $\overline{AD}$와 $\overline{CB}$가 반지름이다. 색칠한 부분의 넓이를 구하시오.

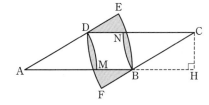

06 각 변의 길이가 1인 세 정다각형이 있다. 그중 적어도 2개는 합동이고, 세 정다각형은 한 점 A에서 세 내각의 크기의 합이 360°가 되도록 만날 때, 세 정다각형은 새로운 다각형을 형성한다. 새로운 다각형의 변의 개수를 모두 구하시오.

07 오른쪽 그림의 원 O에서 $\overline{AD} /\!/ \overline{FE}$, $\overline{BE} /\!/ \overline{CD}$이고 $\overline{AD}$와 $\overline{BE}$의 교점을 G라 하자. $\angle DGE = 27°$, $\overparen{BC} = 3\pi$ cm, $\overparen{CD} = 12\pi$ cm, $\overparen{EF} = 16\pi$ cm일 때, 부채꼴 AOB의 넓이를 구하시오.

(단, 점 G는 $\overline{AD}$와 $\overline{BE}$의 교점이다.)

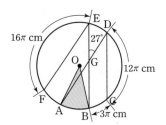

08 오른쪽 그림은 반지름의 길이가 **4 cm**인 원의 $\frac{1}{4}$ 또는 $\frac{1}{4}$ 조각 2개를 붙여서 만든 도형이다. 이 세 가지 도형 모두를 사용하여 반지름끼리 맞붙여서 만들 수 있는 서로 다른 도형을 모두 만들었을 때 만든 모든 도형의 둘레의 합이 $(a + b\pi)$ **cm**이다. 이때 $a + b$의 값을 구하시오. (단, 돌리거나 뒤집어서 같아지는 것은 한 가지로 본다.)

09 반지름의 길이가 **15 cm**인 원의 내부에 원의 중심으로부터 **9 cm**만큼 떨어져 있는 점 **A**가 있다. 점 **A**를 지나고 길이가 정수인 현의 개수를 구하시오. (단, 직각삼각형에서 세 변의 길이가 $a \le b < c$일 때 $a^2 + b^2 = c^2$이다.)

III 입체도형

1 다면체와 회전체

⑴ 다면체 : 다각형인 면으로만 둘러싸인 입체도형이고 면의 개수에 따라 사면체, 오면체, 육면체, … 라 부른다.

① 면 : 다면체를 둘러싸고 있는 다각형

② 모서리 : 다면체를 둘러싸고 있는 다각형의 변

③ 꼭짓점 : 다면체를 둘러싸고 있는 다각형의 꼭짓점

[참고] 원기둥, 원뿔, 구 등은 다면체가 아니다.

⑵ 여러 가지 다면체

① 각기둥 : 두 밑면은 서로 평행하고 합동인 다각형이고 옆면은 모두 직사각형인 다면체

② 각뿔 : 밑면이 다각형이고, 옆면이 모두 삼각형인 다면체

③ 각뿔대 : 각뿔을 밑면에 평행한 평면으로 자를 때, 생기는 두 다면체 중에서 각뿔이 아닌 부분의 다면체

⑶ 다면체의 성질 : 밑면의 모양이 n각형인 다면체에서

	밑면의 개수(개)	옆면의 모양	면의 개수(개)	꼭짓점의 개수(개)	모서리의 개수(개)
n각기둥	2	직사각형	$n+2$	$2n$	$3n$
n각뿔	1	삼각형	$n+1$	$n+1$	$2n$
n각뿔대	2	사다리꼴	$n+2$	$2n$	$3n$

핵심 ① 다음 중 다면체는 모두 몇 개인지 구하시오.

> ㄱ. 오각뿔 ㄴ. 육각기둥 ㄷ. 칠각뿔대
> ㄹ. 구 ㅁ. 원뿔대 ㅂ. 정육면체

핵심 ② 다음 조건을 모두 만족시키는 다면체를 말하시오.

> ⑺ 칠면체이다.
> ⑻ 옆면은 직사각형이다.
> ⑼ 두 밑면은 서로 합동이다.
> ⑽ 모서리의 개수는 15개이다

핵심 ③ 다음 중 각뿔에 대한 설명으로 옳지 않은 것은?

① 밑면은 다각형이다.

② 옆면은 모두 삼각형이다.

③ 정사각뿔의 옆면은 모두 합동이다.

④ n각뿔의 면의 개수는 $(n+1)$개이다.

⑤ 육각뿔의 모서리의 개수는 7개이다.

핵심 ④ n각기둥, n각뿔, n각뿔대의 모서리의 개수를 각각 a, b, c라 할 때, $a+b-c$의 값을 구하시오. (단, $n \geq 3$)

핵심 ⑤ 오른쪽 그림은 사각기둥을 세 꼭짓점 B, C, F를 지나는 평면으로 잘라내고 남은 입체도형을 나타낸 것이다. 다음 중 옳지 않은 것은?

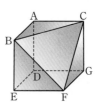

① 다면체이다.

② 꼭짓점의 개수는 7개이다.

③ 모서리의 개수는 12개이다.

④ 면의 개수는 6개이다.

⑤ 모서리 BC와 면 DEFG는 평행하다.

핵심 ⑥ 칠각뿔대의 꼭짓점, 모서리, 면의 개수의 합을 구하시오.

예제 1 오른쪽 그림과 같이 직육면체 40개를 한 꼭짓점을 공유하도록 연결하였다. 이 도형의 꼭짓점, 모서리, 면의 개수를 v, e, f 라고 할 때, $v-e+f$의 값을 구하시오.
(단, 공유하는 꼭짓점은 한 점으로 생각한다.)

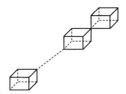

Tip 직육면체가 1개씩 늘어날 때마다 직육면체의 꼭짓점, 모서리, 면의 개수는 몇 개씩 늘어나는지 알아본다.

풀이 직육면체의 꼭짓점은 ☐개, 모서리는 ☐개, 면은 6개이다.

직육면체 40개를 한 꼭짓점을 공유하도록 연결한 도형에서

$v = \boxed{} \times 40 - \boxed{} = \boxed{}$

$e = \boxed{} \times 40 = \boxed{}$

$f = 6 \times 40 = 240$

$\therefore v - e + f = \boxed{} - \boxed{} + 240 = \boxed{}$

답 _____

응용 1 오른쪽 그림과 같은 정육면체에서 삼각뿔 **E−ABD**와 삼각뿔 **C−FGH**를 잘라내고 남은 입체도형은 a면체이고, 이 a면체를 둘러싸고 있는 면 중 정다각형의 개수는 b일 때 $a+b$의 값을 구하시오.

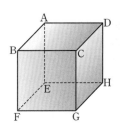

응용 2 밑면의 대각선의 총 개수가 **20**개인 각뿔의 모서리의 개수를 a, 한 밑면은 내각의 크기의 합이 **1440°**인 다각형이고 옆면의 모양은 모두 사다리꼴인 다면체의 꼭짓점의 개수를 b라 할 때, $a+b$의 값을 구하시오.

응용 3 오른쪽 그림과 같이 축구공은 정오각형과 정육각형으로 이루어진 삼십이면체이다. 모서리의 개수가 **90**개일 때, 꼭짓점의 개수를 구하시오.

응용 4 오른쪽 그림은 정삼각형과 정육각형으로 만든 다면체의 전개도이다. 이 전개도를 조립하여 생기는 입체도형의 모서리의 개수와 꼭짓점의 개수의 합을 구하시오.

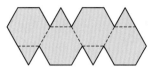

핵심문제

정다면체 : 다면체 중에서 각 면이 모두 합동인 정다각형이고 각 꼭짓점에 모인 면의 개수가 같은 다면체

	정사면체	정육면체	정팔면체	정십이면체	정이십면체
겨냥도					
전개도					
한 꼭짓점에 모인 면의 개수(개)	3	3	4	3	5
면의 개수(개)	4	6	8	12	20
꼭짓점의 개수(개)	4	8	6	20	12
모서리의 개수(개)	6	12	12	30	30

〈정다면체가 5가지 뿐인 이유〉
정다면체는 입체도형이므로 한 꼭짓점에서 3개 이상의 면이 모여야 하고 한 꼭짓점에 모인 각의 크기의 합이 360°보다 작아야 한다.

핵심 **1** 다음 중 정다면체에 대한 설명으로 옳지 않은 것을 모두 고르면? (정답 2개)

① 정삼각형이 한 꼭짓점에 5개씩 모인 정다면체는 정십이면체이다.
② 정육면체의 모서리의 개수는 12개이다.
③ 정십이면체의 꼭짓점의 개수는 20개이다.
④ 정육면체와 정팔면체의 모서리의 개수는 같다.
⑤ 정이십면체의 각 면의 한 가운데에 있는 점을 연결하여 만든 입체도형의 면의 모양은 정삼각형이다.

핵심 **2** 각 면이 모두 합동인 정삼각형이고, 한 꼭짓점에 모이는 면의 개수가 4개인 입체도형에 대한 설명 중 옳은 것을 모두 고르면? (정답 2개)

① 꼭짓점이 6개이다.
② 면이 12개이다.
③ 평행한 모서리는 6쌍이다.
④ 정사면체 2개를 포개어 놓은 꼴이다.
⑤ 이등변삼각형의 한 변을 축으로 하여 1회전시킬 때 생기는 회전체이다.

핵심 **3** 오른쪽 그림은 각 면의 모양이 합동인 정삼각형으로 이루어져 있는 입체도형이다. 꼭짓점 A, B에 모이는 면의 개수를 각각 구하고, 이 입체도형이 정다면체가 아닌 이유를 설명한 것이다. □ 안에 알맞은 수 또는 말을 써넣으시오.

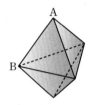

꼭짓점 A에 모이는 면의 개수 : ☐ 개

꼭짓점 B에 모이는 면의 개수 : ☐ 개

한 ☐ 에 모이는 ☐ 가 같지 않기 때문에 정다면체가 아니다.

핵심 **4** 세 주사위의 평행한 면에 적힌 두 수의 합이 7이고 각 전개도가 다음 그림과 같다고 할 때, $a+b+c$의 값을 구하시오.

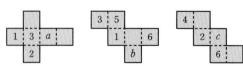

예제 2 오른쪽 그림과 같이 합동인 정삼각형으로 이루어진 전개도로 만들어지는 입체도형에 대하여 학생들이 설명한 내용이다. 상수 a, b, c에 대하여 $a+b+c$의 값을 구하시오.

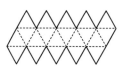

> 세연 : 꼭짓점의 개수와 모서리의 개수의 합은 a이다.
> 원제 : 한 꼭짓점에 모이는 면의 개수는 b이다.
> 태영 : 각 면의 중점을 이어서 만든 입체도형의 면의 개수는 c이다.

Tip 주어진 전개도로 만들 수 있는 다면체를 예상해본다.

풀이 주어진 전개도는 [　　　]의 전개도이다.

세연 : 정이십면체의 꼭짓점의 개수는 [　]개이고, 모서리의 개수는 [　]개이므로 $a=$[　]이다.

원제 : 정이십면체의 한 꼭짓점에 모이는 면의 개수는 [　]개이므로 $b=$[　]

태영 : 정이십면체의 각 면의 중점을 이어서 만든 새로운 입체도형은 정[　]면체이므로 $c=$[　]

∴ $a+b+c=$[　]

답 _____

응용 1 오른쪽 그림은 정십이면체의 전개도이다. 이 전개도를 접어 만들면 면 H와 평행한 면이 C일 때, 점 I와 일치하는 점을 ①∼⑩에서, 면 G와 평행한 면을 면 A∼F 중에서 차례로 찾아 쓰시오.

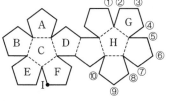

응용 3 오른쪽 그림과 같은 정육면체를 평면으로 잘랐을 때 생기는 단면이 될 수 없는 것은?

① 정삼각형
② 평행사변형
③ 마름모
④ 육각형
⑤ 팔각형

 어떤 정다면체의 꼭짓점, 모서리, 면의 개수를 각각 v, e, f라 할 때, $5f=3v$, $\dfrac{1}{2}f=\dfrac{1}{5}e$인 관계가 성립한다고 한다. 이때 $v+e+f$의 값을 구하시오.

 각 정다면체의 모서리의 개수를 c라 하고 한 꼭짓점에서 모인 모서리의 개수를 a, 정다면체의 한 면의 변의 수를 b라고 할 때, $\dfrac{1}{a}+\dfrac{1}{b}-\dfrac{1}{c}$의 값을 구하시오.

회전체 : 한 직선 l을 축으로 하여 평면도형을 1회전시킬 때 생기는 입체도형
① 회전축 : 회전시킬 때 축으로 사용한 직선 (l)
② 모선 : 회전체에서 회전할 때 옆면을 만드는 선분

회전체	원기둥	원뿔	원뿔대	구
겨냥도				
회전시키는 평면도형	직사각형	직각삼각형	사다리꼴	반원
전개도				그리기 어렵다.

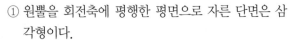

핵심 1 회전체에 대한 다음 설명 중 옳은 것을 모두 고르면?

(정답 2개)

① 원뿔을 회전축에 평행한 평면으로 자른 단면은 삼각형이다.
② 구의 중심을 지나는 평면으로 자른 단면의 넓이가 평면으로 자른 구의 단면 중 넓이가 가장 넓다.
③ 원뿔대를 회전축을 포함한 평면으로 자르면 직사각형이다.
④ 회전축을 포함하는 평면으로 자른 단면은 모두 합동이고 축에 대하여 선대칭도형이다.
⑤ 회전하는 축은 항상 1개이다.

핵심 3 다음 중 원기둥을 한 평면으로 자를 때 생기는 단면의 모양이 될 수 <u>없는</u> 것은?

 ①   ②   ③

 ④   ⑤

핵심 4 오른쪽 그림과 같이 밑면의 반지름의 길이가 **5 cm**이고 모선의 길이가 **18 cm**인 원뿔을 만들 수 있는 전개도에서 부채꼴의 중심각의 크기를 구하시오.

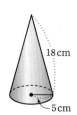

핵심 2 오른쪽 그림과 같은 사다리꼴에 대하여 변 **BC**를 회전축으로 하여 1회전시킬 때 생기는 회전체를 회전축을 포함하는 평면으로 잘랐을 때, 그 단면의 넓이를 구하시오.

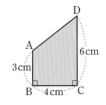

예제 ③ 오른쪽 그림과 같이 모선의 길이가 18 cm이고 밑면의 반지름의 길이가 3 cm인 원뿔이 있다. 이 원뿔의 밑면인 원 위의 한 점 P에서 출발하여 원뿔의 옆면을 따라 한 바퀴 돌아 다시 점 P로 돌아오는 가장 짧은 선을 그릴 때, 이 선의 길이를 구하시오.

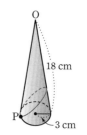

Tip ▶ 원뿔의 전개도에서 부채꼴의 호의 길이는 밑면인 원의 둘레의 길이와 같다.

풀이 주어진 원뿔의 전개도는 오른쪽 그림과 같으므로 점 P에서 출발하여 다시 점 P로 돌아오는 가장 짧은 선은 $\overline{PP'}$이다.

부채꼴의 중심각의 크기를 $x°$라고 하면

$$2\pi \times \boxed{} \times \frac{x}{360} = 2\pi \times \boxed{} \qquad \therefore x = \boxed{}$$

$\triangle OPP'$에서 $\overline{OP} = \overline{OP'}$이므로

$$\angle OPP' = \angle OP'P = \frac{1}{2} \times (180° - \boxed{}°) = \boxed{}°$$

따라서 $\triangle OPP'$은 정삼각형이므로 구하는 선분 PP'의 길이는 $\boxed{}$(cm)

답 _____

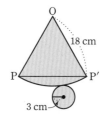

응용 ① 오른쪽 그림과 같은 원뿔을 꼭 짓점 O를 중심으로 하여 세 바 퀴 돌렸더니 원뿔이 제자리로 돌아왔다. 이 원뿔의 옆넓이를 구하시오.

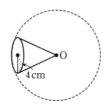

응용 ③ 오른쪽 그림과 같은 직각삼각형을 직선 l을 축으로 하여 1회전시킬 때 생기는 회전체를 회전축에 수직인 평면으로 자 를 때, 단면인 원의 넓이가 가장 큰 경 우의 반지름의 길이를 구하시오.

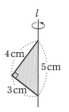

응용 ② 오른쪽 그림과 같이 반지름의 길 이가 2 cm인 원 O를 직선 l을 축 으로 하여 1회전시켰다. 이때 생 기는 회전체를 원의 중심 O를 지 나면서 회전축에 수직인 평면으로 자른 단면의 넓이를 구하시오.

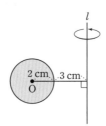

응용 ④ 오른쪽 그림과 같은 전개도로 만들어지는 원뿔대의 두 밑면 중 작은 원의 반지름의 길이를 구하시오.

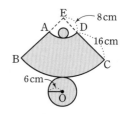

NOTE

01 다음 조건을 모두 만족시키는 입체도형의 꼭짓점의 개수와 모서리의 개수의 합을 구하시오.

> 조건
> ㈎ 두 밑면은 평행하다.
> ㈏ 밑면에 포함되지 않은 모든 모서리를 연장한 직선은 한 점에서 만난다.
> ㈐ 모서리의 개수는 면의 개수보다 22개 더 많다.

02 오른쪽 그림의 평면도형을 직선 l을 축으로 하여 1회전시켜 회전체를 만들었다. 이 회전체를 축을 포함하는 평면으로 자를 때, 단면의 넓이를 구하시오.

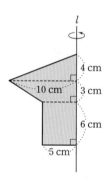

03 오른쪽 그림은 정육면체의 전개도이다. 이 전개도로 정육면체를 만들어 점 A, B, C를 지나는 평면으로 자를 때, 잘려진 단면의 모양은 몇 각형인지 말하시오.

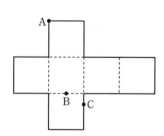

04 축구공은 정이십면체의 각 모서리를 3등분하여 각 꼭짓점에 가까운 세 지점을 지나는 평면으로 잘라낸 것이다. 축구공의 면의 개수를 a, 꼭짓점의 개수를 b라고 할 때, $a+b$의 값을 구하시오.

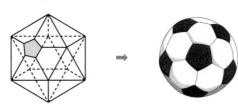

05 오른쪽 그림과 같은 정사각형 $\mathbf{ABCD}$의 변 $\mathbf{AD}$ 위의 한 점 $\mathbf{E}$를 지나고 변 $\mathbf{AD}$에 수직인 직선 l을 그었다. 정사각형 $\mathbf{ABCD}$를 직선 l을 회전축으로 하여 1회전시킬 때 생기는 입체도형을 회전축을 포함하는 평면으로 자른 단면의 넓이가 사각형 $\mathbf{ABCD}$의 넓이의 $\dfrac{5}{3}$일 때, $\overline{\mathbf{AE}} : \overline{\mathbf{ED}}$를 가장 간단한 자연수의 비로 나타내시오. (단, $\overline{\mathbf{AE}} < \overline{\mathbf{ED}}$)

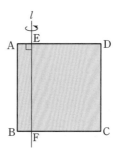

06 오른쪽 그림과 같이 정삼각형으로만 이루어진 전개도로 만들어지는 정다면체에서 꼭짓점 $\mathbf{A}$에서 만나는 모서리는 a개이고, 모서리 $\mathbf{AB}$와 꼬인 위치에 있는 모서리는 b개이다. 이때 $a+b$의 값을 구하시오.

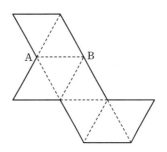

07 입체도형의 꼭짓점의 개수를 v, 모서리의 개수를 e, 면의 개수를 f라고 할 때, $v-e+f=2$이다. 이것을 이용하여 '각 꼭짓점에서 사각형인 면 3개가 만나는 다면체는 꼭짓점이 모두 8개이다.'를 설명하는 과정이 다음과 같을 때, $a+b+c$의 값을 구하시오.

> 꼭짓점의 개수를 v, 모서리의 개수를 e, 면의 개수를 f라고 하자.
> 각 꼭짓점에서 사각형인 면 3개가 만나므로 각 꼭짓점에는 3개의 모서리가 만나게 된다.
> 또, 각 모서리에는 2개의 꼭짓점이 있으므로 $e=\dfrac{b}{a}v$이다.
> 마찬가지로 각 꼭짓점에는 사각형인 면 3개가 만나고 각 면에는 4개의 꼭짓점이 있으므로 $f=cv$이다.
> $v-e+f=2$이므로 $v-\dfrac{b}{a}v+cv=2$ $\quad \therefore v=8$

08 정육면체를 각 꼭짓점에 모인 세 모서리의 중점을 통과하는 평면으로 잘랐을 때 만들어지는 삼각뿔을 정육면체에서 제거한 입체도형이 오른쪽 그림과 같다. 이 입체도형의 꼭짓점의 개수와 모서리의 개수를 차례대로 구하시오.

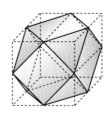

09 오른쪽 그림은 한 모서리의 길이가 $12\,\mathrm{cm}$인 정팔면체이다. 모서리 AE와 모서리 BF의 중점을 각각 M, N이라고 할 때, 점 M에서 출발하여 면을 따라 세 모서리 AD, CD, CF 위의 점들을 지나 점 N에 이르는 최단 거리를 구하시오.

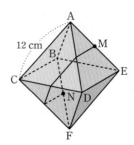

10 오른쪽 그림과 같은 원뿔대의 전개도에서 큰 원의 반지름의 길이를 R cm, 작은 원의 반지름의 길이를 r cm라고 하자. $R-r=10$일 때, 이 전개도로 만들어지는 원뿔대의 모선의 길이를 구하시오.

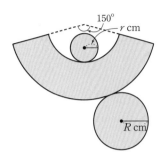

11 오른쪽 그림은 정오각형과 정육각형으로 만들어진 축구공 모양의 다면체의 전개도이다. 이 전개도로 만들어지는 다면체의 꼭짓점의 개수와 어떤 각기둥의 꼭짓점의 개수가 서로 같다고 한다. 이 각기둥의 밑면의 변의 개수를 구하시오.

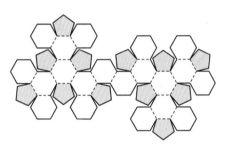

12 오른쪽 그림과 같은 전개도로 정팔면체를 만들어 각 면에 3, 4, 5, 6, 7, 8, 9, 10이 하나씩 적힌 주사위를 만들려고 한다. 마주 보는 두 면에 적힌 수의 합이 일정하도록 a, b, c, d의 값을 정할 때, $a+bc+d$의 값을 구하시오.

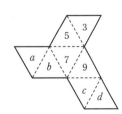

13 오른쪽 그림은 정이십면체의 전개도를 나타낸 것이다. 전개도를 접었을 때 ⑯번 면과 만나는 모서리를 가진 면의 번호를 모두 쓰시오.

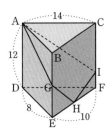

14 오른쪽 그림과 같이 삼각기둥의 옆면을 따라 $\overline{AG}$, $\overline{GH}$, $\overline{HI}$, $\overline{IA}$의 4개의 선분을 그렸을 때, $\overline{AG}+\overline{GH}+\overline{HI}+\overline{IA}$의 최솟값을 구하시오. (단, 직각삼각형의 세 변의 길이를 각각 $a \leq b \leq c$라 할 때 $a^2+b^2=c^2$이다.)

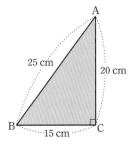

15 오른쪽 그림과 같은 직각삼각형 ABC를 변 AC를 회전축으로 하여 1회전시켰다. 이때 생기는 회전체를 회전축에 수직인 평면으로 자른 단면의 넓이가 회전체의 밑면의 넓이의 $\frac{16}{25}$이 되는 것은 밑면으로부터 몇 cm의 높이에서 자를 때인지 구하시오.

16 오른쪽 그림과 같은 평면도형을 직선 l을 회전축으로 하여 1회전시킬 때 생기는 회전체를 회전축을 포함하는 평면으로 잘랐다. 이때 만들어지는 단면의 둘레의 길이를 a cm, 넓이를 b cm²라 할 때 $a+b$의 값을 구하시오.

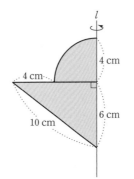

17 오른쪽 그림과 같이 한 모서리의 길이가 1 cm인 작은 정육면체를 쌓아 한 모서리의 길이가 5 cm인 큰 정육면체를 만들었다. 새로 만든 큰 정육면체의 세 꼭짓점 A, B, C를 지나는 평면으로 자를 때, 일부가 잘리어지는 작은 정육면체의 개수를 구하시오.

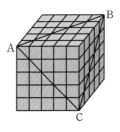

18 전개도가 오른쪽 그림과 같은 주사위가 있다. 이 주사위를 윗면의 눈이 2, 동쪽 면의 눈이 6이 되도록 평면 위에 놓고 각각 동쪽으로 3회, 남쪽으로 2회, 서쪽으로 1회, 북쪽으로 1회씩 90°만큼 회전시켰을 때, 마지막으로 윗면에 나오는 눈의 수를 구하시오.

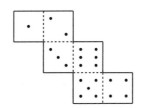

01 m각뿔대의 꼭짓점의 개수와 n각기둥의 모서리의 개수의 합이 50일 때 $m+n$의 최댓값과 최솟값을 각각 구하시오.

02 정십이면체의 각 모서리에 별 모양 또는 하트 모양의 스티커를 붙이려고 한다. 모든 면이 적어도 하나의 별 모양 스티커가 있는 모서리를 갖도록 하려면 최소한 몇 개의 모서리에 별 모양 스티커를 붙여야 하는지 구하시오.

03 밑면이 정다각형인 n각기둥에서 밑면의 한 모서리와 꼬인 위치에 있는 모서리의 개수를 $f(n)$이라 하자. 예를 들어 $f(3)=3$, $f(4)=4$일 때, $f(5)+f(10)+f(15)+f(20)$의 값을 구하시오.

04 오른쪽 그림은 합동인 정육면체를 모서리가 2개씩 공유하도록 붙여 놓은 후 위에서 보았을 때 본 모양을 나타낸 것이다. 이 도형의 꼭짓점의 개수를 v, 모서리의 개수를 e, 면의 개수를 f라 할 때 $v-e+f$의 값을 구하시오.

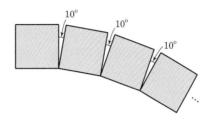

05 오른쪽 그림은 $\overline{\text{OA}}$를 모선으로 하는 원뿔을 밑면에 평행한 평면으로 자른 원뿔대이다. 이 원뿔대는 두 밑면의 반지름의 길이가 각각 **5 cm**, **10 cm**이고, $\overline{\text{OB}}=\overline{\text{AB}}=$**20 cm**이다. 밑면인 원 위의 점 **A**에서 $\overline{\text{AB}}$의 중점 **M**까지 끈을 최단 거리로 한 바퀴 감을 때 필요한 끈의 길이를 구하시오. (단, $\overline{\text{AB}}$는 원뿔대의 모선이고, 직각삼각형 **ABC**에서 $\overline{\text{AC}}$가 빗변일 때, $\overline{\text{AB}}^2+\overline{\text{BC}}^2=\overline{\text{AC}}^2$이다.)

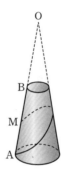

06 정육면체 모양의 나무토막이 있다. 이 나무토막의 모든 면에 페인트를 칠한 후 가로, 세로, 높이를 각각 10등분 하였을 때, 작은 정육면체의 나무토막 중에서 한 면에만 색칠된 정육면체의 개수를 a, 두 면에 색칠된 정육면체의 개수를 b라 하자. 이때 $a-b$의 값을 구하시오.

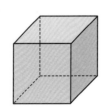

07 오른쪽 그림과 같이 작은 구 모양의 연결체와 막대 모양의 연결봉으로 크기가 같은 8개의 작은 정육면체를 쌓은 모양으로 큰 정육면체를 만들었다. 모든 꼭짓점 27개 중에서 임의로 세 꼭짓점을 선택하여 선분으로 연결할 때, 만들어지는 삼각형의 총 개수를 구하시오. (단, 연결체의 연결봉의 두께는 생각하지 않고, n개에서 서로 다른 3개를 선택하는 방법의 수는 $\frac{1}{6}n(n-1)(n-2)$이다.)

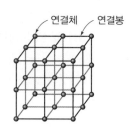

연결체 연결봉

08 오른쪽 그림은 정육면체의 세 면의 한 가운데에서 마주 보는 면까지 정사각형 모양의 구멍을 뚫어서 만든 입체도형을 나타낸 것이다. 정사각형의 한 변의 길이는 정육면체의 한 모서리의 길이의 $\frac{1}{3}$일 때, 이 입체도형을 세 꼭짓점 A, B, C를 지나는 평면으로 잘랐을 때 생기는 단면의 넓이와 △ABC의 넓이의 비를 가장 간단한 자연수의 비로 나타내시오.

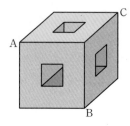

09 다음 설명을 읽고 십이각뿔대의 대각선의 개수를 구하시오.

입체도형의 대각선은 오른쪽 그림과 같이 입체도형의 두 꼭짓점을 잇는 선분 중에서 입체도형의 면에 포함되지 않는 선분이다.

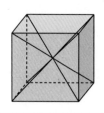

10 오른쪽 그림과 같이 정육면체에서 $\overline{GH}$의 중점을 M, $\overline{EH}$의 중점을 N이라 할 때 ∠DMH의 크기는 63°이다. 이때 ∠NDM의 크기를 구하시오.

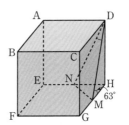

NOTE

11 오른쪽 그림과 같이 정사면체의 각 모서리의 삼등분점을 지나는 평면으로 정사면체를 잘랐을 때 생기는 4개의 정사면체의 겉넓이의 합을 S_1, 잘라내고 남은 입체도형의 겉넓이를 S_2라 하자. $S_1 : S_2 = x : y$일 때, $x+y$의 값을 구하시오. (단, x, y는 서로소)

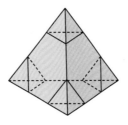

12 오른쪽 그림과 같은 정육면체를 한 평면으로 잘라 두 개의 입체도형을 만들 때, 두 입체도형의 모서리의 개수의 합의 최댓값을 a, 최솟값을 b라 하자. 이때 $a-b$의 값을 구하시오.

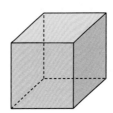

13 정육면체의 꼭짓점을 오른쪽 그림과 같이 각각 잘라내어 새로운 입체도형을 만들었다. 만든 입체도형에서 이웃하지 않는 두 꼭짓점을 선분으로 연결할 때, 겉면에 놓이지 않고 입체도형의 안쪽에 놓이는 선분의 개수를 구하시오.

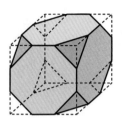

14 오른쪽 그림과 같은 십사면체 모양의 주사위가 있다. 이 주사위는 정팔면체의 꼭짓점을 잘라서 만든 것이라고 한다. 이 주사위의 꼭짓점의 개수를 v, 모서리의 개수를 e라고 할 때, $v+e$의 값을 구하시오.

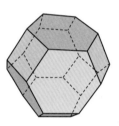

15 오른쪽 그림은 어떤 입체도형의 전개도이다. 이 전개도를 접어서 입체도형을 만들었을 때, 모서리 **AB**와 평행한 모서리의 개수는 a개, 모서리 **AB**와 꼬인 위치에 있는 모서리의 개수는 b개이다. 이때 $a+b$의 값을 구하시오.

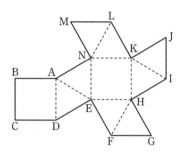

16 A, B 두 종류의 블록으로 그림과 같이 정육면체를 쌓았다. A 블록은 모두 몇 개 사용된 것인지 구하시오.

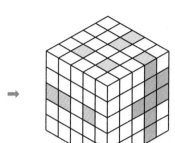

17 오른쪽 그림과 같은 평면도형을 직선 *l*을 회전축으로 하여 1회전시킬 때 생기는 회전체를 회전축을 포함하는 평면으로 자른 단면의 넓이를 $a \, cm^2$, 회전축에 수직인 평면으로 자른 단면의 넓이를 $b\pi \, cm^2$라 하자. 이때 $a-b$의 최댓값을 구하시오.

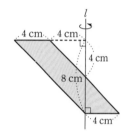

18 오른쪽 그림과 같이 ∠C=90°이고 $\overline{AB}=15$, $\overline{BC}=12$, $\overline{AC}=9$인 직각삼각형 ABC를 $\overline{AB}$를 회전축으로 하여 1회전시켜 입체도형을 만들었다. 이 입체도형의 전개도를 두 부채꼴의 호 부분이 맞닿은 모양으로 그렸을 때, 두 부채꼴의 중심각의 크기의 차를 구하시오.

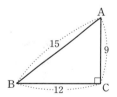

2 입체도형의 겉넓이와 부피

(1) 각기둥의 겉넓이 : 각기둥의 겉넓이는 두 밑넓이와 옆넓이의 합과 같다.

$$(각기둥의 겉넓이)=(밑넓이)\times2+(옆넓이)$$

(2) 원기둥의 겉넓이 : 원기둥의 겉넓이는 두 밑넓이와 옆넓이의 합과 같다.

즉, 밑면의 반지름의 길이가 r, 높이가 h인 원기둥의 겉넓이를 S라 하면

$$S=(밑넓이)\times2+(옆넓이)=2\pi r^2+2\pi rh$$

(3) 각뿔의 겉넓이 : 각뿔의 겉넓이는 전개도를 이용하여 다음과 같이 구한다.

$$(각뿔의 겉넓이)=(밑넓이)+(옆넓이)$$

(4) 원뿔의 겉넓이 : 밑면의 반지름의 길이가 r, 모선의 길이가 l인 원뿔의 겉넓이를 S라 하면

$$S=(밑넓이)+(옆넓이)=\pi r^2+\frac{1}{2}\times l\times2\pi r=\pi r^2+\pi rl$$

핵심 1 다음은 은지가 구멍이 뚫린 기둥의 겉넓이를 구한 과정이다. 처음으로 틀린 곳을 말하고 옳은 답을 구하시오.

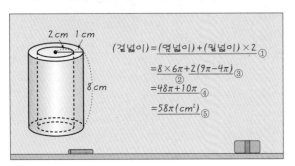

핵심 3 오른쪽 그림과 같이 밑면의 반지름의 길이가 3 cm이고 모선의 길이가 8 cm인 원뿔의 겉넓이를 구하시오.

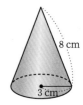

핵심 4 위에서 본 모양과 옆에서 본 모양이 각각 다음 그림과 같은 입체도형의 겉넓이를 구하시오.

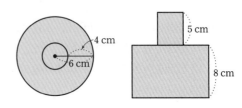

핵심 2 오른쪽 그림과 같은 삼각기둥 모양의 선물 상자를 포장하려고 한다. 포장지가 겹치거나 남는 부분이 없도록 할 때, 필요한 포장지의 넓이를 구하시오.

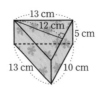

예제 **1** 오른쪽 그림과 같이 직육면체를 평면 ABFE에 평행한 평면으로 8번 잘라 9개의 직육면체를 만들었다. 9개의 직육면체들의 겉넓이의 합은 몇 m²인지 구하시오.

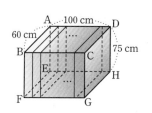

Tip 한 번씩 자를 때마다 추가로 생기는 단면의 개수와 넓이를 구한다.

풀이 한 번 자를 때마다 직사각형 모양의 단면이 ☐개씩 더 생기므로

8번 잘랐을 때 새로 생기는 직사각형 모양의 단면의 개수는 ☐×8=☐(개)

새로 생기는 직사각형 모양의 단면의 넓이는 0.6×☐=☐(m²)

따라서 직육면체들의 겉넓이의 합은

(1×0.6+0.6×0.75+☐×0.75)×2+☐×16=☐(m²)

답 _____

응용 **1** 오른쪽 그림과 같이 밑면이 정사각형인 사각뿔대의 겉넓이를 구하시오.

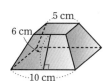

응용 **3** 오른쪽 그림은 큰 직육면체에서 작은 정육면체를 잘라내고 남은 부분이다. 이 입체도형의 겉넓이를 구하시오.

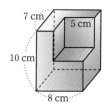

응용 **2** 아이스크림을 만드는 회사에서 아이스크림콘의 포장지를 만들었다. 중심각의 크기인 **130°** 중에 접착하기 위해 **10°**를 포개도록 하고 위 뚜껑이 정확히 맞도록 할 때, 아이스크림콘의 겉넓이를 구하시오.

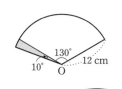

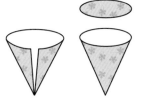

응용 **4** 다음 그림은 원기둥의 일부분이다. 이 입체도형의 겉넓이가 $(a\pi+b)$ cm²일 때, $a+b$의 값을 구하시오.

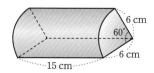

02 입체도형의 부피

(1) **각기둥의 부피** : 밑넓이가 S이고 높이가 h인 각기둥의 부피를 V라 하면 각기둥의 부피는 밑넓이와 높이의 곱과 같다.

$$V = (밑넓이) \times (높이) = Sh$$

(2) **원기둥의 부피** : 밑면의 반지름의 길이가 r, 높이가 h인 원기둥의 부피를 V라 하면 원기둥의 부피는 밑넓이와 높이의 곱과 같다.

$$V = (밑넓이) \times (높이) = \pi r^2 \times h = \pi r^2 h$$

(3) **각뿔의 부피** : 각뿔의 밑넓이를 S, 높이를 h라 할 때, 각뿔의 부피를 V라 하면

$$V = \frac{1}{3} \times (밑넓이) \times (높이) = \frac{1}{3}Sh$$

(4) **원뿔의 부피** : 밑면의 반지름의 길이가 r, 높이가 h인 원뿔의 부피를 V라 하면

$$V = \frac{1}{3} \times (밑넓이) \times (높이) = \frac{1}{3}\pi r^2 h$$

핵심 ① 오른쪽 그림은 사각기둥의 전개도이다. 이 사각기둥의 부피를 구하시오.

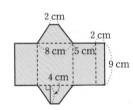

핵심 ④ 다음과 같은 두 가지 종류의 원기둥 모양의 상자의 부피가 같다고 할 때, **A** 상자의 겉넓이를 구하시오.

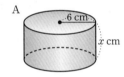

핵심 ② 다음 그림의 (가), (나)에 같은 양의 물이 들어 있을 때, x의 값을 구하시오.

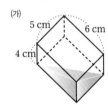
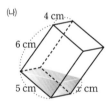

핵심 ⑤ 오른쪽 그림과 같이 두 밑면의 반지름의 길이가 각각 **4 cm**, **8 cm**이고 모선의 길이가 **5 cm**, 높이가 **3 cm**인 원뿔대의 부피를 구하시오.

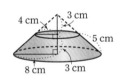

핵심 ③ 오른쪽 그림과 같이 정육면체를 잘라서 만든 입체도형의 부피를 구하시오.

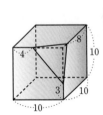

핵심 ⑥ 오른쪽 그림과 같이 밑면의 반지름의 길이가 **4 cm**인 원뿔의 부피가 $32\pi \, \text{cm}^3$일 때, 이 원뿔의 높이를 구하시오.

응용문제

예제 **2** 오른쪽 그림과 같이 좌표평면 위에 네 점 A(1, 1), B(2, 1), C(2, 5), D(1, 6)이 있을 때, □ABCD를 $\overline{AD}$를 회전축으로 하여 1회전시킬 때 생기는 회전체의 부피를 구하시오.

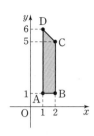

Tip ▶ 회전체의 겨냥도를 그리면 원뿔과 원기둥이 밑면을 공유하는 모양이 된다.

풀이 ▶ 생기는 회전체는 오른쪽 그림과 같다.

원뿔의 부피는 $\frac{1}{3} \times \pi \times \boxed{}^2 \times 1 = \boxed{}$ (cm³)

원기둥의 부피는 $\pi \times \boxed{}^2 \times 4 = \boxed{}$ (cm³)

따라서 구하는 회전체의 부피는 $\boxed{}$ (cm³)

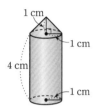

답 _____

응용 **1** 오른쪽 그림과 같이 밑면이 호의 길이가 8π cm이고 반지름의 길이가 **6 cm**인 부채꼴이고 높이가 **8 cm**일 때, 이 입체도형의 부피를 구하시오.

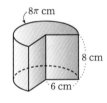

응용 **2** 밑넓이의 비가 **4 : 3**인 각기둥과 각뿔이 있다. 이 두 입체도형의 부피가 같을 때, 각기둥과 각뿔의 높이의 비를 가장 간단한 자연수의 비로 나타내시오.

응용 **3** 오른쪽 그림과 같은 평면도형을 직선 *l*을 회전축으로 하여 1회전시킬 때 생기는 회전체의 부피를 구하시오. (단, 평면도형의 한 변의 연장선은 직선 *l*과 일치한다.)

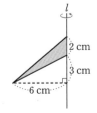

응용 **4** 우유팩을 바로 세웠을 때와 거꾸로 세웠을 때의 우유의 높이는 다음 그림과 같았다. 이때 우유팩의 부피를 구하시오.

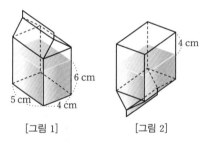

[그림 1]   [그림 2]

응용 **5** 오른쪽 전개도에서 $\overline{AF} = \overline{AE}$, $\overline{DE} = \overline{DH}$, $\overline{CH} = \overline{CG}$, $\overline{BG} = \overline{BF}$일 때, 이 전개도로 만들어지는 입체도형의 부피를 구하시오. (단, 모눈 한 칸의 길이는 **1 cm**이다.)

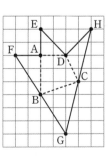

Ⅲ 입체도형

03 구의 겉넓이와 부피

(1) **구의 겉넓이** : 구의 반지름의 길이의 2배를 반지름의 길이로 하는 원의 넓이와 같다.

$$S = \pi \times (2r)^2 = 4\pi r^2$$

(2) **구의 부피** : 구가 꼭 맞게 들어가는 원기둥의 부피의 $\dfrac{2}{3}$와 같다.

$$V = \dfrac{2}{3} \times \pi r^2 \times 2r = \dfrac{4}{3}\pi r^3$$

참고 원뿔, 구, 원기둥의 부피 사이의 관계

오른쪽 그림과 같이 원기둥에 꼭 맞게 들어가는 구, 원뿔이 있을 때,

(원뿔의 부피) : (구의 부피) : (원기둥의 부피) $= \left(\dfrac{1}{3} \times \pi r^2 \times 2r\right) : \dfrac{4}{3}\pi r^3 : (\pi r^2 \times 2r)$

$$= \dfrac{2}{3}\pi r^3 : \dfrac{4}{3}\pi r^3 : 2\pi r^3$$

$$= \dfrac{2}{3} : \dfrac{4}{3} : 2 = 1 : 2 : 3$$

핵심 1 □ 안에 공통으로 들어갈 것을 구하시오.

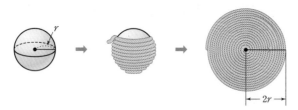

위의 그림과 같이 반지름의 길이가 r인 구의 겉면을 가는 끈으로 감은 후 그 끈을 평면 위에 감아 원을 만들면 반지름의 길이가 □이 된다.

즉, 반지름의 길이가 r인 구의 겉넓이는 반지름의 길이가 □인 원의 넓이와 같다.

따라서 구의 겉넓이는

$\pi \times (\boxed{})^2 = 4\pi r^2$이다.

핵심 2 오른쪽 그림과 같이 반지름의 길이가 **12 cm**인 구의 $\dfrac{1}{8}$을 잘라 낸 입체도형의 겉넓이를 구하시오.

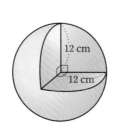

핵심 3 고무찰흙으로 만들어진 반지름의 길이가 **8 cm**인 구를 나누어 반지름의 길이가 **2 cm**인 구로 만들려고 한다. 최대 몇 개를 만들 수 있는지 구하시오.

핵심 4 다음 그림과 같이 밑면인 원의 반지름의 길이가 **9 cm**인 원기둥에 담겨 있는 물의 부피가 반지름의 길이가 **6 cm**인 구의 부피와 같다고 할 때, x의 값을 구하시오.

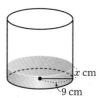

예제 **3** 오른쪽 그림은 $\overline{AB}$를 지름으로 하고 반지름의 길이가 10인 반원 안에 반지름의 길이의 비가 2 : 3이 되는 반원 2개가 그려진 것이다. 색칠한 부분을 직선 l을 축으로 하여 $180°$ 회전시켰을 때 생기는 입체도형의 부피를 구하시오.

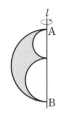

Tip 반원의 지름을 회전축으로 하여 $180°$ 회전하면 반구가 생깁니다.

풀이 (회전체의 부피)

= (반지름의 길이가 10인 반구의 부피)

$- \left\{ \left(\text{반지름의 길이가 } 10 \times \dfrac{2}{5} = \square \text{인 반구의 부피} \right) + \left(\text{반지름의 길이가 } 10 \times \dfrac{3}{5} = \square \text{인 반구의 부피} \right) \right\}$

$= \dfrac{1}{2} \times \dfrac{4}{3}\pi \times 10^3 - \left(\dfrac{1}{2} \times \dfrac{4}{3}\pi \times \square^3 + \dfrac{1}{2} \times \dfrac{4}{3}\pi \times \square^3 \right) = \boxed{}$

답 _____

응용 **1** 그림과 같이 원뿔과 원기둥이 합쳐진 모양의 [조각품 1]과 반구 모양의 [조각품 2]가 있다. [조각품 1]의 옆면을 칠한 페인트의 양과 [조각품 2]의 모든 겉면을 칠한 페인트의 양이 같을 때, 반구의 반지름의 길이를 구하시오. (단, 면적당 사용되는 페인트의 양은 일정하다.)

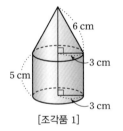

[조각품 1]

[조각품 2]

응용 **2** 오른쪽 그림과 같이 지름의 길이가 **6 cm**인 구 모양의 야구공 **4개**가 꼭 맞게 들어가는 원기둥 모양의 케이스가 있다. 이 케이스에 물을 가득 담은 후 야구공 **4개**를 넣은 뒤, **4개**를 모두 꺼내면 남은 물의 높이는 몇 **cm**인지 구하시오.

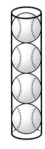

응용 **3** 오른쪽 그림의 색칠한 부분을 직선 l을 회전축으로 하여 $180°$ 회전시킬 때 생기는 회전체의 겉넓이를 구하시오.

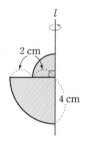

응용 **4** 오른쪽 그림과 같이 반지름의 길이가 **9 cm**인 구 안에 정팔면체의 각 꼭짓점이 구와 접하고 있다. 구의 부피를 $A \text{ cm}^3$, 정팔면체의 부피를 $B \text{ cm}^3$라 할 때, $\dfrac{A}{B}$의 값을 구하시오.

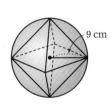

01 오른쪽 그림은 한 모서리의 길이가 2 cm인 정육면체 모양의 나무토막 42개로 만든 입체도형이다. 이 입체도형의 겉넓이를 구하시오.

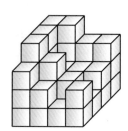

02 어떤 직육면체의 세 면의 넓이의 비를 가장 간단한 자연수의 연비로 나타내었더니 3 : 5 : 6이었다. 이 직육면체의 가장 긴 모서리의 길이가 30 cm라고 할 때, 이 직육면체의 부피를 구하시오.

03 오른쪽 그림과 같이 한 모서리의 길이가 6인 정육면체의 각 꼭짓점에 대하여, 이 꼭짓점과 이 점에서 만나는 세 모서리의 중점을 꼭짓점으로 하는 8개의 사면체를 잘라 버릴 때 남은 입체도형의 부피를 구하시오.

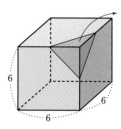

6
6
6

04 한 모서리의 길이가 a **cm**인 정육면체를 한 꼭짓점을 기준으로 부피가 같은 세 개의 뿔로 자른 그림을 그려 보시오. 그리고 그것을 이용하여 밑면이 정사각형이고 높이가 밑면의 한 변의 길이와 같은 뿔의 부피 공식에서 $\frac{1}{3}$이 들어가는 것을 그림으로 설명하시오.

05 오른쪽 그림의 전개도에서 사각형 **ABCD**는 한 변의 길이가 **18 cm**인 정사각형이고, 점 **E**, **F**는 각각 변 **BC**, **CD**의 중점이다. 이 전개도로 만들 수 있는 입체도형의 부피를 구하시오.

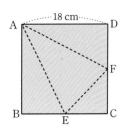

06 부피가 각각 **8 cm³**, **216 cm³**, **512 cm³**인 세 정육면체를 면끼리 붙여서 겉넓이가 가장 작은 입체도형을 만들었다. 이때 만들어진 입체도형의 겉넓이를 구하시오.

07 오른쪽 그림과 같이 한 모서리의 길이가 6인 정육면체에서 $\overline{BF}$, $\overline{CG}$ 위에 각각 점 **P**, **Q**를 잡고, 점 **P**, **Q**, **H**를 지나는 평면으로 정육면체를 잘랐을 때, 위쪽에 있는 입체도형의 부피를 구하시오.

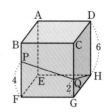

08 안치수가 오른쪽 그림과 같은 원기둥 모양의 물통에 물이 가득 들어 있다. 이 물통을 **45°** 기울였다가 다시 똑바로 놓았을 때, 물통에 남아 있는 물의 높이를 구하시오.

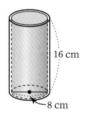

09 밑면의 반지름이 **9 cm**인 원기둥 모양의 그릇 속에 [그림 1] 과 같이 물이 들어 있다. 이 그릇 속에 반지름이 **9 cm**인 구를 넣으면 [그림 2]와 같이 물의 높이와 구의 지름이 꼭 같아 진다고 한다. [그림 1]의 물의 높이는 몇 **cm**인지 구하시오.

[그림 1]   [그림 2]

10 오른쪽 [그림 1]과 같이 원기둥을 이등분한 모양의 통에 물을 가득 넣은 후 [그림 2]와 같이 45°만큼 기울였다. 이때 쏟아진 물의 양을 $(a+b\pi)\,\mathrm{cm}^3$라 할 때 $a+b$의 값을 구하시오.

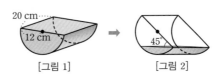

[그림 1] → [그림 2]

11 오른쪽 도형을 직선 l을 회전축으로 하여 1회전시켜 생기는 회전체의 부피를 구하시오.

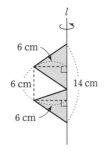

12 오른쪽 그림은 $\overline{PO}=15\,\mathrm{cm}$, $\overline{AO}=6\,\mathrm{cm}$인 원뿔을 원뿔의 꼭짓점 P를 지나는 평면으로 $\overline{OA}\perp\overline{OB}$가 되게 자른 입체도형이다. 이 입체도형의 부피를 구하시오.

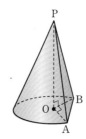

Ⅲ
입체도형

13 오른쪽 그림은 어떤 원뿔의 높이를 이등분하는 점을 지나면서 밑면에 평행한 평면으로 잘라 만든 원뿔대의 옆면의 전개도이다. 이 원뿔대의 부피가 1134π cm^{3}일 때, 원뿔대의 높이를 구하시오.

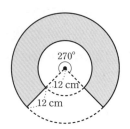

270°
12 cm
12 cm

14 오른쪽 그림과 같이 원뿔 모양의 빈 물탱크에 일정한 속도로 물을 넣는다. 물을 넣기 시작한 지 **10**분이 된 순간의 물의 높이는 **10**, 수면의 반지름의 길이는 **5**라 할 때, 빈 물탱크에 물을 넣기 시작한 후 물을 가득 채우는 데 걸리는 시간을 구하시오.

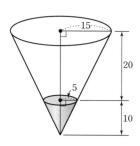

15
20
5
10

15 오른쪽 그림과 같이 원뿔대 모양의 그릇에 가득 채운 물을 같은 크기의 원기둥 모양의 컵 2개에 똑같이 나누어 담으려고 한다. 이때 컵 1개에 들어가는 물의 높이를 구하시오. (단, 컵과 그릇의 두께는 생각하지 않는다.)

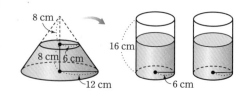

8 cm
8 cm 6 cm
12 cm
16 cm
6 cm

16 오른쪽 그림과 같은 평면도형을 직선 l을 회전축으로 하여 1회전시킬 때 생기는 입체도형의 겉넓이를 구하시오.

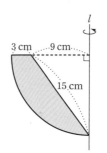

17 오른쪽 그림은 원기둥과 구의 겨냥도이다. 원기둥의 밑면의 반지름의 길이와 구의 반지름의 길이가 같고, 원기둥의 옆면의 넓이가 구의 겉넓이의 3배이다. 원기둥의 부피가 $162\pi \ \mathrm{cm}^3$일 때, 구의 부피를 구하시오.

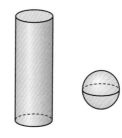

18 오른쪽 그림과 같은 평면도형을 직선 l을 회전축으로 하여 1회전시킬 때 생기는 회전체의 부피는 $k\pi \ \mathrm{cm}^3$이다. 이때 상수 k의 값을 구하시오.

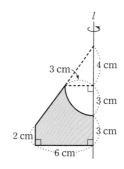

01 오른쪽 그림은 삼각기둥을 세 점 D, P, F를 지나는 평면으로 자른 것이다. 꼭짓점 B를 포함하는 입체도형의 부피를 V_1, 꼭짓점 E를 포함하는 입체도형의 부피를 V_2라 하자. $V_1 = 3V_2$이고 $\overline{PB} = x$ cm일 때 x의 값을 구하시오.

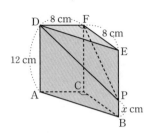

02 오른쪽 그림과 같이 한 모서리의 길이가 **9 cm**인 정육면체의 각 면의 한가운데에서 마주 보는 면까지 한 변의 길이가 정육면체의 한 모서리의 길이의 $\frac{1}{3}$인 정사각형 모양으로 구멍을 뚫은 입체도형 **4개**를 면끼리 맞닿도록 붙여 새로운 입체도형을 만들었다. 새로 만든 입체도형의 겉넓이를 구하시오.

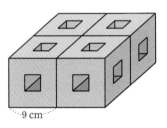

03 오른쪽 그림은 한 모서리의 길이가 **6 cm**인 정육면체 위에 한 모서리의 길이가 **3 cm**인 정육면체를 겹쳐서 고정시킨 것이다. 세 점 A, B, C를 지나는 평면으로 이 입체도형을 잘라서 두 부분으로 나누었을 때, 두 부분 중 $\overline{AD}$를 포함하는 쪽의 입체도형의 부피가 V cm³이다. 이때 $2V$의 값을 구하시오.

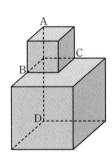

04 세 모서리의 길이가 **4 cm**, **6 cm**, **8 cm**인 직육면체 모양의 벽돌을 오른쪽 그림과 같이 밑에서부터 차곡차곡 쌓았다. 바닥까지 합친 이 입체도형의 겉넓이는 몇 **cm²**인지 구하시오.

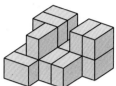

05 오른쪽 그림은 한 모서리의 길이가 **9 cm**인 정육면체이고 $\overline{AF}$, $\overline{FH}$, $\overline{HA}$는 각각 면 **ABFE**, 면 **EFGH**, 면 **AEHD**의 대각선이다. 이때 삼각뿔 **C−AFH**의 부피를 구하시오.

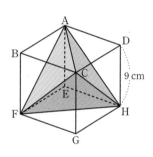

06 밑면이 서로 합동이고 높이의 비가 **3 : 5**인 원뿔과 원기둥의 밑면이 일치하도록 붙여 놓은 입체도형이 있다. 이 입체도형의 옆면을 깎아 최대한 큰 원뿔을 만들었더니 처음 입체도형보다 부피가 **150 cm³**만큼 줄어들었다. 이때 새로 만든 원뿔의 부피를 구하시오.

NOTE

III
입체도형

07 다음 그림은 어떤 입체도형을 앞에서 본 모양과 옆에서 본 모양이다. 이 입체도형의 부피를 구하시오.

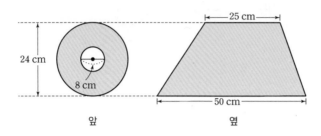

앞　　　　옆

08 오른쪽 그림과 같은 원뿔대의 옆면을 바닥에 놓고 굴렸더니 3바퀴를 돌고 다시 원래 자리로 돌아왔다. 이 원뿔대의 겉넓이를 구하시오.

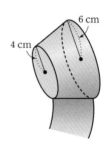

09 가로, 세로, 높이가 각각 12 cm, 12 cm, 20 cm인 직육면체 모양의 물통에 물을 가득 채운 후 밑면의 한 모서리를 기준으로 45°만큼 기울여 물을 따라 냈다. 물통을 다시 똑바로 세운 후, 물통 안에 반지름이 3 cm인 쇠구슬을 4개 넣었을 때 물통의 물의 높이를 구하시오.

10 다음 그림과 같이 밑면인 원의 반지름의 길이가 **6 cm**이고 높이가 **24 cm**로 합동인 두 원기둥 **A**, **B**가 붙어 있다. 이 입체도형을 평면으로 잘라 윗부분을 버렸을 때, 남은 입체도형의 부피는 처음 입체도형의 부피의 $\frac{1}{3}$이었다. 원기둥 **B**에서 자르고 남은 아랫부분 **B′**의 부피를 $V\pi \text{ cm}^3$라고 할 때, V의 값을 구하시오.

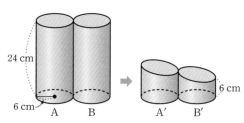

11 **2 L** 들이의 병에 들어 있는 먹다 남은 음료수의 양을 알아보기 위해 오른쪽 그림과 같이 두 가지의 방법으로 원기둥 모양의 부분의 길이를 재어 그 단면을 나타낸 것이다. 남아 있는 음료수의 양을 $\frac{n}{m}$ **L**라고 할 때, $m+n$의 값을 구하시오.

(단, m과 n은 서로소이다.)

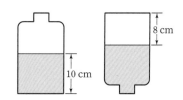

12 오른쪽 그림과 같이 평행사변형 **ABCD**를 직선 l을 회전축으로 하여 1회전시킬 때 생기는 회전체의 겉넓이가 **648π cm²**일 때, $\overline{\text{AB}}$의 길이를 구하시오.

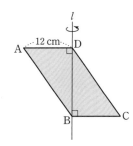

13 오른쪽 그림은 가로의 길이가 **15 cm**, 세로의 길이가 **12 cm**, 높이가 **10 cm**인 직육면체 모양의 상자에서 한 꼭짓점에 줄로 공을 연결한 것이다. 줄의 길이가 **9 cm**일 때, 이 공이 움직일 수 있는 공간의 최대 부피를 구하시오. (단, 줄의 매듭의 길이와 공의 크기는 생각하지 않는다.)

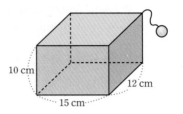

14 오른쪽 그림에서 색칠한 도형을 직선 l을 축으로 하여 $180°$ 회전시켰을 때 생기는 입체도형의 겉넓이는 $(a+b\pi)$ **cm²**이다. 이때 $a+2b$의 값을 구하시오. (단, a, b는 유리수)

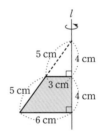

15 오른쪽 그림에서 삼각기둥 **ABC−DEF**의 모서리 **DA**의 연장선 위에 $\overline{DA}=\overline{AP}$가 되는 점 **P**를 잡고 $\overline{PE}$와 $\overline{AB}$의 교점을 **Q**, $\overline{PF}$와 $\overline{AC}$의 교점을 **R**라고 한다. $\angle DEF=90°$, $\overline{DE}=6$ **cm**, $\overline{BE}=\overline{EF}=8$ **cm**일 때 사각뿔 **B−EFRQ**의 부피를 구하시오.

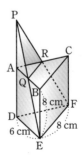

16 밑면의 반지름의 길이가 **4 cm**, 높이가 **15 cm**인 원기둥 A_1이 있다. 밑면의 반지름의 길이가 **4cm** 이고 옆넓이가 원기둥 A_1의 겉넓이와 같은 원기둥을 A_2, 밑면의 반지름의 길이가 **4 cm**이고 옆넓이가 원기둥 A_2의 겉넓이와 같은 원기둥을 A_3, …이라고 할 때, 원기둥 A_{50}의 높이를 구하시오.

17 오른쪽 그림과 같이 반지름의 길이가 r인 반구 3개가 있다. [그림 1]은 반구에서 지름의 길이가 $\frac{2}{3}r$인 반구를 파내고, [그림 2]는 반구에서 밑면의 지름의 길이와 모선의 길이가 각각 $\frac{2}{3}r$인 원뿔을 파내고, [그림 3]은 지름의 길이가 $\frac{2}{3}r$인 반구를 얹은 것일 때, 세 입체도형의 겉넓이의 합은 $\frac{112}{3}\pi$이다. 이때 r의 값을 구하시오.

[그림 1]   [그림 2]   [그림 3]

18 좌표평면 위에 $A(-2, 2)$, $B(1, -1)$, $C(1, 2)$를 꼭짓점으로 하는 삼각형 ABC가 있다. 이 삼각형 ABC를 x축, y축을 회전축으로 하여 1회전시킬 때 생기는 입체도형의 부피의 비를 구하시오.

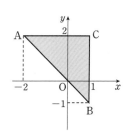

01 오른쪽 그림은 한 모서리의 길이가 2인 정육면체 5개로 이루어진 입체도형이다. 세 점 A, B, C를 지나는 평면으로 입체도형을 잘랐을 때 생기는 단면의 넓이를 구하시오.

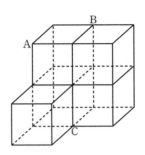

02 오른쪽 그림과 같이 한 모서리의 길이가 9 cm인 정육면체의 세 면의 중앙에 한 변의 길이가 3 cm인 정사각형 모양으로 마주 보는 면까지 구멍을 뚫었다. 구멍을 뚫은 안쪽과 정육면체의 겉면에 페인트를 모두 칠한 후 한 모서리의 길이가 1 cm인 정육면체 모양으로 잘랐을 때, 한 모서리의 길이가 1 cm인 정육면체 중 페인트가 한 면에만 칠해진 정육면체의 개수를 a, 페인트가 세 면에 칠해진 정육면체의 개수를 b라고 하자. 이때 $a+b$의 값을 구하시오.

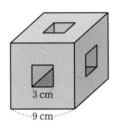

03 오른쪽 그림은 27개의 작은 정육면체로 구성된 정육면체이다. 이 정육면체의 한 대각선의 중점을 지나고, 대각선에 수직인 평면으로 이 정육면체를 잘랐을 때, 잘려지는 작은 정육면체는 모두 몇 개인지 구하시오.

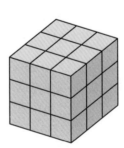

04 오른쪽 그림은 어떤 입체도형의 전개도이다. 이 전개도를 접어 입체도형을 만들 때 모서리 AB에 평행한 모서리의 개수를 a, 꼬인 위치에 있는 모서리의 개수를 b라 하자. 이때 $a+b$의 값을 구하시오. (단, 전개도의 사각형은 서로 합동인 정사각형이고, 삼각형은 서로 합동인 정삼각형이다.)

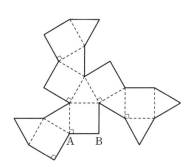

NOTE

05 오른쪽 그림은 정사면체 $O-ABC$의 두 모서리의 중점 M, N과 $\overline{OP}:\overline{PB}=7:3$이 되는 점 P를 지나는 평면으로 자른 입체도형이다. 이때 정사면체 $O-ABC$의 부피와 다면체 $MPN-ABC$의 부피의 비를 $m:n$이라 할 때, $m+n$의 값을 구하시오. (단, m, n은 서로소)

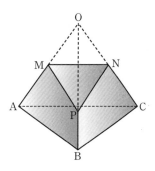

06 그림과 같은 원기둥에 밑변의 길이가 $100\,cm$, 높이가 $25\,cm$인 직각삼각형 모양의 종이를 계속 감으려고 한다. 원기둥의 옆면 중 종이가 세 번 겹쳐서 감기는 부분의 넓이를 $A\,cm^2$라 하면 A의 값을 구하시오. (단, 원주율은 3으로 계산한다.)

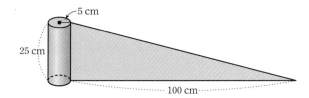

07 오른쪽 그림에서 부채꼴 OAB의 중심각의 크기는 $90°$, 반지름의 길이는 6 이고, $\overline{BC}=\overline{CD}=5$, $\overline{OE}=\overline{ED}=4$, $\overline{CE}=3$이다. 이 도형의 색칠한 부분을 직선 l을 회전축으로 하여 1회전시켰을 때 생기는 회전체의 겉넓이를 $k\pi$라 할 때, 상수 k의 값을 구하시오.

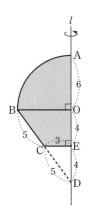

08 오른쪽 그림과 같은 평면도형을 직선 l을 축으로 하여 1회전할 때 생기는 입체도형의 겉넓이를 구하시오.

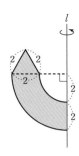

09 좌표평면 위에 네 점 $A(0, 1)$, $B(5, 1)$, $C(5, 3)$, $D(0, 6)$에 대하여 사각형 $ABCD$를 x축을 회전축으로 하여 1회전시킬 때 생기는 입체도형의 부피를 V_x, y축을 회전축으로 하여 1회전시킬 때 생기는 입체도형의 부피를 V_y라 하자. 이때 $V_x : V_y$를 가장 간단한 자연수의 비로 나타내시오.

IV 도수분포표와 그래프

1. 도수분포표와 그래프

1 도수분포표와 그래프

(1) 줄기와 잎 그림

① 변량 : 자료를 수량으로 나타낸 것

② 줄기와 잎 그림 : 줄기와 잎을 이용하여 자료를 나타낸 그림

수학 성적

(7 | 3은 73점)

줄기	잎
7	3 3 5 7
8	6
9	0 9

(2) 도수분포표 : 주어진 자료를 몇 개의 계급으로 나누고, 각 계급에 속하는 도수를 조사하여 나타낸 표

① 계급 : 변량을 일정한 간격으로 나눈 구간

② 계급의 크기 : 구간의 너비

③ 계급의 개수 : 변량을 나눈 구간의 수

④ 계급값 : 계급을 대표하는 값으로 각 계급의 중앙값, 즉 $(계급값) = \dfrac{(계급의\ 양\ 끝값의\ 합)}{2}$

⑤ 도수 : 각 계급에 속하는 자료의 개수

핵심 1 오른쪽은 다희네 반 학생들의 **50 m** 달리기 기록을 조사하여 만든 줄기와 잎 그림이다. 기록

(6 | 7는 6.7초)

줄기	잎
6	7 8 9 9
7	0 1 3 5 8 9
8	2 3 4 5 6 7 9
9	0 2 3

이 **10**번째로 좋은 학생의 기록은 a초이고, 기록이 **8.5**초가 넘는 학생은 전체의 b %일 때, $10a+b$의 값을 구하시오.

핵심 2 오른쪽 표는 우리 나라 프로야구팀의 선수들이 한 시즌 동안 친 홈런의 수를 조사하여 나타낸 도수분포표이다. 홈런의 수가 **20**개 이상인 선수는 전체의 몇 %인지 구하시오.

홈런 수(개)	도수(명)
0^{이상}~10^{미만}	9
10 ~20	4
20 ~30	5
30 ~40	A
합계	20

핵심 3 어떤 도수분포표에서 계급의 크기가 8이고, 계급값이 36인 계급에 속하는 변량 x의 값의 범위가 $a \leq x < b$일 때, $a+b$의 값을 구하시오.

핵심 4 반 학생들의 신발 크기를 조사하여 도수분포표를 만들었다. 이 도수분포표를 보고 알 수 없는 것은? (단, A는 상수)

신발 크기(mm)	도수(명)
220^{이상}~230^{미만}	3
230 ~240	A
240 ~250	2
250 ~260	4
260 ~270	5
270 ~280	2
합계	20

① 계급의 크기와 개수

② 신발의 크기가 가장 큰 학생

③ 신발의 크기가 270 mm 이상인 학생 수

④ 신발의 크기가 230 mm 이상 240 mm 미만인 학생 수

⑤ 신발의 크기가 세 번째로 큰 학생이 속한 계급의 계급값

예제 **1** 오른쪽 표는 독서 토론반에 가입한 32명의 학생이 1학기 동안 읽은 책의 수를 조사하여 나타낸 도수분포표이다. 이 도수분포표가 다음 조건을 모두 만족시킬 때, 15권 이상 18권 미만의 책을 읽은 학생은 전체의 몇 %인지 구하시오.

책의 수(권)	도수(명)
3^{이상}~ 6^{미만}	2
6 ~ 9	A
9 ~12	11
12 ~15	7
15 ~18	B
합계	32

조건
(개) B의 값은 A의 값의 2배이다.
(내) 1학기 동안 9권 미만의 책을 읽은 학생 수는 가입한 전체 학생 수의 18.75 %이다.

풀이 조건 (내)에 의하여 $\dfrac{\square+A}{32}\times100=18.75$이므로 $A=\square$

조건 (개)에 의하여 $B=\square\times A=\square$

15권 이상 18권 미만의 책을 읽은 학생은 $\dfrac{\square}{32}\times100=\square$(%)이다.

답 _____

응용 **1** 오른쪽 그림은 학원 수강생들의 나이를 조사하여 나타낸 줄기와 잎 그림이다. 평균 나이가 **22**세일 때, □ 안에 알맞은 수를 구하시오.

(0 | 9는 9세)

줄기	잎
0	9
1	6 7 9
2	0 0 □ 5 5
3	3 7

응용 **2** 다음 그림은 학생 **10**명의 줄넘기 횟수를 조사하여 줄기와 잎 그림으로 나타낸 것이다. 줄넘기 횟수가 **5**번째로 많은 학생이 **2**명일 때, 이 학생들의 줄넘기 횟수의 평균을 구하시오.

(4 | 1은 41회)

줄기	잎
4	1 4 5
5	2 □ 3
6	3 4 7 8

응용 **3** 오른쪽 표는 지민이네 반 학생들이 한 달 동안 운동한 시간을 조사하여 나타낸 도수분포표이다. $a+b=15$, $d-c=5$일 때, 한 달 동안 운동한 시간이 **18**시간인 학생이 속하는 계급을 구하시오.

운동 시간 (시간)	도수(명)
a^{이상}~ b^{미만}	3
⋮	⋮
c ~ d	8
합계	32

응용 **4** 오른쪽 그림은 어느 해 우리나라에서 상영된 한국 영화 흥행 작품 **10**편과 외국 영화 흥행 작품 **10**편의 관객 수를 조사하여 나타낸 줄기와 잎 그림이다. 한국 영화와 외국 영화 중에서 관객이 전체 평균보다 낮은 영화는 어느 쪽이 더 많은지 구하시오.

(3 | 7은 3.7백만 명)

잎(한국 영화)	줄기	잎(외국 영화)
	3	7 8
9 8 6 4	4	5 8
1	5	1 6
8 7	6	3
3	7	0 1
	8	8
5 4	9	

02 히스토그램과 도수분포다각형

(1) **히스토그램** : 가로축에 각 계급의 양 끝 값을 차례로 표시하고, 세로축에 도수를 표시
하여 직사각형으로 나타낸 그림

(2) **히스토그램의 특징**

① 도수의 분포 상태를 쉽게 알아볼 수 있다.

② 각 직사각형의 넓이는 각 계급의 도수에 정비례한다.

(직사각형의 넓이)=(계급의 크기)×(그 계급의 도수)

③ (직사각형의 넓이의 합)=(계급의 크기)×(도수의 총합)

(3) **도수분포다각형** : 히스토그램에서 양 끝에 도수가 0인 계급을 하나씩 추가하여 그 중
점과 각 직사각형의 윗변의 중점을 차례로 선분으로 연결하여 그린 다각형 모양의
그래프

(4) **도수분포다각형의 특징**

① 도수의 분포 상태를 연속적으로 관찰할 수 있다.

② 2개 이상의 자료를 겹쳐 그릴 수 있어서 2개 이상의 자료의 분포 상태를 한눈에
비교할 수 있다.

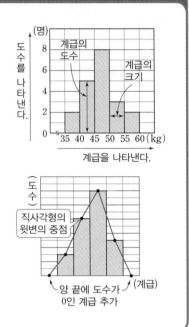

핵심 1 오른쪽 그림은 어느 마을의 각 가구에서 한 달 동안 사용한 수돗물의 양을 조사하여 나타낸 히스토그램이다.
수돗물을 한 달 동안 **60 kL** 이상 사용한 가구 수를 구하시오.

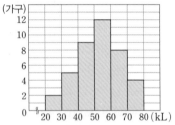

핵심 2 다음은 어느 중학교 1학년 학생들의 수학 점수를 조사하여 도수분포표와 히스토그램으로 각각 나타낸 것이다. 수학 점수가 80점 이상인 학생은 전체의 **C** %일 때,
A+B+C의 값을 구하시오.

수학 점수(점)	도수(명)
40^{이상}~ 50^{미만}	1
50 ~ 60	A
60 ~ 70	5
70 ~ 80	6
80 ~ 90	B
90 ~100	2
합계	20

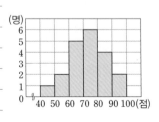

핵심 3 오른쪽 그림은 어느 마을 학생들의 1학기 동안의 봉사 활동 시간을 조사하여 나타낸 도수분포다각형이다. 그래프에 대한 설명으로 옳지 <u>않은</u> 것을 모두 고르면? (정답 2개)

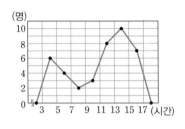

① 가장 많은 학생이 속한 계급의 도수는 10명이다.

② 도수가 가장 작은 계급은 7시간 이상 9시간 미만이다.

③ 봉사 활동 시간이 20번째로 많은 학생이 속한 계급은 11시간 이상 13시간 미만이다.

④ 봉사 활동 시간이 가장 많은 학생의 봉사 활동 시간은 17시간이다.

⑤ 봉사 활동 시간이 7시간 미만인 학생은 전체의 20 %이다.

예제 ② 오른쪽 그림은 학생들의 멀리 던지기 기록을 조사하여 나타낸 히스토그램인데 일부가 찢어져 보이지 않는다. 멀리던지기 기록이 31 m 이상 39 m 미만인 학생이 전체의 25 %일 때, 기록이 39 m 이상 47 m 미만인 학생 수는 전체의 몇 %인지 구하시오.

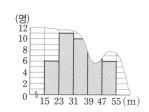

Tip ▶ 주어진 조건을 이용하여 도수의 총합을 먼저 구한다.

풀이 전체 학생 수를 x명이라 하면 멀리 던지기 기록이 31 m 이상 39 m 미만인 학생 수는 ▭명이므로

$$\frac{\boxed{}}{x} \times 100 = 25(\%) \qquad \therefore x = \boxed{}$$

따라서 멀리 던지기 기록이 39 m 이상 47 m 미만인 학생 수는 ▭$-(6+11+10+$▭$)=$▭(명)이므로 전체의 ▭%이다.

답 ＿＿＿＿＿＿＿

응용 ① 오른쪽 그림은 어느 동아리 학생 **40**명의 몸무게를 조사하여 나타낸 히스토그램인데 일부가 찢어져 보이지 않는다. 몸무게가 **50 kg** 이상인 학생이 전체의 **30 %**일 때, 몸무게가 **50 kg** 이상 **55 kg** 미만인 학생 수를 구하시오.

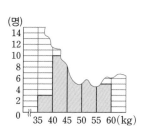

응용 ③ 오른쪽 그림은 어느 학급 학생들의 일주일 동안의 운동 시간을 조사하여 나타낸 도수분포다각형이다. 도수분포다각형과 가로축으로 둘러싸인 부분의 넓이를 구하시오.

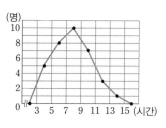

응용 ② 오른쪽 그래프는 학생들의 수학 성적을 조사하여 만든 도수분포다각형인데 일부가 찢어져서 알아볼 수가 없다. 다행히 **70**점 이상 **80**점 미만인 학생 수가 **60**점 이상 **70**점 미만인 학생 수의 **2**배인 것과 **90**점 이상인 학생 수가 전체의 **10 %**인 것을 알고 있었다. **60**점 이상 **70**점 미만인 학생 수를 구하시오.

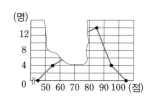

응용 ④ 오른쪽 그림은 남학생 **30**명, 여학생 **30**명의 키에 대한 도수분포다각형이다. 다음 중 옳지 <u>않은</u> 것을 모두 고르시오.

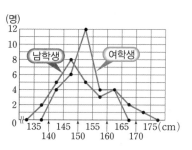

ㄱ. 남학생이 더 넓게 분포되어 있고, 키가 가장 큰 학생은 남학생 중에 있다.

ㄴ. 두 도수분포다각형과 가로축으로 둘러싸인 부분의 넓이는 다르다.

ㄷ. 키가 160 cm 이상인 학생 수는 여학생이 더 많고, 계급값이 162.5 cm인 계급에 속하는 학생은 남학생이 더 많다.

Ⅳ 도수분포표와 그래프

03 상대도수

(1) **상대도수** : 각 계급의 도수가 전체 도수에서 차지하는 비율

$$(어떤 계급의 상대도수) = \frac{(그 계급의 도수)}{(전체 도수)}$$

(2) **상대도수의 특징**

① 상대도수의 총합은 항상 1이다.

② 각 계급의 상대도수는 그 계급의 도수에 정비례한다.

③ 전체 도수가 다른 두 집단의 자료의 분포 상태를 비교할 때 편리하다.

(3) **상대도수의 분포표** : 각 계급의 상대도수를 나타낸 표

(4) **상대도수의 분포를 나타낸 그래프** : 상대도수의 분포표를 히스토그램이나 도수분포다

각형 모양으로 나타낸 그래프

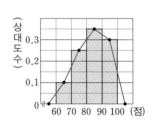

핵심 ① 오른쪽 표는 어느 중학교 1학년 학생들의 혈액형을 조사하여 나타낸 것이다. 전체보다 1반의 상대도수가 더 큰 혈액형을 말하시오.

혈액형	1반(명)	전체(명)
A	10	56
B	12	50
O	12	60
AB	6	34
합계	40	200

핵심 ② 오른쪽 그림은 어느 반 학생들의 멀리뛰기 기록에 대한 상대도수의 분포를 나타낸 그래프이다. 멀리뛰기 기록이 **200 cm** 이상 **210 cm** 미만인 계급의 도수가 6명일 때, 이 반의 학생 수를 구하시오.

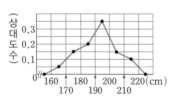

핵심 ③ 오른쪽 표는 어느 중학교 남학생과 여학생의 수학 점수를 조사하여 나타낸 것이다. 다음 설명 중 옳은 것은?

수학 점수(점)	학생 수(명)	
	남자	여자
$50^{이상} \sim 60^{미만}$	11	5
60 ~ 70	18	13
70 ~ 80	36	21
80 ~ 90	27	7
90 ~ 100	8	4
합계	100	50

① 90점 이상인 학생의 비율은 남학생이 여학생보다 높다.

② 60점 미만인 학생의 비율은 여학생이 남학생보다 높다.

③ 80점 이상인 남학생은 남학생 전체의 27 %이다.

④ 70점 미만인 여학생은 여학생 전체의 36 %이다.

⑤ 80점 이상인 학생의 비율은 여학생이 남학생보다 높다.

핵심 ④ 오른쪽 그림은 성호네 반 학생들의 수학 성적을 조사하여 나타낸 도수분포다각형이다. 수학 성적이 **70점 미만**인 계급들의 상대도수의 합을 구하시오.

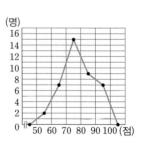

예제 3 오른쪽 그림은 어느 중학교 1학년 학생 200명의 일주일 동안의 운동 시간에 대한 상대도수의 분포를 그래프로 나타낸 것인데 일부가 훼손되어 보이지 않는다. 운동 시간이 3시간 이상 4시간 미만인 학생 수는 운동 시간이 4시간 이상 5시간 미만인 학생 수의 2배라 할 때, 운동 시간이 5시간 이상 6시간 미만인 학생 수를 구하시오.

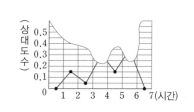

Tip 상대도수의 총합이 항상 1임을 이용하여 보이지 않는 계급의 상대도수를 구한다.
➡ (어떤 계급의 도수)=(전체 도수)×(그 계급의 상대도수)

풀이 운동 시간이 3시간 이상 4시간 미만인 학생 수는 운동 시간이 4시간 이상 5시간 미만인 학생 수의 2배이므로

3시간 이상 4시간 미만인 계급의 상대도수는 $2 \times \boxed{} = \boxed{}$

운동 시간이 5시간 이상 6시간 미만인 계급의 상대도수는 $1-(0.15+0.05+\boxed{}+0.15)=\boxed{}$

따라서 운동 시간이 5시간 이상 6시간 미만인 학생 수는 $200 \times \boxed{} = \boxed{}$(명)

답 _____

응용 1 상대도수가 0.08인 계급의 도수가 4일 때, 도수가 12인 계급의 상대도수는 a이고 도수가 b인 계급의 상대도수는 0.12이다. 이때 $100a+b$의 값을 구하시오.

응용 2 다음 표는 어느 중학교 1학년 학생들의 수학 점수를 조사하여 나타낸 상대도수의 분포표인데 일부가 훼손되었다. 수학 성적이 70점 이상인 학생 수가 전체 학생 수의 80 %일 때, 수학 성적이 60점 이상 70점 미만인 학생 수를 구하시오.

수학 점수(점)	도수(명)	상대도수
$50^{이상} \sim 60^{미만}$	3	0.05
60 ~ 70		
70 ~ 80		

응용 3 전체 도수의 비가 1 : 3인 어떤 두 집단이 있다. 도수분포표에서 어떤 계급의 도수가 같을 때, 이 계급의 상대도수의 비를 구하시오.

응용 4 오른쪽 그림은 A, B 두 중학교의 학생들이 한 달 동안 읽은 책의 수에 대한 상대도수를 그래프로 나타낸 것이다. 다음 설명 중 옳지 <u>않은</u> 것은?

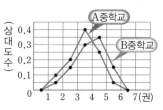

① A 중학교 학생들보다 B 중학교 학생들이 책을 많이 읽는 편이다.
② B 중학교에서 도수가 가장 큰 계급은 4권 이상 5권 미만이다.
③ A 중학교 학생 수가 200명이면 책을 2권 이상 3권 미만을 읽은 학생 수는 40명이다.
④ B 중학교에서 책을 4권 이상 읽은 학생은 B 중학교의 50 %이다.
⑤ 책을 1권 이상 3권 미만을 읽은 학생의 비율은 B 중학교가 A 중학교보다 높다.

Ⅳ 도수분포표와 그래프

01 오른쪽 자료는 어느 회사에서 판매하는 상품 **20**개의 무게를 조사하여 나타낸 자료와 도수분포표이다. 다음 물음에 답하시오.
(단, x, y는 자연수)

(단위 : g)

82	77	x	82
79	82	76	86
78	84	75	80
81	y	79	74
80	73	86	80

상품의 무게(g)	도수(개)
$72^{이상}$~$75^{미만}$	a
75 ~78	b
78 ~81	7
81 ~84	5
84 ~87	3
합계	20

(1) a, b의 값을 각각 구하시오.

(2) $x-y=5$일 때, x, y의 값을 각각 구하시오.

02 오른쪽 줄기와 잎 그림은 반 학생들이 수학 경시대회 예상 문제를 푸는 데 걸린 시간을 조사하여 나타낸 것이다. 문제를 푸는 데 걸린 시간이 **40**분 미만인 학생이 전체의 $\dfrac{4}{7}$이고, 유승이가 문제를 푸는 데 걸린 시간이 **16**번째로 길다. 이때 유승이가 문제를 푸는 데 걸린 시간을 구하시오.

(1|5는 15분)

줄기	잎
1	5 8 9
2	0 1 3 8 9 9
3	0 0 2 5 7 7 8
4	
5	0 1 1 3

03 오른쪽 표는 교내 수학 경시대회에 참가한 학생 **50**명의 성적을 조사하여 나타낸 도수분포표이다. 모두 3문제가 출제되었고, 배점은 1번 문항이 20점, 2번 문항이 30점, 3번 문항이 50점으로 100점 만점이었다. 3번 문항의 정답자가 22명일 때, 3문제 중 2문제만 맞힌 학생 수를 구하시오.

성적(점)	도수(명)
20	3
30	12
50	20
70	8
80	5
100	2
합계	50

NOTE

04 오른쪽 그림은 어느 중학교 1학년 학생 50명의 수학 성적을 조사하여 나타낸 히스토그램인데 일부가 찢어져 보이지 않는다. 수학 성적이 75점 이상 80점 미만인 계급과 80점 이상 85점 미만인 계급의 도수의 비는 3 : 4이고, 80점 이상 85점 미만인 계급과 85점 이상 90점 미만인 계급의 도수의 비가 3 : 2일 때, 수학 성적이 85점 이상인 학생은 전체의 몇 %인지 구하시오.

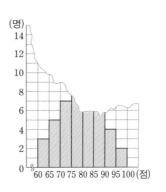

05 오른쪽 그림은 어느 중학교 1학년 학생들의 수학 성적을 조사하여 도수분포다각형으로 나타낸 것인데 일부가 찢어져 보이지 않는다. 가로축과 세로축의 한 눈금을 1이라 할 때 도수분포다각형과 가로축으로 둘러싸인 부분의 넓이는 10이라고 한다. 계급값이 85인 계급의 도수를 구하시오.

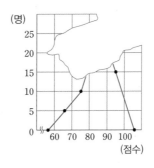

06 오른쪽 그림은 어느 중학교 1학년 학생들의 지난 학기 동안 등산을 한 횟수를 조사하여 나타낸 도수분포다각형인데 일부가 찢어져 세로축이 보이지 않는다. 삼각형 S의 넓이가 4일 때, 도수분포다각형과 가로축으로 둘러싸인 부분의 넓이는 T의 넓이의 몇 배인지 구하시오.

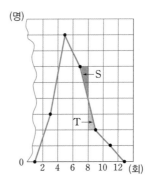

IV 도수분포표와 그래프

07 오른쪽 그림은 유승이네 중학교 1학년 학생들의 수학 점수를 조사하여 나타낸 도수분포다각형이다. 평균이 **76**점일 때 평균보다 점수가 높은 학생 수의 최솟값을 x, 평균보다 점수가 낮은 학생 수의 최솟값을 y라 할 때, $x+y$의 값을 구하시오.

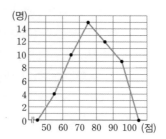

08 오른쪽 표는 어느 중학교 1학년 1반과 1학년 전체 학생들의 키를 조사하여 나타낸 상대도수의 분포표이다. 1학년 1반과 1학년 전체 학생 수가 각각 25명, 300명일 때, 1학년 1반에서 7번째로 큰 학생은 1학년 전체에서 최소한 몇 번째로 큰지 구하시오.

키(cm)	상대도수	
	1학년 1반	1학년 전체
130^{이상}~140^{미만}	0.04	0.05
140 ~150	0.2	0.28
150 ~160	0.48	0.54
160 ~170	0.24	0.12
170 ~180	0.04	0.01

09 오른쪽 그림은 어느 수요일 오전 7시부터 오전 8시까지 영철이네 집 앞의 등산로에서 산에 오르는 사람이 지나간 시간을 조사하여 나타낸 줄기와 잎 그림이다. 물음에 답하시오.

(1|3은 7시 13분)

줄기	잎
0	5 7 8
1	3 5 8 9 9
2	1 2 5 8 8 9 9 9
3	0 0 4 5 6 7 8 8 9
4	3 3 5 6 7 7 8 8
5	1 1 1 2 5 7 8

(1) 위의 줄기와 잎 그림을 오른쪽과 같이 상대도수의 분포표로 만들려고 한다. x, y에 알맞은 수를 구하시오.

시간(시 : 분)	상대도수
7:00^{이상}~7:12^{미만}	0.075
7:12 ~7:24	x
7:24 ~7:36	0.25
7:36 ~7:48	y
7:48 ~8:00	0.225
합계	1

(2) 일요일에 다시 조사했더니 오전 7시부터 오전 8시까지 산에 오르기 위해 지나간 사람이 400명이었다. 일요일의 각 계급의 상대도수가 수요일의 각 계급의 상대도수와 같다고 할 때, 일요일 오전 7시 24분부터 오전 7시 48분까지 산에 오르기 위해 지나간 사람은 몇 명인지 구하시오.

10 석기네 학교 두 반의 학생 수의 비는 $m : n$이고, 두 반의 육상부 학생의 상대도수를 각각 a, b라 할 때, 두 반 전체 학생에 대한 육상부 학생의 상대도수를 a, b, m, n을 사용하여 나타내시오.

11 오른쪽 표는 A 마트에서 고객들이 구입한 물품의 금액을 조사하여 나타낸 상대도수의 분포표이다. 구입한 물품의 금액이 20만 원 미만인 고객이 155명일 때, 구입한 물품의 금액이 100번째로 적은 고객이 속하는 계급의 상대도수를 구하시오.

금액(만 원)	고객 수(명)	상대도수
$0^{이상} \sim 5^{미만}$	15	0.06
5 ~10		0.12
10 ~15		
15 ~20		0.2
20 ~25		
25 ~30		
합계		1

12 오른쪽 표는 전교 학생 수가 650명인 중학교에서 일부 학생들의 몸무게를 조사하여 나타낸 상대도수의 분포표이다. 조사 대상이 될 수 있는 학생 수 중 가장 작은 수를 x명, 가장 큰 수를 y명이라 할 때, $x+y$의 값을 구하시오.

몸무게(kg)	상대도수
$35^{이상} \sim 40^{미만}$	0.125
40 ~45	0.15
45 ~50	0.4
50 ~55	0.275
55 ~60	0.05
합계	1

IV 도수분포표와 그래프

13 오른쪽 표는 어느 중학교 남학생과 여학생의 던지기 기록을 조사하여 나타낸 상대도수의 분포표이다. 기록이 $25\,\mathrm{m}$ 이상 $30\,\mathrm{m}$ 미만인 남녀 학생 수의 비가 $9:2$일 때, 기록이 $20\,\mathrm{m}$ 미만인 남녀 학생 수의 비는 $a:b$이다. 이때 $a+b$의 값을 구하시오. (단, a, b는 서로소)

NOTE

기록(m)	상대도수	
	남학생	여학생
$10^{\text{이상}}\sim15^{\text{미만}}$	0.05	0.2
15 ~20	0.15	0.28
20 ~25	0.25	0.35
25 ~30	0.45	0.09
30 ~35	0.1	0.08
합계	1	1

14 오른쪽 표는 어느 중학교 1학년과 2학년의 수학 점수를 조사하여 나타낸 상대도수의 분포표이다. $b:d=3:4$일 때, $a:c$를 가장 간단한 자연수의 비로 나타내시오.

점수(점)	1학년		2학년	
	도수(명)	상대도수	도수(명)	상대도수
$50^{\text{이상}}\sim 60^{\text{미만}}$	15	0.06	32	0.16
60 ~ 70				
70 ~ 80			a	b
80 ~ 90	c	d		
90 ~100				0.1
합계				

15 오른쪽 표는 육상부 선수 48명의 제자리멀리뛰기 기록을 조사하여 나타낸 도수분포표이고, {(계급값)×(도수)}의 총합은 9550이다. 이때 2명의 신입 선수가 와서 제자리 멀리뛰기를 실시하여 보니 176 cm, 227 cm이었다. 이들의 기록을 포함하여 도수분포표를 새롭게 만들었을 때, 새로운 도수분포표의 {(계급값)×(도수)}의 총합을 총 도수로 나눈 값을 구하시오.

뛴 거리(cm)	도수(명)
$160^{\text{이상}}\sim170^{\text{미만}}$	
170 ~180	5
180 ~190	
190 ~200	
200 ~210	12
210 ~220	5
220 ~230	
230 ~240	3
합계	48

16 다음 표는 A, B 두 반의 수학 점수를 조사하여 나타낸 표이다. $x : y = 4 : 3$, $b : d = 1 : 2$, $a : c = m : n$이라 할 때, $m + n$의 값을 구하시오. (단, m, n은 서로소)

[A반]

점수(점)	도수(명)	상대도수
$40^{이상} \sim 50^{미만}$		
50 ~ 60	4	
60 ~ 70	a	b
70 ~ 80		0.02
80 ~ 90		
90 ~ 100		0.01
합계	x	

[B반]

점수(점)	도수(명)	상대도수
$40^{이상} \sim 50^{미만}$		
50 ~ 60	3	
60 ~ 70	c	d
70 ~ 80		0.04
80 ~ 90		
90 ~ 100		
합계	y	

17 오른쪽 그림은 어느 중학교 남학생과 여학생의 통학 시간을 조사하여 만든 상대도수의 그래프이다. 남학생 수와 여학생 수의 비가 8 : 7이고 10분 이상 20분 미만 걸린 학생 중 여학생이 남학생보다 20명 많다고 한다. 30분 이상 40분 미만 걸린 학생 중 남학생은 여학생보다 몇 명 더 많은지 구하시오.

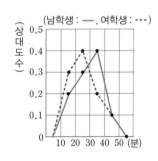

18 오른쪽 그림은 어느 중학교의 남학생과 여학생의 키에 대한 상대도수의 분포를 나타낸 그래프이다. 계급값이 162.5 cm인 계급에서 남학생 수와 여학생 수가 같고 전체 남학생 수와 전체 여학생 수의 최소공배수가 1500일 때, 전체 학생 수를 구하시오.

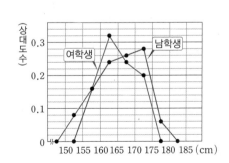

IV 도수분포표와 그래프

NOTE

01 오른쪽 그림은 유승이네 반 학생들의 수학 점수를 조사하여 나타낸 줄기와 잎 그림의 일부이다. 줄기가 9인 학생 수가 줄기가 6인 학생 수의 $\frac{3}{2}$이고, 줄기가 6인 학생들의 평균 점수는 62점, 줄기가 9인 학생들의 평균 점수는 94점, 반 전체 학생들의 평균 점수는 80.5점일 때, 유승이네 반 전체 학생 수를 구하시오.

(7|0은 70점)

줄기	잎
6	
7	0 0 3 4
8	2 4 5 6 6 8
9	

02 오른쪽 표는 B 학교 1학년 학생 50명의 수학 점수를 나타낸 것이다. 이 시험은 세 문제가 출제되었고, 문제의 배점은 1번, 2번은 각각 20점, 3번은 60점이었다. 1번 정답자는 a명 이상, 2번 정답자는 b명 이하, 3번 정답자는 c명이라고 할 때 $a+b+c$의 값을 구하시오.

성적(점)	도수(명)
0	2
20	6
40	12
60	15
80	10
100	5
합계	50

03 A 중학교의 입학식날 1학년 남녀 학생 수의 비는 3 : 2였고 몸무게를 조사하였더니 전체의 27 %가 55 kg 이상 65 kg 미만이었다. 이 계급에서의 남녀 학생 수의 비는 5 : 4였고, 1년 동안 이 계급에 있는 남학생 10명, 여학생 5명이 전학을 가고 이 계급에 속하는 남학생 4명, 여학생 2명이 전학을 와서 이 계급의 남녀 학생 수의 비가 6 : 5가 되었다. 1학년 전체 학생 중 남학생은 여학생보다 몇 명이 더 많게 되었는지 구하시오.

04 오른쪽은 어느 중학교 학생 50명이 활쏘기를 하여 얻은 점수의 합계를 조사하여 나타낸 도수분포표이다. 활쏘기를 한 학생당 3회씩 하였고, 과녁의 점수는 1점, 2점, 3점으로 점수를 얻지 못한 경우는 없다고 한다. $x : y = 5 : 4$이고, 3회 모두 다른 점수를 얻은 학생이 8명일 때, 3회 모두 같은 점수를 얻은 학생 수를 구하시오.

점수(점)	도수(명)
3	4
4	3
5	6
6	x
7	y
8	6
9	4
합계	50

05 오른쪽 표는 어느 중학교 1학년 남학생 50명의 턱걸이 기록을 조사하여 나타낸 도수분포표이다. 기록이 10회 이하인 학생이 전체의 20 %, 기록이 25회 이상인 학생이 전체의 30 %일 때, x의 값 중 가장 큰 값과 가장 작은 값의 차를 구하시오.

계급(회)	도수(명)
0^{이상} ~ 8^{미만}	3
8 ~16	x
16 ~24	19
24 ~32	y
32 ~40	5
합계	50

06 전체 학생이 600명인 어느 중학교의 1학년 남학생은 1학년 여학생보다 22명 많고, 1학년 전체 학생에 대한 1학년 남학생의 상대도수는 0.55이다. 또한 2학년 전체 학생은 200명이고, 2학년 전체 학생에 대한 2학년 남학생의 상대도수는 0.52이다. 전체 학생에 대한 전체 남학생의 상대도수는 0.555일 때, 3학년 전체 학생에 대한 3학년 여학생의 상대도수를 구하시오.

07 오른쪽 표는 어느 마을에서 주민들을 대상으로 새로 지을 노인회
관의 적정 넓이에 대한 설문 조사를 실시하여 나타낸 도수분포표
이다. 전체의 평균은 $532 \, \text{m}^2$이고, $200 \, \text{m}^2$ 이상 $800 \, \text{m}^2$ 미만의
평균은 $520 \, \text{m}^2$일 때, 설문에 참여한 주민 수를 구하시오.

$$\left(\text{단, } (\text{평균}) = \frac{\{(\text{계급값}) \times (\text{도수})\text{의 총합}\}}{(\text{도수의 총합})} \text{이다.} \right)$$

넓이(m^2)	도수(명)
$0^{\text{이상}} \sim 200^{\text{미만}}$	12
200 ~ 400	a
400 ~ 600	60
600 ~ 800	36
800 ~ 1000	b
합계	N

08 오른쪽은 A 중학교 학생들의 지난 일주일 동안의 운동
시간을 조사하여 나타낸 상대도수의 분포표이다. 이 표
에서 a, b의 최대공약수가 9일 때, 조사에 참여한 학생
수를 구하시오.

운동 시간(시간)	도수(명)	상대도수
$0^{\text{이상}} \sim 2^{\text{미만}}$		$\frac{1}{12}$
2 ~ 4		$\frac{1}{6}$
4 ~ 6	a	$\frac{1}{3}$
6 ~ 8		$\frac{1}{4}$
8 ~ 10	b	$\frac{1}{8}$
10 ~ 12		$\frac{1}{24}$
합계	x	

09 다음은 영수네 반 학생들의 수학 점수를 조사하여 나타낸 표이다. 점수 계산에 오류가 생겨 수정하
여 다시 계산하였을 때, 점수가 올라간 학생은 6명이었다. 이때 $B - A$의 값을 구하시오. (단, 전체
학생 수는 변화가 없고, 계급이 떨어지거나 두 계급 이상 올라간 학생은 없다.)

수학 점수(점)	수정 전 학생 수(명)	수정 후 상대도수
$40^{\text{이상}} \sim 50^{\text{미만}}$	2	0.04
50 ~ 60	4	A
60 ~ 70	7	0.36
70 ~ 80	8	0.2
80 ~ 90	3	B
90 ~ 100	1	0.04
합계	25	1

10 오른쪽 표는 K 중학교 1학년 학생 100명의 몸무게를 조사하여 나타낸 도수분포표이다. 다음 조건을 만족시키는 x, y, z의 값을 각각 구하시오.

몸무게(kg)	도수(명)
$40^{이상} \sim 45^{미만}$	10
45 ~ 50	x
50 ~ 55	24
55 ~ 60	y
60 ~ 65	10
65 ~ 70	z
합계	100

〈조건 1〉 몸무게가 45 kg 이상 50 kg 미만인 계급의 상대도수는 65 kg 이상 70 kg 미만인 계급의 상대도수보다 0.1 크다.

〈조건 2〉 몸무게가 45 kg 이상 50 kg 미만인 계급의 도수의 2배는 55 kg 이상 60 kg 미만인 계급의 도수보다 10 크다.

11 오른쪽은 A, B 두 중학교 학생들의 등교 시간을 조사하여 상대도수의 분포를 나타낸 그래프인데 일부가 찢어져 보이지 않는다. 8시 10분에서 8시 20분 사이에 등교하는 두 학교의 학생 수가 같고, 8시 50분에서 9시 사이에 등교하는 두 학교 학생 수의 상대도수는 같으며 이 계급에 속하는 학생 수는 A 중학교가 B 중학교보다 8명 더 많다. 이 때 8시 40분에서 8시 50분 사이에 등교하는 B 중학교의 학생 수를 구하시오.

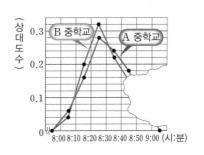

12 오른쪽 그림은 A, B 두 아파트에 살고 있는 20세 이상 70세 미만의 성인들의 나이에 대한 상대도수의 분포를 나타낸 그래프이다. 이 그래프에서 세로축은 찢어지고, 일부는 얼룩져 보이지 않는다. A 아파트의 조사한 성인 수가 모두 120명일 때, A 아파트에서 살고 있는 50세 이상인 성인은 몇 명인지 구하시오.

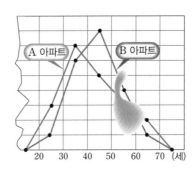

01 오른쪽 표는 수학 경시대회에 참가한 학생들의 점수를 조사하여 나타낸 도수분포표이다. 점수가 **30**점 이상인 학생들의 평균 점수는 **70**점이고, **80**점 미만인 학생들의 평균 점수는 **64.2**점이다. 이때 수학경시대회에 참가한 학생 수를 구하시오.

점수(점)	학생 수(명)
20^{이상} ~ 30^{미만}	2
30 ~ 40	
40 ~ 50	
50 ~ 60	
60 ~ 70	
70 ~ 80	
80 ~ 90	10
90 ~ 100	2
합계	

02 오른쪽 그림은 **A** 중학교 1학년, 2학년 학생들의 윗몸말아올리기 기록에 대한 상대도수의 분포를 나타낸 그래프인데 일부가 찢어져 보이지 않는다. 오른쪽 그래프가 다음 **조건** 을 만족하고 윗몸말아올리기 횟수가 30회 이상인 학생은 2학년이 1학년보다 x명 더 많을 때, x의 값을 구하시오.

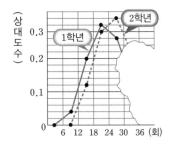

조건

㉮ 윗몸말아올리기 횟수가 18회 미만인 두 학년의 학생 수는 서로 같다.

㉯ 1학년에서 도수가 가장 큰 계급의 도수와 2학년에서 도수가 가장 큰 계급의 도수의 차는 18명이다.

03 오른쪽은 **D** 중학교 1학년 학생들이 일주일 동안 쓴 용돈을 조사하여 나타낸 도수분포다각형인데 일부분이 찢어져 보이지 않는다. 쓴 용돈이 8000원 이상인 학생이 전체의 **54 %**, 8000원 이상 10000원 미만인 계급의 도수는 m, 10000원 이상 12000원 미만인 계급의 도수는 n이라 할 때 $m-n=1$이다. 그래프의 가장 높은 꼭짓점에서 가로축에 수선을 그어 두 부분으로 나눌 때 나누어지는 왼쪽 부분과 가로축으로 둘러싸인 부분의 넓이를 A, 오른쪽 부분과 가로축으로 둘러싸인 부분의 넓이를 B라고 하자. 이때 A와 B의 비를 가장 간단한 자연수의 비로 나타내시오.

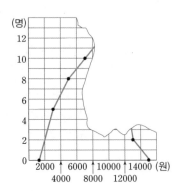

중학수학
절대강자

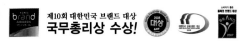
중학수학
절대강자

정답 및 해설

특목에 강하다! 경시에 강하다!
최상위

1·2

(주)에듀왕
www.eduwang.com

중학수학
절대강자

중학수학
절대강자

특목에 강하다! **경시**에 강하다!
최상위

정답 및 해설

1·2

I. 기본도형

1 기본도형의 성질

1 ㄱ, ㅁ, ㅂ   **2** 2   **3** ④   **4** ①

1 ㄴ. 도형의 기본 요소는 점, 선, 면이다.
ㄷ. 평면과 평면이 만나 생기는 교선은 직선이다.
ㄹ. 교점은 선과 선 또는 선과 면이 만나서 생기는 점이다.
따라서 옳은 것은 ㄱ, ㅁ, ㅂ이다.

2 교점의 개수는 꼭짓점의 개수와 같으므로 4개
교선의 개수는 모서리의 개수와 같으므로 6개
따라서 $6-4=2$

3 ④ $\overleftrightarrow{AC}$와 $\overrightarrow{DC}$의 공통 부분은 $\overrightarrow{AC}$이다.

4 ① 오른쪽 그림에서 선분 AB와 직선 CD는 만나지 않는다.

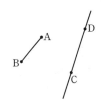

예제 ① 10, 9, 1, 10, 9, 12, 66/66
1 11   **2** 10   **3** 20   **4** 14

1
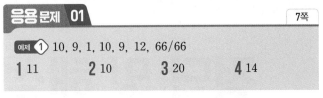
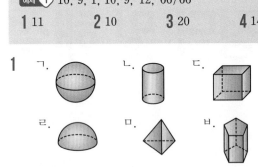

$a=2$(ㄴ, ㄹ), $b=3$(ㄱ, ㄴ, ㄹ), $c=6$(ㄷ)이므로
$a+b+c=11$

2 $\overrightarrow{AB}$, $\overrightarrow{AD}$, $\overrightarrow{BA}$, $\overrightarrow{BC}$, $\overrightarrow{BD}$, $\overrightarrow{CB}$, $\overrightarrow{CD}$, $\overrightarrow{DA}$, $\overrightarrow{DB}$, $\overrightarrow{DC}$
따라서 반직선의 개수는 10이다.

3 정오각형 ABCDE의 각 꼭짓점을 연결하여 만들 수 있는 직선은 $\overleftrightarrow{AB}$, $\overleftrightarrow{AC}$, $\overleftrightarrow{AD}$, $\overleftrightarrow{AE}$, $\overleftrightarrow{BC}$, $\overleftrightarrow{BD}$, $\overleftrightarrow{BE}$, $\overleftrightarrow{CD}$, $\overleftrightarrow{CE}$,

$\overleftrightarrow{DE}$의 10개이므로 $a=10$
반직선의 개수는 직선의 개수의 2배이므로 $b=20$
선분의 개수는 직선의 개수와 같으므로 $c=10$
$\therefore a+b-c=10+20-10=20$

4 (ⅰ) 점 A에서 그을 수 있는 직선은 $\overleftrightarrow{AB}$, $\overleftrightarrow{AE}$, $\overleftrightarrow{AF}$의 3개
(ⅱ) 위 (ⅰ)과 중복되지 않으면서 점 B에서 그을 수 있는 직선은 $\overleftrightarrow{BE}$, $\overleftrightarrow{BF}$, $\overleftrightarrow{BG}$의 3개
(ⅲ) 위 (ⅰ), (ⅱ)와 중복되지 않으면서 점 C에서 그을 수 있는 직선은 $\overleftrightarrow{CE}$, $\overleftrightarrow{CF}$, $\overleftrightarrow{CG}$의 3개
위 방법과 마찬가지로 점 D에서 그을 수 있는 직선은 $\overleftrightarrow{DE}$, $\overleftrightarrow{DF}$, $\overleftrightarrow{DG}$의 3개,
점 E에서 그을 수 있는 직선은 $\overleftrightarrow{EF}$, $\overleftrightarrow{EG}$의 2개이다.
따라서 7개의 점 중 두 점을 연결하여 만들 수 있는 직선의 개수는 14이다.

1 15   **2** 다솔   **3** 20 cm   **4** ①, ③

1 점 P는 $\overline{AC}$의 중점이므로 $\overline{AP}=\dfrac{1}{2}\overline{AC}=22.5$

점 M은 $\overline{AB}$의 중점이므로 $\overline{AM}=\dfrac{1}{2}\overline{AB}=15$

$\therefore \overline{MP}=\overline{AP}-\overline{AM}=22.5-15=7.5$
점 N은 $\overline{BC}$의 중점이므로 $\overline{BN}=7.5$
$\therefore \overline{MP}+\overline{BN}=7.5+7.5=15$

2 가람 : $\overline{AC}=\dfrac{1}{3}\overline{AB}$ 나영 : $\overline{AC}=\overline{CD}=2\overline{CE}$

다솔 : $\overline{BC}=\dfrac{2}{3}\overline{AB}$ 라임 : $\overline{AB}=3\times2\overline{ED}=6\overline{ED}$

3 $\overline{CE}=2\overline{CD}=2\times5=10\,(cm)$
$\overline{AC}=3\overline{CE}=3\times10=30\,(cm)$
$\overline{BC}=\dfrac{1}{2}\overline{AC}=\dfrac{1}{2}\times30=15\,(cm)$

$\therefore \overline{BD}=\overline{BC}+\overline{CD}=15+5=20\,(cm)$

4 ① ∠AOB의 크기가 90°인지 알 수 없으므로 $\overline{AC}$와 $\overline{BD}$가 수직인지 알 수 없다.
③ 점 E는 $\overline{BC}$의 중점이지만 $\overline{DE}$는 $\overline{BC}$에 수직이 아니므로 수직이등분선이 아니다.

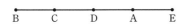
예제 ② 2, 26, $\dfrac{8}{13}$, 16, $\dfrac{1}{2}$, $\dfrac{1}{2}$, 26, 10, 10, 6/6

1 3배   **2** 12   **3** 12 cm   **4** $\dfrac{35}{2}$

1 조건을 만족시키는 다섯 개의 점의 위치는 다음과 같다.

B   C   D   A   E

∴ $\overline{AB}=3\overline{BC}$

2 두 점 M, N이 각각 $\overline{AC}$, $\overline{BC}$의 중점이므로

$\overline{AM}=\overline{MC}=\dfrac{1}{2}\overline{AC}$, $\overline{CN}=\overline{NB}=\dfrac{1}{2}\overline{CB}$

∴ $\overline{AB}=\overline{AC}+\overline{CB}=2\overline{MC}+2\overline{CN}$

$\qquad\quad =2(\overline{MC}+\overline{CN})$

$\qquad\quad =2\overline{MN}=2\times10=20$

$\overline{AB}:\overline{BC}=5:2$에서 $5\overline{BC}=2\overline{AB}$

∴ $\overline{BC}=\dfrac{2}{5}\overline{AB}=\dfrac{2}{5}\times20=8$

$\overline{AC}=\overline{AB}-\overline{BC}=20-8=12$

3 오른쪽 그림과 같이 점 B에서 $\overline{AC}$에
수선을 그어 만나는 점을 H라 하자.
점 B에서 $\overline{AC}$ 사이의 거리는 $\overline{BH}$의
길이이다.

($\triangle$ABC의 넓이)$=\dfrac{1}{2}\times\overline{AB}\times\overline{BC}$

$\qquad\qquad\qquad\quad =\dfrac{1}{2}\times\overline{AC}\times\overline{BH}$

이므로

$\dfrac{1}{2}\times20\times15=\dfrac{1}{2}\times25\times\overline{BH}$

∴ $\overline{BH}=12(cm)$

4 점 P에서 x축과 y축에 내린 수선
의 발은 각각
$A(-4, 0)$, $B(0, 2)$이고
점 Q에서 x축과 y축에 내린 수선
의 발은 각각
$C(3, 0)$, $D(0, -3)$이다.
따라서 사각형 ABCD의 넓이는

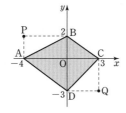

$\triangle$ABC$+\triangle$ADC

$=\dfrac{1}{2}\times7\times2+\dfrac{1}{2}\times7\times3$

$=\dfrac{35}{2}$

1 ㄴ, ㄷ   **2** (1) 15° (2) 25° (3) 10°   **3** 30°

4 (1) 6쌍 (2) 12쌍 (3) 20쌍

1 반례를 들어보면

ㄴ. 30°(예각)$+$40°(예각)$=$70°(예각)

ㄷ. 150°(둔각)$-$70°(예각)$=$80°(예각)

2 (1) $50°+190°-4x=180°$

$\qquad$ ∴ $x=15°$

(2) $45°+x+3x+35°=180°$

$\qquad$ ∴ $x=25°$

(3) $\angle x+30°=90°$에서 $\angle x=60°$

$\qquad \angle y+90°+40°=180°$에서 $\angle y=50°$

$\qquad$ ∴ $\angle x-\angle y=10°$

3 맞꼭지각의 성질에 의해

$2x+10°+3x-10°+x=180°$

$6x=180°$ ∴ $x=30°$

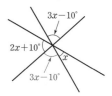

4 (1) $3\times2=6$(쌍)

(2) $4\times3=12$(쌍)

(3) $5\times4=20$(쌍)

예제 ③ ECH, 180, ECH, ECH, B, F /

$\qquad \angle B+\angle C+\angle E+\angle F$

1 30°   **2** 15°   **3** 72°   **4** 4

1 $\angle AOB=a$, $\angle BOC=b$라 하면 $6a+6b=180°$

∴ $\angle AOC=a+b=30°$

2 $\overline{AB}\perp\overline{EO}$이므로 $\angle AOE=\angle EOB=90°$

$\angle DOE=\dfrac{1}{3}\angle EOB=\dfrac{1}{3}\times90°=30°$

$\angle AOC=\dfrac{3}{4}\angle AOD$이고,

$\angle AOC+\angle COD=\angle AOD$이므로

$\dfrac{3}{4}\angle AOD+\angle COD=\angle AOD$

$$\therefore \angle COD = \frac{1}{4} \angle AOD = \frac{1}{4} \times (90° - \angle DOE)$$
$$= \frac{1}{4} \times (90° - 30°) = \frac{1}{4} \times 60° = 15°$$
$$\therefore \angle DOE - \angle COE = 30° - 15° = 15°$$

3 직사각형 ABCD를 선분 CE를 접는 선으로 하여 접었으므로
∠CED′=∠CED
∠AED′ : ∠CED′ : ∠CED=4 : 3 : 3이므로
$$\angle AED' = 180° \times \frac{4}{4+3+3} = 72°$$

4 서로 다른 세 직선이 한 점에서 만날 때 맞꼭지각은 6쌍이 생기고, 서로 다른 두 직선이 한 점에서 만날 때 맞꼭지각은 2쌍이 생기므로
미주의 그림에는 맞꼭지각이 $a = 6 \times 2 + 2 \times 2 = 16$(쌍)
선우의 그림에는 맞꼭지각이 $b = 2 \times 6 = 12$(쌍)
$$\therefore a - b = 16 - 12 = 4$$

핵심 문제 04
12쪽

1 5개   **2** (1) $\overrightarrow{DE}$ (2) $\overleftrightarrow{AB}, \overleftrightarrow{CD}, \overleftrightarrow{AF}, \overleftrightarrow{DE}$ (3) $\overrightarrow{AF}$

3 ⑤   **4** ㄷ, ㅂ

1 ㄷ. 점 B는 서로 다른 직선 l, m, p 위에 있는 점이다.

2 (2) $\overleftrightarrow{BC}$와 $\overleftrightarrow{AF}$는 점 P에서 만난다.
마찬가지로 $\overleftrightarrow{BC}$와 $\overleftrightarrow{DE}$도 점 Q에서 만난다.

4 ㄷ. 서로 다른 두 점을 지나는 직선은 1개이다.
ㅂ. 서로 다른 세 점을 지나는 직선은 없을 수도 있다.

참고
ㄹ. 한 점에서 만나는 두 직선은 한 평면 위에 있다.

응용 문제 04
13쪽

예제 ④ m, 3, n, n, 3/(1) 3개 (2) 3개

1 1   **2** (1) ∥ (2) ⊥ (3) ∥ (4) ⊥

3 ③   **4** 17개

---

1 모서리 AC 위에 있지 않은 꼭짓점은 점 B, 점 D의 2개이므로
$a = 2$
면 ABC 위에 있는 꼭짓점은 점 A, 점 B, 점 C의 3개이므로
$b = 3$
$$\therefore b - a = 3 - 2 = 1$$

2 (1)

(2)

(3)

(4)

3 오른쪽 그림에서
$l \parallel m$, $l \perp n$일 때, $m \perp n$이다.

4 (i) 네 점 A, B, C, D로 만들 수 있는 평면의 개수 : 1개
(ii) 네 점 A, B, C, D 중 2개와 점 E로 만들 수 있는 평면의 개수 : $\frac{4 \times 3}{2} = 6$(개)
(iii) 네 점 A, B, C, D 중 2개와 점 F로 만들 수 있는 평면의 개수 : $\frac{4 \times 3}{2} = 6$(개)
(iv) 네 점 A, B, C, D 중 1개와 두 점 E, F로 만들 수 있는 평면의 개수 : 4개
(i)~(iv)에 의하여 $1 + 6 + 6 + 4 = 17$(개)

핵심 문제 05
14쪽

1 ⑤   **2** 14   **3** ②, ⑤   **4** 4

1 ①, ②, ③, ④ 모서리 AB와 한 점에서 만난다.
⑤ $\overline{AB}$와 $\overline{EF}$는 꼬인 위치에 있다.

2 모서리 BG와 평행한 모서리는
$\overline{CH}, \overline{DI}, \overline{EJ}, \overline{AF}$이므로 $a = 4$
모서리 BG와 만나는 모서리는
$\overline{AB}, \overline{BC}, \overline{GH}, \overline{FG}$이므로 $b = 4$
모서리 BG와 꼬인 위치에 있는 모서리는
$\overline{CD}, \overline{DE}, \overline{EA}, \overline{HI}, \overline{IJ}, \overline{JF}$이므로 $c = 6$
$$\therefore a + b + c = 4 + 4 + 6 = 14$$

3 ② $\overline{CD}$는 $\overline{FG}$와 꼬인 위치에 있다.

④ $\overline{BC}$와 수직으로 만나는 선분은 $\overline{AB}$, $\overline{CD}$, $\overline{BF}$, $\overline{CG}$의 4개이다.

⑤ $\overline{FH}$와 만나지도 않고 평행하지도 않는 선분은 $\overline{AB}$, $\overline{BC}$, $\overline{CD}$, $\overline{DA}$, $\overline{CA}$, $\overline{AE}$, $\overline{CG}$의 7개이다.

4 $\overline{AB}$와 꼬인 위치에 있는 모서리는 $\overline{CD}$, $\overline{DE}$, $\overline{EF}$, $\overline{CF}$이므로 $a=4$

$\overline{AB}$와 평행한 모서리는 $\overline{DF}$이므로 $b=1$

$\therefore ab=4$

응용 문제 05   15쪽

예제 ⑤ GH, IJ, 3, HI, IJ, GJ, 8/(1) 3개 (2) 8개

1 1   **2** ③, ④   **3** 2   **4** 20

1 선분 EG와 꼬인 위치에 있는 모서리는
$\overline{BF}$, $\overline{DH}$, $\overline{AB}$, $\overline{BC}$, $\overline{CD}$, $\overline{DA}$

선분 BC와 꼬인 위치에 있는 모서리는
$\overline{AE}$, $\overline{DH}$, $\overline{EF}$, $\overline{EG}$, $\overline{GH}$

$\overline{DH}$만 공통이므로 1개

2 ③ 서로 만나지 않는 두 직선은 평행하거나 꼬인 위치에 있다.

④ 한 평면 위에 있으면서 서로 만나지 않는 두 직선은 평행하다.

3 모서리 BD와 만나는 모서리는
$\overline{AB}$, $\overline{BG}$, $\overline{BF}$, $\overline{AD}$, $\overline{DG}$, $\overline{DH}$이므로 6개

모서리 AB와 꼬인 위치에 있는 모서리는
$\overline{DH}$, $\overline{FG}$, $\overline{EH}$, $\overline{DG}$이므로 4개

따라서 구하는 값은 $6-4=2$

4 주어진 전개도로 입체도형을 만들면 오른쪽 그림과 같이 밑면이 정사각형인 입체도형인 정사각뿔이 된다. 모서리 AB와 꼬인 위치에 있는 모서리는 $\overline{EC}$, $\overline{ED}$이므로 $a=2$

모서리 AB와 수직인 모서리는 $\overline{AD}$, $\overline{BC}$이므로 $b=2$

$\therefore 4a+6b=8+12=20$

핵심 문제 06   16쪽

1 5개   **2** 90°   **3** 8   **4** 288

1 ㄹ. $\overline{EG}$를 포함한 면은 면 EFGH이다.

ㅁ. 면 BFHD와 평행한 모서리는 $\overline{AE}$, $\overline{CG}$이다.

2 면 EFGH와 $\overline{BF}$는 수직이므로 $\overline{BF}$와 $\overline{FH}$도 수직이다.

따라서 $\angle BFH=90°$

3 서로 평행한 평면은 4쌍이므로 $a=4$

면 ABCDEF와 수직인 평면은 옆면 6개이므로 $b=6$

면 BHIC와 수직으로 만나는 평면은 밑면 2개이므로 $c=2$

$\therefore a+b-c=4+6-2=8$

4 점 A에서 면 BEFC에 이르는 거리는 점 A에서 $\overline{BC}$에 내린 수선의 길이와 같다.

점 A에서 $\overline{BC}$에 내린 수선의 발을 H라 하고 $\overline{AH}=x$라 하면

$\dfrac{1}{2}\times12\times9=\dfrac{1}{2}\times15\times x$ $\therefore x=\dfrac{36}{5}$

$y=12$, $z=15$이므로

$(x+y)z=\left(\dfrac{36}{5}+12\right)\times15=288$

응용 문제 06   17쪽

예제 ⑥ 평행, $\overline{HG}$, DHGQ, $\overline{DH}$/ㄷ, ㄹ

1 영호   **2** $P\perp R$ **3** 2개   **4** (나)

1 영호 : 면 MNKL과 $\overline{AB}$는 수직으로 만난다.

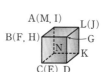

2 $\therefore P\perp R$

3 (가), (라) 한 점에서 만나거나 평행하거나 꼬인 위치에 있다.

(나) 평행하거나 한 직선에서 만난다.

4 (가) $P\perp Q$이고 $Q \mathbin{/\mkern-5mu/} R$이면   (나) $P\perp Q$이고 $Q \mathbin{/\mkern-5mu/} R$이면

 $P\perp R$ $P \mathbin{/\mkern-5mu/} R$

(다) $P\perp Q$이고 $P\perp R$이면

  $Q\perp R$ 또는 $Q \mathbin{/\mkern-5mu/} R$

핵심 문제 07

18쪽

1 (1) ∠a의 동위각 : ∠e, ∠l, ∠c의 동위각 : ∠g, ∠j

(2) ∠g의 엇각 : ∠a, ∠i, ∠l의 엇각 : ∠c, ∠f

2 ②, ⑤   **3** $l /\!/ n$ **4** 37°   **5** 5°   **6** 400°

2 ① ∠$a = 180° - (60° + 55°) = 65°$

② ∠$b = 60°$(엇각)

③ ∠$c = $∠$a + 55°$(엇각)이므로 ∠$c = 65° + 55° = 120°$

④ ∠$d = $∠$b = 60°$(동위각), ∠$d = 60°$(맞꼭지각)

⑤ ∠$e + 55°$(엇각)$= 180°$에서 ∠$e = 125°$

3 두 직선이 평행하면 동위각의 크기가 같다.

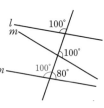

$180° - 100° = 80°$이므로 $l /\!/ n$

4 $l /\!/ m$이므로

∠QAC $= 53°$, ∠PAB $= $∠$x$ ($\because$ 엇각)

∠QAD $= 53° \times 2 = 106°$

$\therefore$ ∠$x = (180° - 106°) \div 2 = 37°$

5 오른쪽 그림과 같이 직선 l과 m에 평행한 보조선을 그어 보면

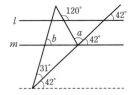

∠$a = 120° - 42° = 78°$

($\because$ 동위각)

∠$b = 31° + 42° = 73°$

($\because$ 동위각)

$\therefore$ ∠$a - $∠$b = 78° - 73° = 5°$

6 ∠$a = 180° - 70° = 110°$

∠$b = $∠$a = 110°$ ($\because$ 엇각)

∠$c = 70°$, ∠$d = 110°$

$\therefore$ ∠$a + $∠$b + $∠$c + $∠$d = 110° \times 3 + 70° = 400°$

응용 문제 07

19쪽

예제 **7** 100, 100, 100, 135, 135, 135, 54 / (1) 135° (2) 54°

1 39°   **2** 9°   **3** 43°   **4** 57°

1 직선 l, m에 평행하게 보조선을 긋고, 삼각형의 내각의 합이 180°임을 이용한다.

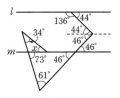

∠$x + 34° = 73°$ $\therefore$ ∠$x = 39°$

2 점 C를 지나고 직선 l, m에 평행한 직선을 그어 보면

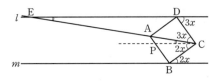

3∠$x + 2$∠$x = 90°$ $\therefore$ ∠$x = 18°$

∠AED $= $∠ACP $= $∠ACB $- $∠PCB ($\because$ 엇각)

$\therefore 45° - 2 \times 18° = 9°$

3 오른쪽 그림과 같이 점 C, 점 D를 지나고 직선 AB에 평행한 직선을 그어 보면

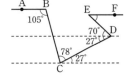

∠FED $= 70° - 27° = 43°$

4 오른쪽 그림과 같이 평행사변형의 밑변과 평행한 보조선을 그으면

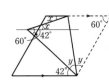

∠$x + 42° = 60°$

$\therefore$ ∠$x = 18°$

또, $(2$∠$y + 42°) + 60° = 180°$이므로 ∠$y = 39°$

$\therefore$ ∠$x + $∠$y = 57°$

심화 문제

20~25쪽

01 260	**02** 460 m	**03** 최소 : 7개, 최대 : 22개
04 64°	**05** 140°	**06** $\dfrac{240}{11}$ 분 **07** 22°
08 31°	**09** 7°	**10** 44° **11** 70°
12 110°	**13** 99°	**14** 45° **15** 150
16 16	**17** 195°	**18** 8

01 두 점 A, B 사이의 거리는 $554 - (-6) = 560$이고,

점 C의 좌표는 $(-6) + 560 \times \dfrac{2}{7} = 154$

점 D의 좌표는 $(-6) + 560 \times \dfrac{3}{4} = 414$

따라서 선분 CD의 길이는 $414 - 154 = 260$

02 주어진 조건을 수직선에 나타내면 다음과 같다.

$(x+60) : (4x+30) = 2 : 5$ $\therefore x = 80$

따라서 유승이네 집과 우체국 사이의 최소 거리는

$80 + 60 + 320 = 460 \, (\mathrm{m})$이다.

참고 유승이네 집과 우체국 사이의 최대 거리

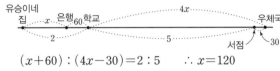

$(x+60) : (4x-30) = 2 : 5$ $\therefore x = 120$

따라서 최대 거리는 $120 + 60 + 480 = 660 \, (\mathrm{m})$이다.

03 한 평면 위에 일치하지 않는 여섯 개의 직선을 그을 때 여섯 개의 직선이 모두 평행할 때 분할된 평면은 7개의 부분으로 나누어진다.

평행할 때에 교점이 없기 때문에 분할된 평면이 최소가 되었으므로 서로 다른 직선들의 교점이 많아야 분할된 평면의 개수가 최대가 된다. 즉,

한 평면 위에 일치하지 않는 여섯 개의 직선을 그을 때 분할된 평면의 최대 개수를 다음과 같은 순서로 구하면

(ⅰ) 직선이 1개일 때 분할된 평면은 2개

(ⅱ) 직선이 2개일 때 분할된 평면은 $2+2=4$(개)

(ⅲ) 직선이 3개일 때 분할된 평면은 $2+2+3=7$(개)

(ⅳ) 직선이 4개일 때 분할된 평면은 $2+2+3+4=11$(개)

(ⅴ) 직선이 5개일 때 분할된 평면은 $2+2+3+4+5=16$(개)

(ⅵ) 직선이 6개일 때 분할된 평면은

  $2+2+3+4+5+6=22$(개)

따라서 여섯 개의 직선을 그을 때 평면은

최소 7개, 최대 22개의 부분으로 나누어진다.

04 $\angle BAE = a$라 하자.

$\triangle ABF$에서 $2a + 25° = 69°$,

$2a = 44°$ $\therefore a = 22°$

$\therefore \angle BAC = 22° \times 3 = 66°$

$\therefore \angle ACB = 180° - 25° \times 2 - 66°$

    $= 64°$

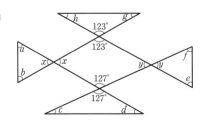

05

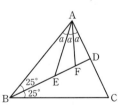

$\angle a + \angle b - \angle c - \angle d + \angle e + \angle f - \angle g - \angle h$

$= (\angle a + \angle b + \angle e + \angle f) - (\angle c + \angle d + \angle g + \angle h)$

$x + y = 360° - 123° - 127° = 110°$이므로

$\angle a + \angle b + \angle e + \angle f = 180° \times 2 - 110° = 250°$

$\angle c + \angle d + \angle g + \angle h = 180° \times 2 - 123° - 127° = 110°$

$\therefore \angle a + \angle b - \angle c - \angle d + \angle e + \angle f - \angle g - \angle h$

   $= 250° - 110° = 140°$

06 5시 정각에서 6시 사이에 첫 번째로 시계의 시침과 분침이 60°를 이루는 데 걸린 시간 :

$(30° \times 5 - 60°) \div \left(6° - \dfrac{1}{2}°\right) = \dfrac{180}{11}$(분)

5시 정각에서 6시 사이에 두 번째로 시침과 분침이 60°를 이루는 데 걸린 시간 :

$(30° \times 5 + 60°) \div \left(6° - \dfrac{1}{2}°\right) = \dfrac{420}{11}$(분)

따라서 시침과 분침이 이루는 각 중에서 작은 쪽의 각의 크기가 60° 이하인 때는 $\dfrac{420}{11} - \dfrac{180}{11} = \dfrac{240}{11}$(분) 동안이다.

07 $\angle DEA = x$라 하면

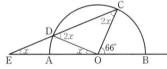

$\overline{ED} = \overline{OB} = \overline{OD}$이므로

$\angle DOE = x$이다.

따라서

$\angle ODC = \angle OCD = 2x$이므로

$\angle COB = x + 2x = 3x = 66°$ $\therefore x = 22°$

$\therefore \angle DEA = 22°$

08

$\angle ABF = \angle y$이므로 $2\angle y = \angle EFB$(엇각) $= 56°$

$\therefore \angle y = 56° \div 2 = 28°$

$\angle DBC = \angle y$(맞꼭지각) $= 28°$이므로

$\angle EBD = 90° - 28° = 62°$

$\angle FEB = \angle EBD$(엇각) $= 62°$이므로

$\angle x = (180° - 62°) \div 2 = 59°$

$\therefore \angle x - \angle y = 59° - 28° = 31°$

09

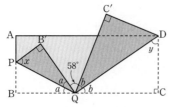

∠PQB′=∠a, ∠C′QD=∠b라 하면

2∠a+58°+2∠b=180°   ∴ ∠a+∠b=61°

삼각형 PQB′과 삼각형 DQC에서 ∠x+∠a=90°,

∠y+∠b=90°이므로

∠x+∠y+∠a+∠b=180°

∴ ∠x+∠y=180°−(∠a+∠b)=180°−61°=119°

이때 ∠x : ∠y=9 : 8이므로 $∠x=119°×\dfrac{9}{9+8}=63°$,

$∠y=119°×\dfrac{8}{9+8}=56°$

∴ ∠x−∠y=63°−56°=7°

10 접은 각의 크기는 서로 같으므로

∠BDC=∠BDE ······ ㉠

또, 평행선에서 엇각의 크기는 서로 같으므로

∠BDC=∠EBD ······ ㉡

㉠, ㉡에서 ∠BDE=∠EBD이므로 △EBD는 이등변삼각형이고, 삼각형의 세 내각의 크기의 합은 180°이므로

$∠EBD=∠BDE=\dfrac{1}{2}×(180°−92°)=44°$

11 ∠A=∠D=125°이고

$\overline{AD}\,/\!/\,\overline{BC}$이므로

∠BCD=55°

점 E를 지나고 $\overline{BC}$에 평행한 직선 FE를 그으면

∠C′FE=2x, ∠FED=∠BCD=∠BC′E=55°이므로

2x+55°+y+55°=180°에서 2x+y=70°

∴ 2∠x+∠y=70°

12 △ADG와 △GFC에서

∠AGD=∠FGC (맞꼭지각)이므로

(180°−76°)+a=b+x

에서

x=a−b+104° ······ ①

△AFH와 △HEC에서

∠FHA=∠CHE(맞꼭지각)이므로

a+x=(180°−64°)+b에서

x=116°+b−a ······ ②

①과 ②에서

a−b+104°=116°+b−a, 2a−2b=12°

∴ a−b=6°

∴ x=6°+104°=110°

13 ∠ABC+∠DAB=180°이고

∠ABC : ∠DAB=2 : 3이므로

$∠ABC=\dfrac{2}{5}×180°=72°$, $∠DAB=\dfrac{3}{5}×180°=108°$

$∠BAF=\dfrac{1}{2}∠DAB=\dfrac{1}{2}×108°=54°$

∠AFB=∠DAF=54°(엇각)

∠ECF=∠ABC=72° (∵ 동위각)이고

∠ECG : ∠GCF=3 : 5이므로

$∠ECG=\dfrac{3}{8}×72°=27°$, $∠GCF=\dfrac{5}{8}×72°=45°$

△CFG에서 ∠CGE=45°+54°=99°

14 정다각형의 변의 개수가 n개일 때 정n각형의 한 내각의 크기는 $\dfrac{180°×(n−2)}{n}$이다.

정육각형의 한 내각의 크기는 120°이고, 정사각형의 한 내각의 크기는 90°이다. 또, 점 E, F를 지나고 직선 l, m과 평행한 직선을 그으면 평행선의 성질에 의하여 다음 그림과 같다.

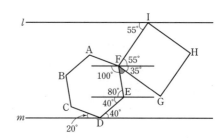

∴ ∠EFG=180°−(100°+35°)=45°

15 ⑺ 한 직선에 수직인 두 직선은 한 점에서 만나거나 평행하거나 꼬인 위치에 있다. (거짓)

⑻ 한 직선에 평행한 두 평면은 만나거나 평행하다. (거짓)

⑻ 한 평면에 수직인 두 평면은 만나거나 평행하다. (거짓)

⑼ 한 평면에 평행한 두 직선은 평행하거나 만나거나 꼬인 위치에 있다. (거짓)

∴ 2+4+16+128=150

16 모서리 AB와 평행한 면은 면 KLMN, 면 GHIJ, 면 CHGD, 면 EJIMNF이므로 a=4

모서리 CH와 꼬인 위치에 있는 모서리는 $\overline{AB}$, $\overline{AF}$, $\overline{EF}$, $\overline{IJ}$, $\overline{DE}$, $\overline{GJ}$, $\overline{LK}$, $\overline{NM}$, $\overline{KN}$이므로 b=9

모서리 EJ와 수직인 면은 면 GHIJ, 면 LMNK, 면 ABCDEF이므로 c=3

$\therefore a+b+c=16$

17 (ⅰ) 면 AEHD와 면 CGHD가 수직으로 만나므로 $\overline{AH}$
와 $\overline{GH}$가 이루는 각의 크기는 90°이다.　∴ $\angle a=90°$

(ⅱ) $\overline{AH}=\overline{FH}=\overline{AF}$이므로 △AFH는 정삼각형이고 정삼각
형의 한 내각의 크기는 60°이다.　∴ $\angle b=60°$

(ⅲ) △AEH는 직각이등변삼각형이므로 $\angle AHE=45°$
∴ $\angle c=45°$

$\therefore \angle a+\angle b+\angle c=90°+60°+45°=195°$

18 주어진 전개도를 접어서 만든 사각
기둥은 오른쪽 그림과 같다.

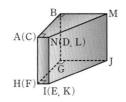

모서리 AB와 꼬인 위치에 있는
모서리 : 모서리 HI, IJ, GJ, MJ,
LK(5개)

모서리 AB와 수직인 면 : 면 CFED, 면 BGJM(2개)

모서리 AB와 평행한 면 : 면 GHIJ(1개)

$\therefore a+b+c=5+2+1=8$

최상위 문제
26~31쪽

01 12	**02** $\dfrac{45}{2}$	**03** 190개	**04** 150°
05 $\overline{EF}=1$ cm, $\overline{AF}=6$ cm			**06** 42 cm
07 240	**08** 64°	**09** $\dfrac{127}{3}$ cm	**10** 36°
11 8번째	**12** 80°	**13** 134°	**14** 104°
15 3개	**16** 102°	**17** 62	**18** 4651

01 오른쪽 그림과 같이 서로 다른
세 직선 l, m, n이 한 점에서
만난다고 하자. 두 직선 l, m
이 만나서 생기는 각 ①, ②를
비교해 볼 때, 한 쪽이 예각이
면 다른 쪽은 둔각이다.

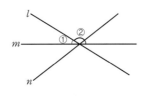

마찬가지로 직선 l과 n, 직선 m과 n이 만나서 생기는 각 중
예각의 개수와 둔각의 개수는 같다.

따라서 서로 다른 세 직선이 한 점에서 만날 때 생기는 크고
작은 각 중 둔각의 개수와 예각의 개수의 차는 0개이다.

$\therefore a=0$

서로 다른 n개의 직선이 한 점에서 만날 때, 직선 n개 중 2개
를 뽑는 방법 수는 $n\times(n-1)\div2$(가지)이다. … ㉠

서로 다른 2개의 직선이 한 점에서 만날 때 생기는 맞꼭지각
의 개수는 2쌍이다. … ㉡

㉠, ㉡에 의해서 서로 다른 n개의 직선이 한 점에서 만날 때
생기는 맞꼭지각의 개수는

$n\times(n-1)\div2\times2=n\times(n-1)$쌍이다.

$\therefore b=4\times(4-1)=12$　$\therefore a+b=12$

02 직선을 15번 회전시켰을 때, 시계 방향으로 회전한 각의 크기
는 $x°-2x°+3x°-4x°+\cdots+13x°-14x°+15x°=8x°$

회전시킨 직선이 처음의 직선과 겹쳐지므로

$8x°=180°, 360°, 540°, \cdots$

$\therefore x=\dfrac{45}{2}, 45, \dfrac{135}{2}, \cdots$

이때 $0<x<45$이므로 $x=\dfrac{45}{2}$

03 선분 2개가 만났을 때의 교점의 개수는 1

선분 3개가 만났을 때의 교점의 개수는 $1+2=3$

선분 4개가 만났을 때의 교점의 개수는 $1+2+3=6$

$\vdots$

선분 n개가 만났을 때의 교점의 개수는

$1+2+3+\cdots+(n-1)$

따라서 선분 20개가 만났을 때의 교점의 개수는

$1+2+3+\cdots+19=\dfrac{1}{2}\times(1+19)\times19=190$(개)

04 나타낼 수 있는 모든 각의 크기의 합은

$\angle a+(\angle a+\angle b)+(\angle a+\angle b+\angle c)$
$\quad+(\angle a+\angle b+\angle c+\angle d)+\angle b+(\angle b+\angle c)$
$\quad+(\angle b+\angle c+\angle d)+\angle c+(\angle c+\angle d)+\angle d$
$=4\angle a+6\angle b+6\angle c+4\angle d=750°$ …… ㉠

이때 $\angle a:\angle b:\angle c:\angle d=1:2:3:4$이므로

$\angle b=2\angle a, \angle c=3\angle a, \angle d=4\angle a$

따라서 ㉠에서

$4\angle a+12\angle a+18\angle a+16\angle a=750°$

$50\angle a=750°$　∴ $\angle a=15°$

$\therefore \angle b=2\times15°=30°, \angle c=3\times15°=45°$,
$\quad \angle d=4\times15°=60°$

$\therefore \angle A_1OA_5=15°+30°+45°+60°=150°$

05 육각형의 내각의 합은

$180°\times(6-2)=720°$이므로
한 각의 크기는
$720°\div6=120°$이다.

$\overline{AB}$의 연장선과 $\overline{CD}$의 연장선
이 만난 점을 G, $\overline{DE}$의 연장선

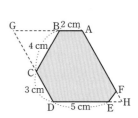

과 $\overline{AF}$의 연장선이 만난 점을 H라 할 때 삼각형 GCB와 삼각형 EHF는 세 내각의 크기가 같으므로 정삼각형이다.

또한 사각형 GDHA는 $\overline{GA}\,/\!/\,\overline{DH}$, $\overline{GD}\,/\!/\,\overline{AH}$이므로 평행사변형이다.

$\overline{BG}=4\,\text{cm}$, $\overline{AG}=6\,\text{cm}$이므로

$\overline{DH}=6\,\text{cm}$, $\overline{EH}=1\,\text{cm}$이다.

$\therefore \overline{EF}=\overline{EH}=1\,\text{cm}$, $\overline{AF}=4+3-1=6(\text{cm})$

06 $\overline{AB}=\overline{BC}=x\,\text{cm}$라 하면 $\overline{AC}=2x\,\text{cm}$

$\overline{AC}=\dfrac{2}{3}\overline{DF}$에서 $\overline{DF}=\dfrac{3}{2}\overline{AC}=\dfrac{3}{2}\times 2x=3x(\text{cm})$

$\overline{CD}=\overline{DE}=\overline{DF}-\overline{EF}=3x-6(\text{cm})$

$\overline{BD}=\overline{BC}+\overline{CD}=x+(3x-6)=4x-6$

$\overline{AF}=\overline{AB}+\overline{BD}+\overline{DF}=x+(4x-6)+3x=8x-6(\text{cm})$

그런데 $\overline{BD}=\dfrac{3}{7}\overline{AF}$이므로 $4x-6=\dfrac{3}{7}(8x-6)$에서

$28x-42=24x-18$, $4x=24$ $\therefore x=6$

따라서 $\overline{AF}$의 길이는 $8\times 6-6=42(\text{cm})$이다.

07 시침은 60분에 30°만큼 움직이므로 1분에 0.5°씩 움직이고, 분침은 60분에 360°만큼 움직이므로 1분에 6°씩 움직인다.

따라서 시계가 가리키는 시각이 4시 x분일 때, 시침이 회전한 각도는 $4\times 30°+\dfrac{1}{2}x=120°+\dfrac{1}{2}x$이고, 분침이 회전한 각도는 $6x$이다.

이때 시침과 분침이 서로 반대 방향으로 일직선을 이루면

(분침이 움직인 각)-(시침이 움직인 각)$=180°$이므로

$6x-\left(120°+\dfrac{1}{2}x\right)=180°$, $x=\dfrac{600}{11}$ $\therefore a=\dfrac{600}{11}$

시침과 분침이 직각을 이루면

(분침이 움직인 각)-(시침이 움직인 각)$=90°$

또는 (시침이 움직인 각)-(분침이 움직인 각)$=90°$이므로

$6x-\left(120°+\dfrac{1}{2}x\right)=90°$, $x=\dfrac{420}{11}$

또는 $\left(120°+\dfrac{1}{2}x\right)-6x=90°$, $x=\dfrac{60}{11}$

$\therefore b=\dfrac{420}{11}-\dfrac{60}{11}=\dfrac{360}{11}$

$\therefore 11(a-b)=11\times\dfrac{240}{11}=240$

08 $\angle\text{B}'\text{GH}=\angle\text{BGH}=20°(\because$ 접은각)이므로

$\angle\text{B}'\text{HG}=\angle\text{BHG}=70°(\because$ 접은각)

$\therefore \angle x=180°-70°-70°=40°$

$\angle\text{GIC}=\angle\text{B}'\text{IJ}=32°(\because$ 맞꼭지각)이므로

$\angle\text{IJB}'=\angle\text{FJD}=180°-(90°+32°)=58°$

$\angle\text{HFD}=90°-58°=32°$이므로

$\angle\text{BFH}=\angle\text{BFB}''=(180°-32°)\div 2=74°$

$\angle\text{FBH}=180°-(74°+40°)=66°$이므로

$\angle y=180°-(90°+66°)=24°$

$\therefore \angle x+\angle y=40°+24°=64°$

09 직각삼각형 ADE와 DAG에서

$\angle\text{AGD}=\angle\text{BGF}=90°-\angle\text{BFG}=90°-\angle\text{CFE}$

$\qquad\qquad =\angle\text{FEC}=\angle\text{AED}$

따라서 △ADE와 △DAG는 합동이므로 $\overline{DE}=\overline{AG}$이다.

그러므로 다음을 생각할 수 있다.

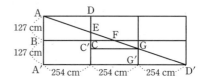

$\overline{AD}\,/\!/\,\overline{C'G}\,/\!/\,\overline{A'D'}$일 때 △ADE≡△GC'E≡△D'G'G

이므로 $\overline{DE}=\dfrac{1}{3}\overline{AA'}=\dfrac{1}{3}\times 254=\dfrac{254}{3}(\text{cm})$

$\therefore \overline{EC}=127-\dfrac{254}{3}=\dfrac{127}{3}(\text{cm})$

10

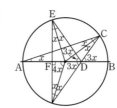

△EFD에서

$5x=90°$, $x=18°$

$\therefore \angle\text{DEF}=2x=36°$

11 오른쪽 그림과 같이 점 P를 지나고, $l_2\,/\!/\,l_2{}'$, $l_3\,/\!/\,l_3{}'$, …이 되도록 반직선 $l_2{}'$, $l_3{}'$, …을 그으면 x번째 반직선까지의 각의 크기의 합이 180°, 360°, 540°, … 즉 $180°\times n(n$은 자연수)일 때 x번째 반직선은 직선 l과 평행하게 된다.

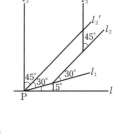

이때 $15°+30°+45°+60°+75°+90°+105°+120°=540°$이므로 8번째 반직선이 처음으로 직선 l과 평행하게 된다.

12 $\angle\text{BAD}=\angle x$라 하면

$\angle\text{ADC}=5\angle x$

$5\angle\text{ADB}$

$=4\times 5\angle x=20\angle x$에서

$\angle\text{ADB}=4\angle x$

$\angle\text{ADG}=\angle x$(엇각)이므로

$\angle\text{GDC}=4\angle x$

$\angle\text{FCD}=\angle y$라 하면

$4\angle x+\angle y=180°$, $4\angle x-\angle y=20°$이므로

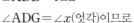

$2\angle y=160°$ $\therefore \angle y=80°$

13 정오각형의 한 각의 크기는 $108°$이므로 두 직선 l, m에 평행한 직선을 각각 긋고, 각의 크기를 표시하면 다음과 같다.

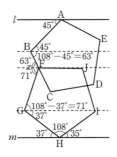

$\therefore x=63°+71°=134°$

14 오른쪽 그림과 같이 점 B, C를 지나면서 두 직선 l, m에 평행한 두 직선 p, q를 그으면

$\angle ABH=\angle FAB=72°$(엇각)

이고 $\angle HBC=2a-72°$이다.

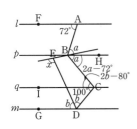

또한 $\angle DCI=180°-2b$이므로

$\angle BCI=100°-(180°-2b)=2b-80°$이다.

따라서 $\angle HBC=\angle ICB$(엇각)이므로

$2a-72°=2b-80°$에서 $b-a=4°$이다.

$\angle BED=180°-x$, $\angle EBC=180°-a$이고

사각형 BCDE의 내각의 합은 $360°$이므로

$(180°-x)+(180°-a)+100°+b=360°$

$b-a+100°=x$이다.

$\therefore \angle x=100°+4°=104°$

15 $\overline{DL}$과 꼬인 위치에 있는 모서리는

$\overline{EJ}$, $\overline{CH}$, $\overline{HK}$, $\overline{GH}$, $\overline{GJ}$, $\overline{JK}$

(6개)

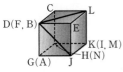

$\overline{FJ}$와 꼬인 위치에 있는 모서리는

$\overline{EL}$, $\overline{GH}$, $\overline{CH}$, $\overline{HK}$, $\overline{KL}$, $\overline{CL}$(6개)

따라서 $\overline{DL}$과 $\overline{FJ}$에 동시에 꼬인 위치에 있는 모서리는

$\overline{GH}$, $\overline{CH}$, $\overline{HK}$의 3개이다.

16

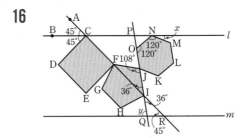

정사각형의 한 내각의 크기는 $90°$이므로

$\angle ACB=180°-(45°+90°)=45°$

$\therefore \angle IRQ=\angle ACB=45°$

정오각형의 한 내각의 크기는 $108°$이므로 $\angle FJI=108°$

이때, $\overline{JF}=\overline{JI}$이므로 $\angle JIF=\dfrac{1}{2}\times(180°-108°)=36°$

$\angle QIR=\angle JIF=36°$(맞꼭지각)이므로 $\angle y=36°+45°=81°$

$\angle OPN=\angle y=81°$(엇각)

정육각형의 한 내각의 크기는 $120°$이므로

$\angle PON=180°-120°=60°$,

$\angle PNO=180°-81°-60°=39°$

$\therefore \angle x=180°-120°-39°=21°$

$\therefore \angle x+\angle y=21°+81°=102°$

17 n각기둥의 한 밑면에서 한 모서리와 꼬인 위치에 있는 모서리는 없다. n각기둥에서 꼬인 위치에 있는 모서리의 개수를 $f(n)$이라 하자.

(i) n이 홀수일 때,

다른 한 밑면의 모서리 중 평행한 모서리 1개를 제외하면 꼬인 위치에 있는 모서리는 $(n-1)$개이고, 옆면의 모서리 중 만나는 모서리 2개를 제외하면 꼬인 위치에 있는 모서리는 $(n-2)$개이므로

$f(n)=(n-1)+(n-2)=2n-3$

(ii) n이 짝수일 때,

다른 한 밑면의 모서리 중 평행한 모서리 2개를 제외하면 꼬인 위치에 있는 모서리는 $(n-2)$개이고, 옆면의 모서리 중 만나는 모서리 2개를 제외하면 꼬인 위치에 있는 모서리는 $(n-2)$개이므로

$f(n)=(n-2)+(n-2)=2n-4$

(i), (ii)에서

$f(8)+f(9)+f(10)+f(11)=12+15+16+19=62$

18

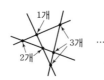

직선과 교점의 관계를 나타내면 오른쪽 표와 같다.

100개의 직선이 가질 수 있는 교점의 최대 개수는

$1+2+3+\cdots+99$

$=4950$(개)

직선의 개수	교점의 최대 개수
1	0
2	1
3	$1+2$
4	$1+2+3$
5	$1+2+3+4$
⋮	⋮
n	$1+2+\cdots+(n-1)$

직선 L_1, L_5, L_9, $\cdots$, L_{97}의 25개의 직선이 한 점 P에서 만나므로

$(1+2+\cdots+24)-1=299$(개)의 교점이 생기지 않는다.

∴ $4950-299=4651$

2 작도와 합동

핵심 문제 01
32쪽

1 ④, ⑤ **2** B, $\overline{AB}$, C, 길이, 정삼각형

3 (나), (개), (라), (다) **4** ㄷ

1 ① 눈금 없는 자와 컴퍼스만을 사용하여 도형을 그리는 것을 작도라 한다.
② 두 점을 연결 – 눈금 없는 자
   임의의 선분의 길이를 옮길 때 – 컴퍼스
③ 두 선분의 길이를 비교할 때 – 컴퍼스

4 ㄷ. $\overline{QR}=\overline{BC}$

응용 문제 01
33쪽

예제 ① 45, 45 / ②, ③, ⑤

1 풀이 참조 **2** ④, ⑤

1
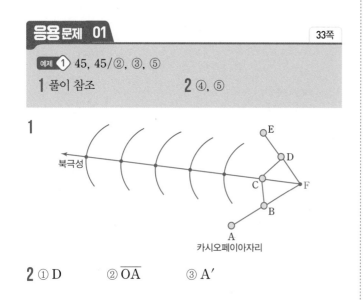

2 ① D ② $\overline{OA}$ ③ A′

핵심 문제 02
34쪽

1 ①, ③ **2** ㄴ, ㄷ, ㄹ **3** 63 **4** 풀이 참조

1 삼각형의 두 변의 길이의 합은 나머지 한 변의 길이보다 크다.

2 ㄱ. ∠A는 주어진 두 변의 끼인각이 아니므로 삼각형이 하나로 결정되지 않는다.

ㄷ. ∠C=$180°-(50°+65°)=65°$,
즉 $\overline{BC}$의 길이와 그 양 끝각인 ∠B, ∠C의 크기가 주어진 경우와 같으므로 삼각형이 하나로 결정된다.

ㅁ. 모양은 같지만 크기가 다른 삼각형이 무수히 많이 만들어진다.

3 삼각형의 세 각 중 두 각의 크기가 50°, 70°이므로 나머지 한 각의 크기는 $180°-(50°+70°)=60°$

∴ ㉠=60

구하려는 삼각형의 개수는 3개이므로 ㉡=3

∴ ㉠+㉡=63

4
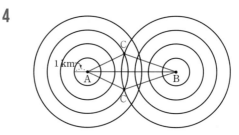

점 C의 위치는 그림과 같이 두 지점이다. 이 두 지점 중 하나의 점을 C라 하고 삼각형 ABC를 그린다.

응용 문제 02
35쪽

예제 ② 3, 3, 6, 3, 3 / ④

1 9개 **2** 4개 **3** ㄱ, ㄷ **4** ①

1 길이가 서로 다른 3개의 선분을 선택하는 순서쌍은
$(6, 8, 10), (6, 8, 11), (6, 8, 14), (6, 10, 11),$
$(6, 10, 14), (6, 11, 14), (8, 10, 11), (8, 10, 14),$
$(8, 11, 14), (10, 11, 14)$
이때 $(6, 8, 14)$는 $6+8=14$이므로 삼각형을 만들 수 없다.
따라서 만들 수 있는 서로 다른 삼각형의 개수는 9개이다.

2 $a+b+b=24$이고
$b-b<a<b+b$, 즉 $0<a<2b$
위 조건을 모두 만족시키는 순서쌍 (a, b, b)를 구하면
$(2, 11, 11), (4, 10, 10), (6, 9, 9), (8, 8, 8), (10, 7, 7)$
이때 $a\neq b$이므로 구하는 이등변삼각형의 개수는 4개이다.

3 ㄱ. ∠C는 $\overline{AB}$, $\overline{BC}$ 사이의 끼인각
이 아니므로 △ABC는 하나로
정해지지 않는다.

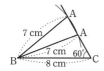

ㄷ. ∠B+∠C=180°이므로
△ABC를 만들 수 없다.

ㄹ. $\overline{AB}$=8 cm이면 △ABC는 정삼각형이 되어 하나로 정
해진다.

4 삼각형의 두 변의 길이의 합은 나머지 한 변의 길이보다 크다.
① 1+3<5 　　 ② 3+5>7
③ 5+7>9 　　 ④ 7+9>11
⑤ 9+11>13

---

1 △ABC≡△IGH≡△LJK≡△NOM 　　**2** ③

3 $\overline{AB}$, CAB, ACB, SAS, C 　　　　　　**4** ③

1 △ABC≡△IGH(ASA 합동)
△ABC≡△LJK(SAS 합동)
△ABC≡△NOM(SSS 합동)

2 ③ 두 변의 길이가 각각 같지
만 끼인각이 아닌 다른 한
각의 크기가 주어졌을 때,
두 삼각형은 합동이 아닐
수도 있다.

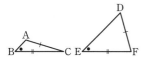

4 △OAB와 △ODC에서
$\overline{AO}=\overline{DO}$, $\overline{BO}=\overline{CO}$, ∠AOB=∠DOC(맞꼭지각)
△OAB≡△ODC(SAS 합동) … ㉠
㉠에 의해 $\overline{AB}=\overline{DC}$이므로
△BAC≡△CDB(SSS 합동) … ㉡
△BAD≡△CDA(SSS 합동) … ㉢
③ ∠ABO=∠OBC는 알 수 없다.

예제 **3** $\overline{CE}$, 120, 60, 60, 120/120°

1 $\overline{YI}$, ∠YIQ, ∠HPX, ∠IYQ, △YIQ, ASA, $\overline{YQ}$

2 108° 　　　　　　 **3** 42°

---

2 △ABP와 △BCQ에서 $\overline{AB}=\overline{BC}$,
$\overline{BP}=\overline{CQ}$, ∠ABP=∠BCQ이므로
△ABP≡△BCQ(SAS 합동)이다.
∠BAP=∠CBQ=a라 하면,
△ABF에서
∠x=108°−a+a=108°

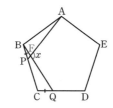

3 △ABE와 △CBD에서
$\overline{AB}=\overline{CB}$, $\overline{BE}=\overline{BD}$,
∠ABE=60°−∠EBC=∠CBD
∴ △ABE≡△CBD(SAS 합동)
따라서 ∠BAE=∠BCD=18°이므로
∠EAC=60°−18°=42°

---

01 14	**02** 557	**03** 28	**04** 풀이 참조
05 7 cm	**06** 5 cm	**07** 67 cm²	**08** 35°
09 117°	**10** 30°	**11** 7 cm	**12** 11 cm
13 64	**14** 25°	**15** $x≥15$°	**16** 52°
17 68°	**18** 37°		

01 ㉠ : 3번 　 ㉡ : 4번 　 ㉢ : 3번 　 ㉣ : 4번
∴ 3+4+3+4=14

02 ∠AOD와 ∠DOC의 크기를 x, ∠COE와 ∠EOB의 크기
를 y라 하면
$\dfrac{x+(x+y)+2x}{x+y+y}=\dfrac{5}{4}$에서 $\dfrac{4x+y}{x+2y}=\dfrac{5}{4}$

$16x+4y=5x+10y$ 　　 ∴ $y=\dfrac{11}{6}x$ 　　 … ①

$2x+2y=180$°에서 $x+y=90$° 　　 … ②

①과 ②에서
$x+\dfrac{11}{6}x=90$, $\dfrac{17}{6}x=90$, $x=\dfrac{540}{17}$

따라서 ∠DOC=$\left(\dfrac{b}{a}\right)$°=$\left(\dfrac{540}{17}\right)$°이므로 $a+b$의 최솟값은
17+540=557이다.

03 $x+5+4>2x+1$에서 $x<8$ … ㉠
$2x+1+4>x+5$에서 $x>0$ … ㉡
㉠과 ㉡에 의해 $0<x<8$

따라서 삼각형을 그릴 수 있는 x의 값은 1부터 7까지의 자연수이므로 x의 값의 합은

$1+2+3+4+5+6+7=28$이다.

04 (i) $\overline{AB}$를 한 변으로 하는 정삼각형을 그린다.

　　(ii) $\angle DAC = \angle DAB - \angle CAB$
　　　　　$= 60° - 45° = 15°$

　　(iii) $\overline{AB}$를 이용하여 $\angle DAC$와 크기가 같은 각 $\angle EAB$를 그린다.

　　(iv) $\overline{AE}$를 이용하여 $\angle DAC$와 크기가 같은 각 $\angle FAE$를 그리면 $\angle CAB$는 3등분 된다.

05 오른쪽 그림과 같이 점 D를 지나면서 $\overline{AC}$와 평행한 직선을 긋고 $\overline{BC}$와 만나는 점을 G라고 하자.

이때 △ABC가 정삼각형이고 $\overline{AC} /\!/ \overline{DG}$이므로

$\angle DGB = \angle ACB = 60°$(동위각)

△DBG에서 $\angle DBG = 60°$이므로

$\angle BDG = 180° - (60° + 60°) = 60°$

즉 △DBG는 정삼각형이므로 $\overline{DG} = \overline{DB} = 4$ cm

△DGF와 △ECF에서 $\overline{DG} = \overline{EC} = 4$ cm,

$\angle GDF = \angle CEF$(엇각), $\angle DGF = \angle ECF$(엇각)이므로

△DGF ≡ △ECF(ASA 합동)

따라서 $\overline{DF} = \overline{EF}$이므로 $\overline{EF} = 7$ cm

06 △AEG와 △CFG에서

$\overline{AG} = \overline{CG}$, $\angle AGE = \angle CGF = 90°$,

$\angle EAG = \angle FCG$(엇각)

이므로 △AGE ≡ △CGF(ASA 합동)

∴ $\overline{EG} = \overline{FG}$

△AEG와 △AFG에서

$\overline{EG} = \overline{FG}$, $\overline{AG}$는 공통, $\angle AGE = \angle AGF = 90°$

이므로 △AEG ≡ △AFG(SAS 합동)

∴ $\overline{AF} = \overline{AE} = 9 - 4 = 5$(cm)

07 $\overline{AE}$의 연장선과 $\overline{BC}$의 연장선의 교점을 F라 하면

△AED와 △FEC에서

$\angle AED = \angle FEC$(맞꼭지각),

$\angle EDA = \angle ECF$(엇각),

$\overline{ED} = \overline{EC}$

이므로 △AED ≡ △FEC(ASA 합동)

∴ △AED + △EBC

　　$= $△FEC $+ $△EBC $= $△EBF

　　$= $△ABE$(\because \overline{AE} = \overline{EF}) = 67$(cm^2)

08 △FBC와 △GDC에서 $\overline{BC} = \overline{DC}$, $\overline{FC} = \overline{GC}$,

$\angle FCB = 90° - \angle FCD = \angle GCD$이므로

△FBC ≡ △GDC(SAS합동)

$\angle FBC = 90° - 65° = 25°$이므로

$\angle BFC = \angle DGC = 180° - (25° + 30°) = 125°$

∴ $\angle EGD = 125° - 90° = 35°$

09 △ABD와 △ACE에서 $\overline{AB} = \overline{AC}$, $\overline{AD} = \overline{AE}$,

$\angle BAD = 60° - \angle DAC = \angle CAE$이므로

△ABD ≡ △ACE(SAS 합동)

∴ $\angle ADB = \angle AEC$

△EDC에서 $\angle EDC = \angle a$, $\angle CED = \angle b$라고 하면

$57° + \angle a + \angle b = 180°$이므로 $\angle a + \angle b = 123°$

$\angle BDC = 360° - (\angle ADB + 60° + \angle a)$이고

$\angle ADB = \angle AEC = 60° + \angle b$이므로

$\angle BDC = 360° - (60° + \angle b + 60° + \angle a)$
　　　　　$= 360° - (120° + 123°) = 117°$

10 점 C와 점 D를 지나는 직선을 그으면

$\overline{DA} = \overline{DB}$, $\overline{CA} = \overline{CB}$이므로

직선 CD는 선분 AB의 수직이등분선이다.

∴ $\angle BCD = \dfrac{1}{2} \angle C = 30°$

△BCD와 △BPD에서

$\overline{BC} = \overline{BA} = \overline{BP}$, $\angle DBC = \angle DBP$, $\overline{DB}$는 공통이므로

△BCD ≡ △BPD(SAS 합동)

∴ $\angle BPD = \angle BCD = 30°$

11 △ABD와 △ACE에서

△ABC와 △ADE는 정삼각형이므로

$\overline{AB} = \overline{AC}$, $\overline{AD} = \overline{AE}$이고

$\angle BAD = 60° - \angle DAC = \angle CAE$

∴ △ABD ≡ △ACE(SAS 합동)

따라서 $\overline{CE} = \overline{BD} = 4$(cm)이므로

$\overline{DC} + \overline{CE} = 3 + 4 = 7$(cm)

12 △EHD와 △FCD에서 $\overline{ED} = \overline{FD}$,

$\angle EHD = \angle FCD = 90°$,

$\angle EDH = \angle FDC = 90° - \angle ADF$이므로

△EHD ≡ △FCD(ASA 합동)

또한, △ABF는 직각이등변삼각형이므로 $\overline{AB}=\overline{BF}=4$ cm

$\therefore \overline{EH}=\overline{FC}=15-4=11$ (cm)

13 오른쪽 그림과 같이 $\overline{BC}$의
연장선 위에 $\overline{BD'}=\overline{ED}$가
되도록 점 D'을 잡은 후

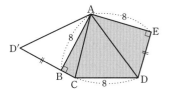

$\overline{AD'}$을 그으면 △AD'B
와 △ADE에서

$\overline{AB}=\overline{AE}$, $\overline{BD'}=\overline{ED}$, $\angle ABD'=\angle AED=90°$이므로

△AD'B≡△ADE(SAS 합동)

$\therefore \overline{CD'}=\overline{CB}+\overline{BD'}=\overline{BC}+\overline{DE}=8$

한편 △ACD'과 △ACD에서 $\overline{AD'}=\overline{AD}$, $\overline{CD'}=\overline{CD}$,
$\overline{AC}$는 공통이므로

△ACD'≡△ACD(SSS 합동)

$\therefore$ (오각형 ABCDE의 넓이)

= (사각형 ABCD의 넓이) + △ADE

= (사각형 ABCD의 넓이) + △AD'B

= (사각형 AD'CD의 넓이)

= △ACD' + △ACD = 2△ACD'

$= 2 \times \left(\frac{1}{2} \times \overline{CD'} \times \overline{AB} \right) = 2 \times \left(\frac{1}{2} \times 8 \times 8 \right) = 64$

14 △EBC와 △FAC에서

$\overline{EC}=\overline{FC}$ ··· ①

$\overline{BC}=\overline{AC}$ ··· ②

$\angle BCE=\angle ACF=30°$ ··· ③

①, ②, ③에서 △EBC≡△FAC(SAS 합동)

$\therefore \angle AFC=180°-65°-30°=85°$

$\therefore \angle EFA=85°-60°=25°$

15

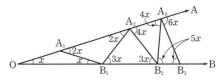

위 그림과 같이 첫 번째 이등변삼각형의 한 밑각을 x라 하면
다섯 번째 이등변삼각형의 한 밑각은 $5x$, 여섯 번째 이등변삼
각형의 한 밑각은 $6x$인데 여섯 번째 이등변삼각형이 존재하
지 않기 위해서는 $6x \geq 90°$에서 $x \geq 15°$

16 $\overline{BE}=\overline{DG}$가 되도록 $\overline{CD}$의 연장선에
점 G를 잡으면

△ABE와 △ADG에서

$\overline{AB}=\overline{AD}$, $\overline{BE}=\overline{DG}$,

$\angle ABE=\angle ADG$이므로

△ABE≡△ADG(SAS 합동)

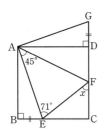

△AEF와 △AGF에서

$\overline{AE}=\overline{AG}$, $\overline{AF}$는 공통

$\angle EAF=\angle GAF=45°$이므로

$(\angle GAF=\angle GAD+\angle DAF=\angle EAB+\angle DAF=45°)$

△AEF≡△AGF(SAS 합동)

$\angle AFE=\angle AFG=180°-45°-71°=64°$

$\therefore \angle x=180°-64°\times2=180°-128°=52°$

17 오른쪽 그림과 같이 $\overline{PM}$의 연장선
위에 $\overline{AR} /\!/ \overline{BQ}$인
점 R를 잡으면

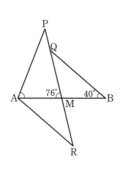

$\angle MAR=\angle MBQ$(엇각),

$\overline{AM}=\overline{BM}$,

$\angle AMR=\angle BMQ$(맞꼭지각)

이므로

△AMR≡△BMQ(ASA 합동)

$\overline{AR}=\overline{BQ}$이고, $\overline{AP}=\overline{BQ}$이므로 $\overline{AR}=\overline{AP}$

$\angle APM=\angle ARM=\angle BQM=76°-40°=36°$

$\therefore \angle PAM=180°-(76°+36°)=68°$

18 오른쪽 그림과 같이 $\overline{AD}$
의 연장선과 $\overline{BE}$의 연장
선의 교점을 G라 하면

△EBC와 △EGD에서

$\overline{CE}=\overline{DE}$,

$\angle BCE=\angle GDE=90°$,

$\angle BEC=\angle GED$(맞꼭지각)이므로

△EBC≡△EGD(ASA 합동)

$\therefore \overline{BC}=\overline{GD}$

또한 △AFD에서 $\overline{AD}=\overline{DF}$인 이등변삼각형이므로

$\angle ADF=180°-(53°+53°)=74°$

△DFG는 $\overline{DF}=\overline{DG}$인 이등변삼각형이고

$\angle FDG=180°-74°=106°$

$\therefore \angle DFE=\frac{1}{2}\times(180°-106°)=37°$

44~49쪽

01 19개 **02** 10 **03** 105° **04** 50 cm²

05 $\frac{735}{4}$ cm² **06** 94° **07** 65° **08** 45°

09 $\frac{275}{4}$ cm² **10** 45° **11** 140° **12** 13 cm

13 35 cm **14** 50° **15** 162 cm² **16** 14가지

17 30° **18** 28

01 $a \le b \le c$, $a+b+c=30$, $c < a+b$이므로
$2c < a+b+c \le 3c$, $2c < 30 \le 3c$
$\therefore 10 \le c < 15$
(i) $c=14$일 때 (2, 14, 14), (3, 13, 14), (4, 12, 14),
　　　　　　(5, 11, 14), (6, 10, 14), (7, 9, 14),
　　　　　　(8, 8, 14)의 7가지
(ii) $c=13$일 때 (4, 13, 13), (5, 12, 13), (6, 11, 13),
　　　　　　(7, 10, 13), (8, 9, 13)의 5가지
(iii) $c=12$일 때 (6, 12, 12), (7, 11, 12), (8, 10, 12),
　　　　　　(9, 9, 12)의 4가지
(iv) $c=11$일 때 (8, 11, 11), (9, 10, 11)의 2가지
(v) $c=10$일 때 (10, 10, 10)의 1가지
$\therefore$ (삼각형의 개수)$=7+5+4+2+1=19$(개)

02 3개의 선분 중 선분을 취하는 방법은 (8, 5), (8, 3), (5, 3)
으로 3가지이다.
(i) 두 개의 선분과 주어진 각을 두 변의 끼인각으로 하는 삼
각형의 개수 : 3개

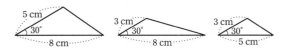

(ii) 두 개의 선분과 주어진 각을 두 변의 끼인각이 아닌 다른
한 각으로 하는 삼각형의 개수 : 7개

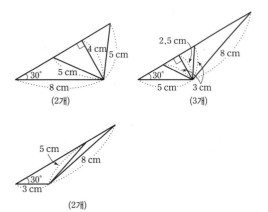

$\therefore x=3$, $y=2+3+2=7$
$\therefore x+y=3+7=10$

03 $\overline{AD}$의 연장선 위에
$\overline{AC}=\overline{DF}$인 점 F를 잡으면
$\overline{AE}=\overline{AF}$이고 $\triangle AFE$는
이등변삼각형이므로
$\angle AFE=\angle AEF$
　　　$=\frac{1}{2}\times(180°-60°)$
　　　$=60°$

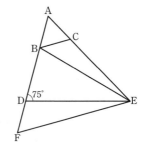

즉 $\triangle AFE$는 정삼각형이므로 $\overline{AF}=\overline{AE}=\overline{EF}$
$\triangle ABE$와 $\triangle FDE$에서
$\overline{AB}=\overline{FD}$, $\overline{AE}=\overline{FE}$, $\angle EAB=\angle EFD=60°$이므로
$\triangle ABE \equiv \triangle FDE$(SAS 합동)
$\therefore \angle ABE=\angle FDE=180°-75°=105°$

04 두 점 B, G를 이으면
$\triangle GBC$와 $\triangle EDC$에서
$\overline{GC}=\overline{EC}$, $\overline{BC}=\overline{DC}$
$\angle GCB=90°-\angle DCG$
　　　$=\angle ECD$
$\therefore \triangle GBC \equiv \triangle EDC$
(SAS 합동)

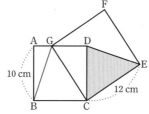

$\triangle GBC=\frac{1}{2}\times10\times10=50$(cm²)이므로
$\triangle EDC=50$ cm²

05 $\triangle ABC=\frac{1}{2}\times21\times28$
　　　$=294$(cm²)
점 D에서 $\overline{AC}$에 내린 수선의 발을
F라 하면
$\triangle DBC \equiv \triangle DFC$(ASA 합동)
$\therefore \overline{DB}=\overline{DF}$, $\overline{BC}=\overline{FC}=21$ cm

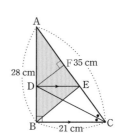

$\overline{DB}$의 길이를 x cm라 하면 $\overline{DF}$도 x cm이므로
$\triangle ABC=\triangle ADC+\triangle DBC$에서
$\frac{35}{2}x+\frac{21}{2}x=294$ $\therefore x=\frac{21}{2}$(cm)
$\triangle ABE=\triangle ADE+\triangle DBE=\triangle ADE+\triangle DEC$
　　　$=\triangle ADC$
$\therefore \triangle ABE=\triangle ADC=\frac{1}{2}\times35\times\frac{21}{2}=\frac{735}{4}$(cm²)

06 $\triangle AEC$와 $\triangle BDC$에서
$\overline{AC}=\overline{BC}$, $\overline{EC}=\overline{DC}$이고
$\angle ACE=60°-\angle ECB=\angle BCD$이므로

$\triangle AEC \equiv \triangle BDC(SAS \text{ 합동})$

$\therefore \angle AEC = \angle BDC$

한편 $\square BDCE$의 내각의 크기의 합은 $360°$이므로

$\angle BEC + \angle BDC + 34° + 60° = 360°$에서

$\angle BEC + \angle BDC = 266°$

$\therefore \angle AEB = 360° - 266° = 94°$

07 오른쪽 그림과 같이 $\overline{CD}$의 연장선
과 $\overline{BE}$의 연장선의 교점을 G라 하면
$\triangle ABE$와 $\triangle DGE$에서
$\angle EAB = \angle EDG = 90°$,
$\angle AEB = \angle DEG(맞꼭지각)$,
$\overline{AE} = \overline{DE}$이므로
$\triangle ABE \equiv \triangle DGE(ASA \text{ 합동})$

$\therefore \overline{AB} = \overline{DG} = \overline{DF}$

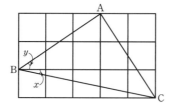

따라서 $\triangle DGF$는 이등변삼각형이므로 $\angle DGE = 25°$
$\angle FDG = 180° - 25° \times 2 = 130°$,
$\angle EDF = 130° - 90° = 40°$

$\therefore \angle FDC = 90° - 40° = 50°$

그런데 $\triangle DFC$에서 $\overline{DF} = \overline{DC}$이므로
$\triangle DFC$는 $\angle DFC = \angle DCF$인 이등변삼각형이다.

$\therefore \angle x = \dfrac{1}{2} \times (180° - 50°) = 65°$

08 오른쪽 그림과 같이 삼각
형 ABC를 그렸을 때
삼각형 ABC는 이등변삼
각형이다.
$\angle BAC = 90°$이므로

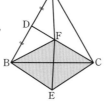

$\angle x + \angle y = (180° - 90°) \times \dfrac{1}{2} = 45°$이다.

09 $\overline{AF}$를 그으면 $\triangle ABF$와 $\triangle CBE$에서
$\overline{AB} = \overline{CB}(정삼각형 ABC의 두 변),$
$\overline{BF} = \overline{BE}(정삼각형 BEF의 두 변)이고,$
$\angle ABF = 60° - \angle FBC = \angle CBE$
이므로 $\triangle ABF \equiv \triangle CBE(SAS \text{ 합동})$

$\therefore \square FBEC = \triangle FBC + \triangle BEC$
$= \triangle ABC - \triangle AFC$

$\triangle ACD = \dfrac{1}{2} \times 100 = 50(cm^2)$이고 $\overline{CF} : \overline{FD} = 5 : 3$이므로

$\triangle ACF = 50 \times \dfrac{5}{8} = \dfrac{125}{4}(cm^2)$

$\therefore \square FBEC = 100 - \dfrac{125}{4} = \dfrac{275}{4}(cm^2)$

10 점 P를 지나고 $\overline{BD}$에 평행한
직선을 그렸을 때, 선분 AD
와의 교점을 R라 하자.
$\overline{BD}$는 정사각형의 대각선이
므로 $\angle B$의 크기를 이등분하
고, $\overline{BQ}$가 $\angle CBE$의 이등분
선이므로

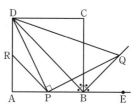

$\angle ABD = \angle DBC = \angle CBQ = \angle QBE = 45°$이다.

$\overline{PR} \parallel \overline{BD}$이므로 $\angle APR = \angle ABD = 45°(\because \text{ 동위각})$

$\triangle APR$에서 $\angle A = 90°$, $\angle APR = 45°$이므로
나머지 한 각인 $\angle ARP = 45°$가 된다.

따라서 $\triangle APR$은 $\angle A = 90°$인 이등변삼각형이므로
$\overline{AR} = \overline{AP} \cdots \bigcirc$

$\triangle DRP$와 $\triangle PBQ$에서 $\square ABCD$는 정사각형이므로
$\overline{AD} = \overline{AB}$이고, $\bigcirc$에 의해
$\overline{DR} = \overline{AD} - \overline{AR} = \overline{AB} - \overline{AP} = \overline{PB} \cdots \bigcirc$

또한, $\angle PBQ = 45° \times 3 = 135°$,
$\angle DRP = 180° - \angle ARP = 135° \cdots \bigcirc$

$\angle QPB = a$라고 하면 $\angle DPQ = 90°$이므로
$a + \angle DPA = 90°$이다.

$\triangle APD$에서 $\angle RDP = 90° - \angle DPA$이므로
$\angle RDP = a$가 되어 $\angle RDP = \angle BPQ \cdots \textcircled{e}$

$\bigcirc$, $\bigcirc$, $\textcircled{e}$에 의해 $\triangle DRP \equiv \triangle PBQ(ASA \text{ 합동})$
합동인 두 도형의 대응하는 변의 길이는 같으므로
$\overline{PD} = \overline{PQ}$이다.

$\triangle PQD$는 $\angle P = 90°$인 직각이등변삼각형이므로

$\angle PQD = \dfrac{1}{2} \times 90° = 45°$가 된다.

11 $\triangle ACG$와 $\triangle HCB$에서 $\overline{AC} = \overline{HC}$, $\overline{CG} = \overline{CB}$이고
$\angle ACG = \angle ACB + 90° = \angle HCB$
이므로 $\triangle ACG \equiv \triangle HCB(SAS \text{ 합동})$

$\therefore \angle HBC = \angle AGC = 15°$

$\triangle ABC$에서 $\angle ABC = 180° - (105° + 45°) = 30°$이므로
$\angle ABH = 30° - 15° = 15°$

$\therefore \angle x = 35° + 90° + 15° = 140°$

12 $\triangle AED$가 정삼각형이 되도록
$\overline{DB}$의 연장선 위에 점 E를 잡
으면 $\triangle ACD$와 $\triangle ABE$에서
$\overline{AC} = \overline{AB}$
$(\because \triangle ABC는 정삼각형)$
$\overline{AD} = \overline{AE}$
$(\because \triangle AED는 정삼각형)$

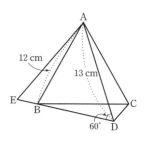

$\angle CAD = 60° - \angle DAB = \angle BAE$

$\therefore \triangle ACD \equiv \triangle ABE$ (SAS 합동)

$\therefore \overline{BD} + \overline{DC} = \overline{BD} + \overline{EB} = \overline{ED} = 13 (\text{cm})$

13 오른쪽 그림과 같이 선분 CD의 중점 M을 지나고 직선 m에 평행한 직선이 직선 k, l과 만나는 점을 각각 P, Q 라 하고, 점 M 에서 직선 m에 내린 수선의 발을 H라고 하자.

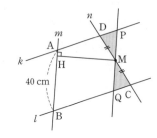

$\angle MDP = \angle MCQ$, $\angle DMP = \angle CMQ$, $\overline{DM} = \overline{CM}$이므로

$\triangle MDP \equiv \triangle MCQ$ (ASA 합동)

즉, (□ABCD의 넓이) = (평행사변형 ABQP의 넓이)이므로

$1400 = \overline{AB} \times \overline{MH}$에서 $1400 = 40 \times \overline{MH}$

$\therefore \overline{MH} = 35 (\text{cm})$

따라서 선분 CD의 중점 M에서 직선 m에 내린 수선의 길이는 35 cm이다.

14 △BAC의 외부에

$\angle DAE = \angle CBD = 15°$

$\angle ADE = \angle BCD = 50°$인

점 E를 잡으면

$\triangle AED \equiv \triangle BDC$ (ASA 합동)

$\therefore \overline{AE} = \overline{BD}$, $\overline{DE} = \overline{CD}$

$\angle BDE = \angle ADB + \angle ADE = 65° + 50° = 115°$

$\angle BDC = 180° - (15° + 50°) = 115°$

따라서 $\angle BDE = \angle BDC$이고 $\overline{BD}$는 공통변

$\overline{DE} = \overline{DC}$이므로 $\triangle BDE \equiv \triangle BDC$ (SAS 합동)

$\therefore \angle EBD = \angle CBD = 15° = \angle EAD$

$\therefore \angle BAD = \angle ABE = \frac{1}{2} \times (360° - 115° \times 2) - 15° = 50°$

15 오른쪽 그림과 같이 점 F에서 $\overline{EB}$의 연장선에 내린 수선의 발을 P, 점 G에서 $\overline{HC}$의 연장선에 내린 수선의 발을 Q라고 하면

$\triangle ABC$와 $\triangle PBF$에서

$\overline{BC} = \overline{BF}$,

$\angle ABC = 90° - \angle CBP$
$\qquad = \angle PBF$

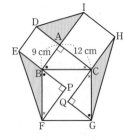

$\angle ACB = 90° - \angle ABC = 90° - \angle PBF = \angle PFB$이므로

$\triangle ABC \equiv \triangle PBF$ (ASA 합동) $\quad \therefore \overline{PF} = \overline{AC} = 12$ cm

$\therefore \triangle BEF = \frac{1}{2} \times \overline{BE} \times \overline{PF} = \frac{1}{2} \times 9 \times 12 = 54 (\text{cm}^2)$

같은 방법으로 하면 $\triangle ABC \equiv \triangle QGC$ (ASA 합동)이므로

$\overline{GQ} = \overline{BA} = 9$ cm

$\therefore \triangle CGH = \frac{1}{2} \times \overline{CH} \times \overline{GQ} = \frac{1}{2} \times 12 \times 9 = 54 (\text{cm}^2)$

또한 $\triangle IDA = \frac{1}{2} \times \overline{DA} \times \overline{IA} = \frac{1}{2} \times 9 \times 12 = 54 (\text{cm}^2)$

이므로

(색칠한 부분의 넓이)

$= \triangle BEF + \triangle CGH + \triangle IDA = 54 \times 3 = 162 (\text{cm}^2)$

16 만들 수 있는 삼각형의 종류는

① 두 변의 길이가 2와 2.1일 때 나머지 한 변은 3 또는 4
→ 2가지

② 두 변의 길이가 2와 3일 때 나머지 한 변은 4 → 1가지

③ 두 변의 길이가 2와 4일 때 나머지 한 변은 5 → 1가지

④ 두 변의 길이가 2와 5일 때 나머지 한 변은 6 → 1가지

⑤ 두 변의 길이가 2.1과 3일 때 나머지 한 변은 4 또는 5
→ 2가지

⑥ 두 변의 길이가 2.1과 4일 때 나머지 한 변은 5 또는 6
→ 2가지

⑦ 두 변의 길이가 2.1과 5일 때 나머지 한 변은 6 → 1가지

⑧ 두 변의 길이가 3과 4일 때 나머지 한 변은 5 또는 6
→ 2가지

⑨ 두 변의 길이가 3과 5일 때 나머지 한 변은 6 → 1가지

⑩ 두 변의 길이가 4와 5일 때 나머지 한 변은 6 → 1가지

따라서 모두 14가지의 삼각형을 만들 수 있다.

17 $\overline{AB}$ 위에 $\overline{DP} /\!/ \overline{BC}$가 되도록 점 P를 잡고 $\overline{CP}$와 $\overline{BD}$의 교점을 Q 라 하자.

$\angle QDP = \angle QBC$(엇각)$= 60°$,

$\angle QPD = \angle BCP$(엇각)$= 60°$이므로

$\triangle QBC$, $\triangle QDP$는 정삼각형이다.

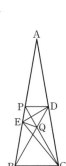

$\therefore \overline{BC} = \overline{BQ}$, $\overline{QD} = \overline{DP}$

또한 $\angle BEC = 180° - (80° + 50°)$
$\qquad\qquad = 50° = \angle BCE$

$\therefore \overline{BE} = \overline{BC} = \overline{BQ}$

즉 $\triangle BQE$는 $\overline{BE} = \overline{BQ}$인 이등변삼각형이다.

한편, $\angle QBE = 80° - 60° = 20°$이므로

$\angle BQE = \angle BEQ = \frac{1}{2} \times (180° - 20°) = 80°$이고

$\angle BQP = 180° - 60° = 120°$이므로

$\angle EQP = \angle BQP - \angle BQE = 120° - 80° = 40°$

$\angle EPQ = \angle BPC = 180° - (80° + 60°) = 40°$

$\therefore \triangle EPQ$는 $\overline{EP} = \overline{EQ}$인 이등변삼각형이다.

그러므로 $\overline{EP}=\overline{EQ}$, $\overline{DP}=\overline{DQ}$, $\overline{DE}$는 공통이므로

$\triangle DEP \equiv \triangle DEQ$(SSS 합동)

$\therefore \angle BDE = \angle QDE = \dfrac{1}{2}\angle QDP = 30°$

18 오른쪽 그림과 같이 $\overline{CD}$를 그으면 $\triangle AEB$와 $\triangle ADC$에서 $\triangle ABC$가 정삼각형이므로

$\overline{AB}=\overline{AC}$ ...... ㉠

$\triangle ADE$가 정삼각형이므로

$\overline{AE}=\overline{AD}$ ...... ㉡

$\angle EAB = 60° - \angle BAD = \angle DAC$ ...... ㉢

㉠, ㉡, ㉢에 의해 $\triangle AEB \equiv \triangle ADC$(SAS 합동)

또, $\triangle ABD$와 $\triangle CBD$에서 $\overline{AB}=\overline{CB}$, $\overline{BD}$는 공통 ...... ㉣

$\triangle ABM \equiv \angle CBM$(SSS 합동)이므로

$\angle ABM = \angle CBM$ ...... ㉤

㉣, ㉤에 의해 $\triangle ABD \equiv \triangle CBD$(SAS 합동)

이때 $\triangle ABD$의 넓이를 S라고 하면 $\triangle CBD = \triangle ABD = S$

또, $\overline{EF}:\overline{FD} = 5:2$이므로

$\triangle ABD = \triangle AFD + \triangle BDF = \dfrac{2}{5}\triangle AEF + \dfrac{2}{5}\triangle BFE$

$\qquad\qquad = \dfrac{2}{5}(\triangle AEF + \triangle BFE) = \dfrac{2}{5}\triangle AEB$

$\therefore \triangle ADC = \triangle AEB = \dfrac{5}{2}\triangle ABD = \dfrac{5}{2}S$

즉 $\triangle ABC = \triangle ABD + \triangle CBD + \triangle ADC$에서

$36 = S + S + \dfrac{5}{2}S$, $\dfrac{9}{2}S = 36$ $\therefore S = 8$

$\therefore$ (사각형 AEBD의 넓이)

$\qquad = \triangle AEB + \triangle ABD = \dfrac{5}{2}S + S = \dfrac{7}{2}S = \dfrac{7}{2} \times 8 = 28$

특목고 / 경시대회 실전문제 **50~52쪽**

01 1030개 **02** 11개 **03** 16개 **04** 26개

05 20 **06** 12 **07** 56° **08** 풀이 참조

09 139°

01 첫 번째 :  $2+2=4$(개)
$\qquad\qquad\qquad\quad \hookrightarrow 1\times1\times2$

두 번째 : (㉠에서 찾을 수 있는 크고 작은 예각의 수)

$\qquad\qquad = 3+2=5$(개)

$\qquad \rightarrow 8+5=13$(개)
$\qquad\qquad \hookrightarrow 2\times2\times2$

세 번째 : (㉡에서 찾을 수 있는 크고 작은 예각의 수)$=4+3+2=9$(개)

$\qquad \rightarrow 18+9=27$(개)
$\qquad\qquad \hookrightarrow 3\times3\times2$

네 번째 : (㉢에서 찾을 수 있는 크고 작은 예각의 수)$=5+4+3+2=14$(개)

$\qquad \rightarrow 32+14=46$(개)
$\qquad\qquad \hookrightarrow 4\times4\times2$

따라서 20번째 그림에서 찾을 수 있는 크고 작은 예각의 개수는

$20 \times 20 \times 2 + (21+20+19+\cdots+4+3+2)$

$=800+230=1030$(개)

02

더 찍은 점의 개수	직선의 개수	반직선의 개수	선분의 개수	합
0	1	2	1	4
1	1	$2\times2=4$	$1+2=3$	8
2	1	$3\times2=6$	$1+2+3=6$	13
3	1	$4\times2=8$	$1+2+3+4=10$	19
⋮	⋮	⋮	⋮	⋮
x	1	$(x+1)\times2$	$1+2+\cdots+(x+1)$	100 이상

$1 + 2(x+1) + \dfrac{1}{2}(x+2)(x+1) > 100$에서

$(x+2)(x+1) + 4x + 6 > 200$

$x=10$일 때 $12 \times 11 + 40 + 6 = 178 < 200$

$x=11$일 때 $13 \times 12 + 44 + 6 = 206 > 200$

따라서 더 찍어야 할 점의 개수는 11개이다.

03 어느 세 점도 한 직선 위에 있지 않은 점들을 이어서 만든 선분의 개수와 직선의 개수는 같다.

그러나 두 번째, 세 번째, 네 번째 직선처럼 3개 이상의 점이 한 직선 위에 있을 때에는 선분의 개수가 직선의 개수보다 많아진다.

두 번째 직선에서

(선분의 개수)-(직선의 개수)$=3-1=2$(개)

세 번째 직선에서

(선분의 개수)-(직선의 개수)$=6-1=5$(개)

네 번째 직선에서

(선분의 개수)-(직선의 개수)$=10-1=9$(개)

따라서 모든 점들을 이어서 만든 선분과 직선의 개수의 차는

$2+5+9=16$(개)이다.

04 한 직선 위에 있지 않은 세 점을 연결하여 평면을 만들 수 있다.

(i) 두 점이 A, B일 때 : 점 C, D, E, F, G(5개)

(ii) 두 점이 A, C일 때 : 점 D, E, F, G(4개)

(iii) 두 점이 B, C일 때 : 점 D, E, F, G(4개)

(iv) 두 점이 A, D일 때 : 점 E, F, G(3개)

(v) 두 점이 B, D일 때 : 점 E, F, G(3개)

(vi) 두 점이 C, D일 때 : 점 E, F, G(3개)

(vii) 세 점 E, F, G 중에서 두 점을 택할 때 :
점 A, B, C, D(4개)

$\therefore 5+4\times3+3\times3=26$(개)

05 최소 공간의 개수 :

평면의 개수	1	2	3	4	$\cdots$	x
공간의 개수	2	3	4	5	$\cdots$	$x+1$

$\therefore m=5$

최대 공간의 개수 :

평면의 개수	1	2	3	4	$\cdots$	x
공간의 개수	2	4	8	15	$\cdots$	$\dfrac{x^3+5x}{6}+1$

$\therefore M=15$

$\therefore m+M=5+15=20$

06

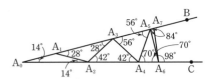

위와 같이 7개의 점을 찍으면 $\overline{A_0A_1}=\overline{A_1A_2}$이므로
$\triangle A_1A_0A_2$는 이등변삼각형이다.

$\therefore \angle A_0A_2A_1=\angle A_2A_0A_1=14°$

삼각형의 외각의 성질에 의해
$\angle A_3A_1A_2=14°+14°=28°$, $\angle A_3A_2A_4=14°+28°=42°$,
$\angle A_5A_3A_4=14°+42°=56°$, $\angle A_5A_4A_6=14°+56°=70°$,
$\angle A_7A_5A_6=14°+70°=84°$

그런데 점 A_8은 점 A_6의 오른쪽에 찍을 수 없으므로 점 A_8부터는 다음 그림과 같이 점 A_6의 왼쪽에 찍는다.

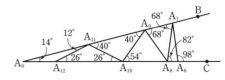

이때 $\overline{A_6A_7}=\overline{A_7A_8}$이므로
$\angle A_7A_8A_6=\angle A_7A_6A_8=180°-98°=82°$

삼각형의 외각의 성질에 의해 $\angle A_7A_9A_8=82°-14°=68°$,
$\angle A_9A_{10}A_8=68°-14°=54°$,

$\angle A_{10}A_{11}A_9=54°-14°=40°$,

$\angle A_{11}A_{12}A_{10}=40°-14°=26°$,

$\angle A_0A_{11}A_{12}=26°-14°=12°$

그런데 점 A_{13}은 반직선 A_0B 위에 찍을 수 없으므로
n의 최댓값은 12이다.

별해 삼각형의 외각의 크기는 14°씩 증가하고 한 내각은 90°
보다 클 수 없다.
A_0부터 바깥쪽으로 90° 미만이 되도록 최대로 갔다가
다시 A_0로 돌아오는 경우를 생각해야 하므로 찍을 수 있
는 점의 최대 개수는
$(90°+90°)\div14°=12\dfrac{12}{14}$에서 12개이다.

07 $\triangle ABC$와 $\triangle DCE$가 정삼각형이므로
$\overline{AC}=\overline{BC}$, $\overline{EC}=\overline{DC}$이고
$\angle ACE=60°-\angle BCE=\angle BCD$
$\triangle AEC\equiv\triangle BDC$(SAS 합동)
$\therefore \angle AEC=\angle BDC=\angle BDE+60°$
또한, $\angle BED+\angle BEA+\angle AEC+\angle DEC=360°$
$\angle BED+116°+\angle BDE+60°+60°=360°$
$\angle BED+\angle BDE=124°$
$\therefore \angle EBD=180°-124°=56°$

08 (i) 대각선 AC를 그린다.

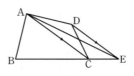

(ii) $\overline{BC}$의 연장선을 긋는다.

(iii) 꼭짓점 D에서 $\overline{AC}$에 평행
한 직선을 긋고 $\overline{BC}$의 연장
선과의 교점을 E라 한다.

(iv) 꼭짓점 A와 E를 지나는 직선을 그린다.
그러면 $\triangle ACE$와 $\triangle ACD$는 밑변이 같고 $\overline{AC}\,/\!/\,\overline{DE}$이므
로 높이가 같아 넓이도 같다.

다음으로 $\triangle ABE$의 넓이와 같은 직사각형을 그린다.

(v) 꼭짓점 A에서 $\overline{BE}$에 수선
의 발을 찍고 F라 하고 $\overline{AF}$
의 중점을 잡아 G라 하자.

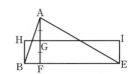

(vi) 점 G를 지나고 $\overline{BE}$에 평행
한 평행선을 그린 후 점 B, 점 E에서 내린 수선의 발을 각
각 H, I라 하면 □ABCD와 넓이가 같은 직사각형은
□HBEI이다.

09 오른쪽 그림과 같이 $\overline{CP}$의 연
장선에 점 B에서 내린 수선
의 발을 D라 하고 $\overline{BD}$의 연
장선과 $\overline{CA}$의 연장선의 교점
을 E라 하자.

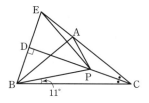

$\angle ACP = \angle BCP = \dfrac{1}{2} \times 38° = 19°$

$\angle BDC = \angle EDC = 90°$, $\overline{CD}$는 공통이므로

$\triangle BDC \equiv \triangle EDC$(ASA 합동)이고 $\overline{BC} = \overline{EC}$이다.

따라서 $\triangle BCE$는 이등변삼각형이므로

$\angle DBC = \angle DEC = 90° - 19° = 71°$

$\therefore \angle DBP = \angle DEP = 71° - 11° = 60°$

$\triangle BCP \equiv \triangle ECP$(SAS 합동)이므로 $\angle PEC = 11°$이다.

그런데 $\angle ABP = \angle ABE = 41° - 11° = 30°$이므로

$\triangle ABP \equiv \triangle ABE$(SAS 합동)

$\therefore \overline{EA} = \overline{PA}$, 즉 $\triangle AEP$는 이등변삼각형이므로

$\angle AEP = \angle APE = 11°$이고

$\angle PAC = 11° + 11° = 22°$이다.

$\therefore \angle APC = 180° - (22° + 19°) = 139°$

Ⅱ. 평면도형

1 다각형

핵심문제 01
54쪽

1 정칠각형 **2** ④, ⑤ **3** 13개

4 ⑤ **5** 44개

---

1 ㈎, ㈏에서 정다각형이다.
㈐에서 다각형의 꼭짓점의 개수와 변의 개수는 같으므로 변의 개수는 7개이다.
따라서 구하는 다각형은 정칠각형이다.

2 ④ 한 내각과 그 내각에 대한 외각의 크기의 합은 180°이다.
⑤ 정다각형의 변의 길이는 서로 같지만 대각선의 길이가 서로 같지는 않다.

3 다각형의 변의 개수와 꼭짓점의 개수는 같으므로
$2x - 7 = x + 3$ $\therefore x = 10$
변의 개수가 $2 \times 10 - 7 = 13$(개),
꼭짓점의 개수가 $10 + 3 = 13$(개)인 다각형은
십삼각형이며 내각의 개수도 13개이다.

4 ⑤ 팔각형의 대각선의 총 개수는 $\dfrac{8 \times (8-3)}{2} = 20$(개)

5 n각형의 내부의 한 점에서 각 꼭짓점에 선분을 그었을 때 생기는 삼각형의 개수는 n개이다. 삼각형이 11개 생겼으므로 이 다각형은 십일각형이며 대각선의 총 개수는
$\dfrac{11 \times (11-3)}{2} = 44$(개)

응용문제 01
55쪽

예제 ① 육각형, 6, 6, 9, 9/9번
1 예 원은 선분으로 둘러싸여 있지 않기 때문에 다각형이 아니야.
2 135개 **3** 65 **4** 정사각형, 정육각형

2 처음 삼각형은 3개의 꼭짓점이 필요하고 다음 오각형은 새로운 3개의 꼭짓점이 필요하다. 또, 다음 칠각형은 새로운 5개의 꼭짓점이 필요하고 마지막 구각형은 새로운 7개의 꼭짓점이 필요하다.

즉, 주어진 다각형의 꼭짓점의 수는

$3+(5-2)+(7-2)+(9-2)=18$(개)

따라서 십팔각형의 대각선의 총 개수는

$$\frac{18\times(18-3)}{2}=135(개)$$

3 정 n 각형에서 대각선의 길이가 서로 다른 것의 가짓수의 규칙성을 찾으면

(1) n 이 짝수이면 $(n-2)\div2$(가지)이다.

(2) n 이 홀수이면 $(n-3)\div2$(가지)이다.

$f(11)=4$, $f(12)=f(13)=5$, $f(14)=f(15)=6$,

$f(16)=f(17)=7$, $f(18)=f(19)=8$, $f(20)=9$

$\therefore f(11)+f(12)+f(13)+\cdots+f(20)$

$\qquad=4+2\times(5+6+7+8)+9=65$

4 두 정다각형을 각각 정 m 각형, 정 n 각형이라고 하면 내각의 개수의 합이 10이므로 $m+n=10$이다.

(ⅰ) $m=3$, $n=7$일 때,

(대각선의 총 개수의 합)$=\dfrac{3\times0}{2}+\dfrac{7\times4}{2}=0+14=14$

(ⅱ) $m=4$, $n=6$일 때,

(대각선의 총 개수의 합)$=\dfrac{4\times1}{2}+\dfrac{6\times3}{2}=2+9=11$

따라서 $m=4$, $n=6$이므로 서로 다른 두 정다각형은 정사각형, 정육각형이다.

핵심 문제 02 56쪽

1 ∠ECD, ∠ECD, 180 **2** 154°

3 80° **4** 25°

2 $\angle x=40°+65°=105°$, $\angle y=65°-16°=49°$

$\therefore \angle x+\angle y=105°+49°=154°$

3 $\angle BAD=180°-(90°+40°)=50°$이므로 $\angle BAC=25°$

따라서 $\angle ACB=180°-(25°+90°)=65°$,

$\angle ECD=180°-(55°+90°)=35°$이므로

$\angle x=180°-(65°+35°)=80°$

4 △EBC에서

$\angle E=\angle ECD-\angle EBC$

$\qquad=\dfrac{1}{2}(\angle ACD-\angle B)$

$\qquad=\dfrac{1}{2}\times50°=25°$

응용 문제 02 57쪽

예제 **②** x, 43, 43, 78, 78, 50 / 50°

1 20° **2** 95° **3** 54° **4** 340°

1 세 외각 중 크기가 가장 큰 각의 크기는 $360°\times\dfrac{4}{9}=160°$

따라서 삼각형의 세 내각 중 크기가 가장 작은 각의 크기는

$180°-160°=20°$

2 $\angle x=180°-(\angle PAB+\angle PBA)$

$\qquad=180°-\dfrac{1}{2}\times(\angle DAB+\angle CBA)$

$\qquad=180°-\dfrac{1}{2}\times\{360°-(\angle ADC+\angle BCD)\}$

$\qquad=\dfrac{1}{2}\times(\angle ADC+\angle BCD)$

$\qquad=\dfrac{1}{2}\times(120°+70°)=95°$

3 $\angle x+(23°+33°)+(43°+27°)$

$\qquad=180°$

$\angle x+126°=180°$

$\therefore \angle x=54°$

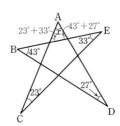

4 $\overline{AB}$와 $\overline{DE}$의 교점을 P라 하고 $\overline{AE}$, $\overline{BD}$를 그으면

$\angle PAE+\angle PEA$

$=\angle PBD+\angle PDB$이므로

$\angle A+\angle B+\angle C+\angle D+\angle E+20°$

$=$(△BCD의 내각의 크기의 합)

$\quad+$(△AEF의 내각의 크기의 합)

$=360°$

$\therefore \angle A+\angle B+\angle C+\angle D+\angle E=340°$

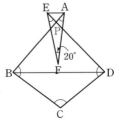

핵심 문제 03 58쪽

1 정십이각형 **2** 10개 **3** 40°

4 ②, ④, ⑤ **5** 22개

1 구하는 정다각형을 정 n각형이라 하면

한 외각의 크기는 $180°\times\dfrac{1}{6}=30°$이므로

$\dfrac{360°}{n}=30°$에서 $n=12$

∴ 정십이각형

2 구하는 정다각형을 정 n각형이라 하면

$\dfrac{180°\times(n-2)}{n}=144$, $180°\times(n-2)=144°\times n$

$36°\times n=360°$ ∴ $n=10$

따라서 한 내각의 크기가 144°인 정다각형은 정십각형이므로 변의 개수는 10개이다.

3 주어진 정다각형을 정 n각형이라 하면

$n-3=6$에서 $n=9$

따라서 정구각형의 한 외각의 크기는 $\dfrac{360°}{9}=40°$

4 ① 육각형의 내각의 크기의 합은 720°이다.

② (한 내각)=(한 외각)=90°이므로 정사각형이다.

③ 한 내각의 크기가 120°인 정다각형은 정육각형이므로 둘레의 길이는 $3\times6=18$이다.

④ 한 꼭짓점에서 대각선을 모두 그었을 때, 13개의 삼각형으로 나누어진 정다각형은 정십오각형이므로 한 외각의 크기는 $360°\div15=24°$이다.

⑤ 정육각형은 대각선에 의해 정삼각형 6개로 나누어지므로 가장 긴 대각선의 길이는 한 변의 길이의 2배이다.

5 정 n각형의 한 내각의 크기는

$\dfrac{180°\times(n-2)}{n}=180°-\dfrac{360°}{n}$

이것이 자연수가 되려면 n은 3 이상이면서 360의 약수이어야 한다.

$360=2^3\times3^2\times5$이므로 360의 약수의 개수는

$4\times3\times2=24$(개)

이때 360의 약수 중 3보다 작은 수는 1과 2뿐이다.

따라서 가능한 n의 개수는 $24-2=22$(개)

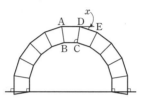

1 주어진 그림의 외부에는 7개의 삼각형이 있고 내부에는 칠각형이 있다.

$\angle A+\angle B+\angle C+\angle D+\angle E+\angle F+\angle G$

$=100°+75°+55°+\angle D+85°+55°+90°$

$=\angle D+460°$

외부에 있는 7개의 삼각형의 내각의 크기의 합은

$180°\times7=1260°$

내부에 있는 칠각형의 외각의 크기의 합은 360°

따라서 $\angle D+460°+360°\times2=1260°$이므로 $\angle D=80°$

2 점 D와 이웃하는 점을 E라 하고 $\angle ADE$에 대한 외각의 크기를 x라 하면 오른쪽 그림과 같은 십이각형의 외각의 크기의 합은 360°이므로

$90°\times2+10x=360°$ ∴ $x=18°$

∴ $\angle ADE=180°-18°=162°$

$\angle ADC=\dfrac{1}{2}\angle ADE=\dfrac{1}{2}\times162°=81°$

∴ $\angle BCD=180°-81°=99°$

3 $\triangle EBC\equiv\triangle ACD$(SSS 합동)이므로 $\angle EBC=\angle ACD$

∴ $\angle AFB=\angle FBC+\angle FCB=\angle FCD+\angle FCB$

$=\dfrac{180°\times(5-2)}{5}=108°$

4 조건을 만족하는 다각형은 한 외각의 크기가 30°인

정 n각형이므로 $\dfrac{360°}{n}=30°$ ∴ $n=12$

즉, 정십이각형이다.

따라서 정십이각형의 내각의 크기의 총합은

$180°\times(12-2)=1800°$

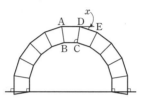

심화 문제			60~65쪽
01 168	**02** 36°	**03** 19°	**04** 150°
05 123°	**06** 12번	**07** 125 cm²	**08** 60°
09 A : 160°, B : 170°		**10** 720°	**11** 180°
12 105°	**13** 10, 17	**14** 32	**15** 105°
16 216°	**17** 150°	**18** 85°	

응용 문제 03
59쪽

예제 ③ ∠CHD, ∠HBA, 160, 2, 540, 175 / 175°

1 80°   **2** 99°   **3** 108°   **4** 1800°

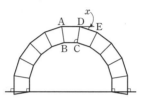

01 주어진 다각형을 n각형이라 하면

$a=n$, $b=\dfrac{n(n-3)}{2}$이고 $a:b=1:9$이므로

$n:\dfrac{n(n-3)}{2}=1:9$, $9n=\dfrac{n(n-3)}{2}$ $\quad\therefore n=21$

따라서 주어진 다각형은 이십일각형이므로

$a=21$, $b=\dfrac{21\times18}{2}=189$

$\therefore b-a=189-21=168$

02 △ACD에서

$\angle DAC+\angle DCA$
$=180°-72°=108°$

$\angle CAE+\angle ACF$
$=2(\angle DAC+\angle DCA)$
$=2\times108°=216°$

△ABC에서 $\angle BAC+\angle BCA=180°\times2-216°=144°$

$\therefore \angle ABC=180°-144°=36°$

03 $\angle DBC=\angle a$,

$\angle DCE=\angle b$라 하면

△ABC에서

$3\angle b=57°+3\angle a$

$\therefore \angle b-\angle a=19°$

또한 △DBC에서 $\angle b=\angle x+\angle a$이므로 $\angle x=\angle b-\angle a$

$\therefore \angle x=\angle b-\angle a=19°$

04 오른쪽 그림에서

$\angle A=\angle C=45°$이므로

△ABE에서

$\angle AEB=180°-(60°+45°)$
$\qquad\quad=75°$

△CBD에서

$\angle CDB=180°-(60°+45°)$
$\qquad\quad=75°$

$\therefore \angle x=360°-(75°+75°+60°)=150°$

05 오른쪽 그림에서

$\angle x=\angle BFE$(맞꼭지각)

$\angle ABF=108°$(정오각형의 한 내각)

$\angle ABC=135°$(정팔각형의 한 내각)

$\angle FED=120°$(정육각형의 한 내각)

오각형 BCDEF의 내각의 합은

$180°\times(5-2)=540°$이므로

$\angle FBC+\angle BCD+\angle CDE+(360°-\angle DEF)+\angle EFB$
$=540°$

$(135°-108°)+135°+(135°-120°)+(360°-120°)+\angle x$
$=540°$

$\angle x=540°-417°=123°$

06 150과 360의 최소공배수는 1800

$1800\div150=12$(번)

07 사각형 BFDE가 마름모이므로

선분 BE의 길이는 $52\div4=13$(cm)

선분 AB의 길이는 $30\div6=5$(cm)이므로

$\overline{AD}=5\times5=25$(cm)

따라서 사각형 ABCD의 넓이는 $5\times25=125$(cm²)

08 $\overline{GE}$와 $\overline{EC}$를 그리면

△GFE에서

$\angle FGE+\angle GEF$
$=180°-70°=110°$

△EDC에서

$\angle DEC+\angle DCE$
$=180°-25°=155°$

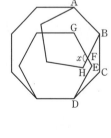

오각형 GABCE에서 내각의 크기의 합은 540°이므로

$\angle A+\angle AGE+\angle GEC+\angle ECB+\angle B$
$=\angle A+(15°+\angle FGE)+(\angle GEF+30°+\angle DEC)$
$\quad+(\angle DCE+80°)+90°$
$=\angle A+(\angle FGE+\angle GEF)+(\angle DEC+\angle DCE)+215°$
$=\angle A+110°+155°+215°$
$=\angle A+480°=540°$

$\therefore \angle A=60°$

09 A 정다각형의 변의 수를 x개라 하면 B 정다각형의 변의 수는 $2x$개이다.

x각형의 한 내각은 $180°-\dfrac{360°}{x}$이고 $2x$각형의 한 내각은

$180°-\dfrac{360°}{2x}$이므로

$\left(180°-\dfrac{360°}{2x}\right)-\left(180°-\dfrac{360°}{x}\right)=10°$

$\dfrac{360°}{x}-\dfrac{360°}{2x}=10°$ $\quad\therefore x=18$

따라서 A 정다각형은 정십팔각형이므로 한 내각은

$180°-\dfrac{360°}{18}=160°$,

B 정다각형은 정삼십육각형이므로 한 내각은

$180°-\dfrac{360°}{36}=170°$

10 $\angle b + \angle c + \angle d + \angle e$
$= 540° - \angle i$

$\angle f + \angle g + \angle h$
$= 180° - \angle j$이므로

$\angle a + \angle b + \angle c + \angle d$
$\qquad + \angle e + \angle f + \angle g + \angle h$
$= \angle a + (540° - \angle i)$
$\qquad + (180° - \angle j)$
$= \angle a + 720° - (\angle i + \angle j) \cdots \text{㉠}$

그런데 $\angle a = \angle i + \angle j$이므로 ㉠에서
$\angle a + 720° - \angle a = 720°$

11 $\angle PAB = \angle a$, $\angle PBA = \angle b$, $\angle QCD = \angle c$,

$\angle QDC = \angle d$라 하면

사각형 ABCD의 외각의 크기의 합은 360°이므로
$2(\angle a + \angle b + \angle c + \angle d) = 360°$

$\therefore \angle a + \angle b + \angle c + \angle d = 180° \cdots \text{㉠}$

두 삼각형 PBA, QDC의 세 내각의 크기의 합은

각각 180°이므로
$(\angle P + \angle a + \angle b) + (\angle Q + \angle c + \angle d)$
$= 180° + 180° = 360°$

$\angle P + \angle Q + 180° = 360° (\because \text{㉠})$

$\therefore \angle P + \angle Q = 180°$

12 △ABC에서 $3(\angle RBC + \angle RCB) + 75° = 180°$

$\therefore \angle RBC + \angle RCB = 35°$

△RBC에서 $\angle BRC = 180° - (\angle RBC + \angle RCB) = 145°$

$\therefore \angle QRS = \angle BRC = 145°$(맞꼭지각)

△PBC에서 $\angle BPC = 180° - (\angle PBC + \angle PCB)$
$\qquad\qquad\qquad = 180° - 2(\angle RBC + \angle RCB) = 110°$

사각형 PQRS에서 $110° + \angle PQR + 145° + \angle PSR = 360°$

$\therefore \angle PQR + \angle PSR = 105°$

13 오른쪽 그림과 같이
△$A_1A_2A_{10}$이
이등변삼각형이 되려면
$\overline{A_1A_2} = \overline{A_1A_{10}}$이거나
$\overline{A_1A_{10}} = \overline{A_2A_{10}}$이어야
한다.

(ⅰ) $\overline{A_1A_2} = \overline{A_1A_{10}}$일 때 정$n$각형에서 점 A_{10}은 점 A_1과 이웃
하는 꼭짓점이어야 하므로 $n = 10$이다.

(ⅱ) $\overline{A_1A_{10}} = \overline{A_2A_{10}}$일 때 정$n$각형에서 시계 반대 방향으로 점
A_1과 점 A_{10}, 점 A_{10}과 점 A_2 사이에 각각 7개의 꼭짓점
이 있어야 하므로

14 A, B 두 정다각형의 변의 개수를 각각 a, b라 하면
$(a-2):(b-2) = 5:9 \cdots \text{㉠}$

이때 $a-2 = 5k$, $b-2 = 9k(k$는 자연수)로 놓으면
$\dfrac{180° \times 5k}{a} : \dfrac{180° \times 9k}{b} = 25:27 \qquad \therefore b = \dfrac{5}{3}a$

$b = \dfrac{5}{3}a$를 ㉠에 대입하면

$(a-2):\left(\dfrac{5}{3}a - 2\right) = 5:9 \qquad \therefore a = 12$

$\therefore b = \dfrac{5}{3}a = \dfrac{5}{3} \times 12 = 20$

따라서 두 정다각형의 모든 변의 개수의 합은 $12 + 20 = 32$

15 △ABC에서 $\angle ACB = \angle ABC = 75°$이므로
$\angle BAC = 180° - (75° + 75°) = 30°$

$\angle BAE = \angle BAC + \angle CAE = 30° + 60° = 90°$이고

$\overline{AE} = \overline{AB}$이므로 △ABE는 직각이등변삼각형이다.

$\therefore \angle ABF = \dfrac{1}{2}(180° - 90°) = 45°$

$\therefore \angle DBF = \angle DBA + \angle ABF = 60° + 45° = 105°$

16 $\angle BAE = \angle EAC = \angle a$, $\angle ACD = \angle DCB = \angle b$라 하면
△ABC에서 $2\angle a + 2\angle b + 36° = 180°$

$\therefore \angle a + \angle b = 72°$

△ADC에서 $\angle x = 2\angle a + \angle b$,

△AEC에서 $\angle y = \angle a + 2\angle b$

$\therefore \angle x + \angle y = 3\angle a + 3\angle b = 3(\angle a + \angle b) = 3 \times 72° = 216°$

17 △BAE와 △CBF에서 $\overline{BE} = \overline{CF}$, $\overline{AB} = \overline{BC}$
$\angle ABE = \angle BCF$이므로 △BAE ≡ △CBF(SAS 합동)

$\therefore \angle BAE = \angle CBF$

$\angle BAE = \dfrac{180° \times (12-2)}{12} = 150°$이고

$\angle BAE = \angle CBF = a$라 하면 $\angle ABF = 150° - a$

$\therefore \angle AGF = a + 150° - a = 150°$

18 $\angle ABE = \angle EBC = \angle a$, $\angle ADE = \angle EDC = \angle b$라 하자.
삼각형의 두 내각의 크기의 합은 한 외각의 크기와 같으므로
$2\angle a + 2\angle b + 60° + (360° - 110°) = 360°$에서
$2\angle a + 2\angle b = 360° - 310° = 50° \qquad \therefore \angle a + \angle b = 25°$
$\angle a + \angle b + (360° - 110°) + \angle BED = 360°$에서
$\angle BED = 360° - 250° - (\angle a + \angle b) = 110° - 25° = 85°$

[다른 풀이]

$\overrightarrow{AC}$를 그으면 $\angle BCD = \angle ABC + \angle BAD + \angle ADC$
$110° = 2\angle a + 60° + 2\angle b$

$\therefore \angle a + \angle b = 25°$

$n = 7 \times 2 + 3 = 17$이다.

$\overrightarrow{AE}$를 그으면

$$\angle BED = \angle ABE + \angle BAD + \angle ADE$$
$$= \angle a + 60° + \angle b$$
$$= 85°$$

최상위 문제

66~71쪽

01 정십팔각형   **02** 120°   **03** 68

04 16   **05** 18   **06** 239°   **07** 275

08 2400개   **09** 29   **10** 117   **11** 134°

12 70°   **13** 84°   **14** $y = \frac{3}{2}x + 90$

15 6개   **16** 18   **17** $\frac{17}{108}$ **18** 48°

01 △ABP와 △BCQ에서 $\overline{AB} = \overline{BC}$, $\overline{BP} = \overline{CQ}$,

∠ABP = ∠BCQ ∴ △ABP ≡ △BCQ(SAS 합동)

∠BAP = ∠CBQ이므로 △BPR와 △BPA에서

∠PBR + ∠BPR = ∠BAP + ∠BPA이므로

$$\angle BRP = 180° - (\angle PBR + \angle BPR)$$
$$= 180° - (\angle BAP + \angle BPA) = \angle ABP = \angle ABC$$

즉, ∠BRP의 크기는 정다각형의 한 내각의 크기와 같다.

∠ARB = 20°이므로 ∠BRP = 180° − 20° = 160°

이때 한 내각의 크기가 160°인 정다각형을 정n각형이라 하면

$$\frac{180° \times (n-2)}{n} = 160° \qquad \therefore n = 18$$

따라서 구하는 정다각형은 정십팔각형이다.

02 △APC와 △AQD에서

$\overline{AP} = \overline{AQ}$, $\overline{AC} = \overline{AD}$이고

∠PAC = ∠QAD이므로

△APC ≡ △AQD(SAS 합동)

∴ $\overline{PC} = \overline{QD}$

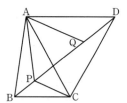

또한 $\overline{AP} + \overline{BP} + \overline{CP} = \overline{PQ} + \overline{BP} + \overline{QD} \geq \overline{BD}$

그런데 $\overline{AP} + \overline{BP} + \overline{CP}$가 최소가 되려면 오른쪽 그림과 같이 점 B, P, Q, D가 일직선 위에 있어야 합니다.

∴ ∠APB = 180° − ∠APQ = 180° − 60° = 120°

03 사각형 ABCD와 점 P_1에 대하여

$\overline{P_1A}$, $\overline{P_1B}$, $\overline{P_1C}$, $\overline{P_1D}$를 그으면

△AP₁C와 △BP₁D에서

$\overline{P_1A} + \overline{P_1C} \geq \overline{AC}$,

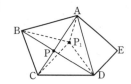

$\overline{P_1B} + \overline{P_1D} \geq \overline{BD}$이므로

$\overline{P_1A} + \overline{P_1B} + \overline{P_1C} + \overline{P_1D} \geq \overline{AC} + \overline{BD}$이다.

또 점 P가 $\overline{AC}$와 $\overline{BD}$의 교점일 때,

$\overline{PA} + \overline{PB} + \overline{PC} + \overline{PD} = \overline{AC} + \overline{BD}$이다.

따라서 최솟값 11 = $\overline{AC} + \overline{BD}$이고

$\overline{BD} = 11 - \overline{AC} = 11 - 5 = 6$이다.

마찬가지로

$$\overline{Q_1A} + \overline{Q_1B} + \overline{Q_1C} + \overline{Q_1E}$$
$$\geq \overline{AC} + \overline{BE}$$이고,

점 Q가 $\overline{AC}$와 $\overline{BE}$의 교점일 때,

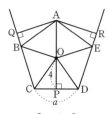

$\overline{QA} + \overline{QB} + \overline{QC} + \overline{QE} = \overline{AC} + \overline{BE}$이다.

따라서 최솟값 13 = $\overline{AC} + \overline{BE}$이고, $\overline{BE} = 13 - 5 = 8$이다.

그러므로 구하는 값은 $10 \times \overline{BD} + \overline{BE} = 68$이다.

04

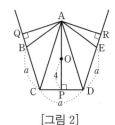

[그림 1]   [그림 2]

정오각형 ABCDE는 [그림 1]과 같이 5개의 합동인 이등변삼각형으로 나누어진다.

정오각형 ABCDE의 한 변의 길이를 a라고 하면

(정오각형 ABCDE의 넓이)

$$= 5 \times \triangle OCD = 5 \times \left(\frac{1}{2} \times a \times 4 \right) = 10a \cdots \text{㉠}$$

한편, 정오각형 ABCDE는 [그림 2]와 같이 이등변삼각형 ACD와 △ABC, △AED로 나누어진다.

$$\triangle ACD = \frac{1}{2} \times a \times (\overline{AO} + 4) = \frac{a}{2}(\overline{AO} + 4)$$

$$\triangle ABC = \frac{1}{2} \times a \times \overline{AQ} = \frac{a}{2}\overline{AQ},$$

$$\triangle AED = \frac{1}{2} \times a \times \overline{AR} = \frac{a}{2}\overline{AR}$$

∴ (정오각형 ABCDE의 넓이)

$$= \triangle ACD + \triangle ABC + \triangle AED$$
$$= \frac{a}{2}(\overline{AO} + 4 + \overline{AQ} + \overline{AR}) \cdots \text{㉡}$$

㉠, ㉡에 의해 $10a = \frac{a}{2}(\overline{AO} + 4 + \overline{AQ} + \overline{AR})$

$\overline{AO} + 4 + \overline{AQ} + \overline{AR} = 20$ ∴ $\overline{AO} + \overline{AQ} + \overline{AR} = 16$

05 정n각형 $B_1B_2 \cdots B_n$과 n개의 이등변삼각형으로 나누어 생각하면 주어진 다각형의 내각의 크기의 합은

(정n각형의 내각의 크기의 합)

$+$(이등변삼각형의 내각의 크기의 합)$\times n$

$= \angle A_1 \times n + (360° - \angle A_1 B_1 A_2) \times n$

$180° \times (n-2) + 180° \times n$

$= (\angle A_1 + 360° - \angle A_1 B_1 A_2) \times n$

$\therefore \ (\angle A_1 B_1 A_2 - \angle A_1) \times n = 360°$

그런데 $\angle A_1$은 $\angle A_1 B_1 A_2$보다 $20°$만큼 작으므로

$\angle A_1 B_1 A_2 - \angle A_1 = 20°$이다.

따라서 $20° \times n = 360°$ $\quad \therefore n = 18$

06 한 내각의 크기가 자연수가 되려면 정n각형의 한 외각의 크기, 즉 $\dfrac{360°}{n}$가 자연수가 되어야 하므로 n은 360의 약수이어야 한다.

그런데 $n \geq 3$이어야 하므로 $n=3$일 때 즉 삼각형일 때 한 외각이 가장 크고 한 내각이 가장 작다.

또한 $n=360$일 때 즉 360각형일 때 한 외각이 가장 작고 한 내각은 가장 크다.

$\angle a = 180° - \dfrac{360°}{3} = 60°$, $\angle b = 180° - \dfrac{360°}{360} = 179°$

$\therefore \angle a + \angle b = 60° + 179° = 239°$

07 정십오각형의 15개의 꼭짓점 중에서 3개의 꼭짓점을 택하여 만들 수 있는 삼각형의 개수는 $\dfrac{15 \times 14 \times 13}{3 \times 2 \times 1} = 455$이다.

이중에서 정십오각형의 한 변과 겹치는 삼각형의 개수는

$15 \times (15-4) = 165$

└ 한 변과 이웃하는 꼭짓점을 제외한 수

두 변과 겹치는 삼각형의 개수는 꼭짓점의 개수와 같은 15이므로 정십오각형의 변과 겹치는 변이 하나도 없는 삼각형의 개수는 $455 - (165 + 15) = 275$이다.

08 정삼각형의 한 변의 길이와 그 정삼각형을 쪼개었을 때 한 변의 길이가 1인 정삼각형의 개수 사이의 관계는 다음과 같다.

한 변의 길이	1	2	3	⋯
정삼각형의 개수	1개	$4(=2^2)$개	$9(=3^2)$개	⋯

따라서 한 변의 길이가 n인 정삼각형을 쪼개었을 때 한 변의 길이가 1인 정삼각형의 개수는 n^2개이다.

한 변의 길이가 n인 정육각형은 한 변의 길이가 n인 정삼각형 6개로 쪼개어진다.

따라서 한 변의 길이가 20인 정육각형을 쪼개었을 때 한 변의 길이가 1인 정삼각형의 개수는 $6 \times 20^2 = 2400$(개)이다.

09 세 다각형 A, B, C의 변의 개수를 차례대로 a, b, c라 하면 $(a-3):(b-3):(c-3) = 1:3:6$이다.

$a-3=k$, $b-3=3k$, $c-3=6k(k$는 자연수$)$라 하면

$a-2=k+1$, $b-2=3k+1$, $c-2=6k+1$

세 다각형의 모든 내각의 크기의 합이 $4140°$이므로

$180(k+1+3k+1+6k+1) = 180(10k+3) = 4140$

$10k+3 = 23$ $\quad \therefore k = 2$

$\therefore a=5$, $b=9$, $c=15$

따라서 세 다각형 A, B, C의 변의 개수의 합은

$5+9+15 = 29$

10 $\dfrac{180° \times (r-2)}{r} = \dfrac{59}{58} \times \dfrac{180° \times (s-2)}{s}$

$58s(r-2) = 59r(s-2)$ $\quad \therefore r = \dfrac{116s}{118-s}$

그런데 r는 양의 정수이므로 $s \leq 117$이다.

따라서 구하는 s의 최댓값은 117이다.

11 사다리꼴 ABCD에서

$\overline{AD} /\!/ \overline{BC}$, $\overline{AB} = \overline{CD}$이므로

$\angle BAD = \angle CDA$,

$\angle ABC = \angle DCB$

따라서 $\angle BAD = \angle CDA = x°$

라 하면 $\angle B = \angle C = 180° - x°$

$\angle ABC = 2\angle PAB$에서 $2(24° + x°) = 180° - x°$

$\therefore x = 44°$

$\angle ADC = 2\angle ADP$에서 $44° = 2\angle ADP$

$\therefore \angle ADP = 22°$

$\therefore \angle APD = 180° - (24° + 22°) = 134°$

12 $\overline{AB}$ 위에 $\angle BCE = 20°$가 되도록 점 E를 잡으면

$\angle BEC = \angle EBC = 80°$이므로

$\overline{BC} = \overline{EC}$

$\angle DBC = \angle BDC = 50°$이므로

$\overline{BC} = \overline{DC}$

$\angle CED = \angle CDE$

$= \dfrac{1}{2}(180° - 60°) = 60°$이므로

$\triangle DEC$는 정삼각형이다. $\quad \therefore \overline{DE} = \overline{EC}$

또한 $\angle ACE = 60° - 20° = 40°$이므로

$\overline{AE} = \overline{EC}$이다.

따라서 $\triangle AED$는 이등변삼각형이므로

$\angle BAD = \angle EAD = \dfrac{1}{2}(180° - 40°) = 70°$

13 오른쪽 그림과 같이 $\overline{BC}$를 한 변으로 하는 정오각형 AEBCF를 그리면 정오각형의 한 내각의 크기는 $\dfrac{180° \times (5-2)}{5} = 108°$이므로

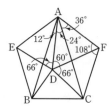

$\angle FAC = \dfrac{1}{2} \times (180° - 108°) = 36°$

$\overline{DF}$를 그으면 $\triangle ADF$에서 $\overline{AD} = \overline{BC} = \overline{AF}$이고

$\angle DAF = 24° + 36° = 60°$이므로

$\angle ADF = \angle AFD = \dfrac{1}{2} \times (180° - 60°) = 60°$

따라서 $\triangle ADF$는 정삼각형이다.

$\overline{DE}$를 그으면 $\triangle ADE$에서 $\angle EAD = 36° + 12° = 48°$이고

$\overline{AE} = \overline{AD}$이므로

$\angle AED = \angle ADE = \dfrac{1}{2} \times (180° - 48°) = 66°$

$\triangle FDC$에서 $\angle DFC = 108° - 60° = 48°$이고

$\overline{DF} = \overline{FC}$이므로 $\angle FDC = \dfrac{1}{2} \times (180° - 48°) = 66°$

한편 $\triangle AED$와 $\triangle FCD$에서 $\overline{AD} = \overline{FD}$, $\overline{AE} = \overline{FC}$이고

$\angle EAD = \angle CFD = 48°$이므로

$\triangle AED \equiv \triangle FCD$(SAS 합동) $\therefore \overline{ED} = \overline{CD}$

또 $\triangle EBD$와 $\triangle CBD$에서 $\overline{EB} = \overline{CB}$, $\overline{BD}$는 공통,

$\overline{ED} = \overline{CD}$이므로 $\triangle EBD \equiv \triangle CBD$(SSS 합동)

$\therefore \angle BDC = \angle BDE = \dfrac{1}{2} \times (360° - 60° - 66° - 66°) = 84°$

14 $\angle DCE + \angle CDE = 180° - x$, $\angle A + \angle B = y$이므로

$\dfrac{3}{2}(180 - x) + y = 360$, $3(180 - x) + 2y = 720$

$540 - 3x + 2y = 720$, $2y = 3x + 180$

$\therefore y = \dfrac{3}{2}x + 90$

15 정 n각형의 한 내각의 크기는 $180° - \dfrac{360°}{n}$이고, 정 a각형, 정 b각형, 정 c각형 각각의 한 내각의 합이 360°가 되어야 하므로

$\left(180° - \dfrac{360°}{a}\right) + \left(180° - \dfrac{360°}{b}\right) + \left(180° - \dfrac{360°}{c}\right) = 360°$

$\dfrac{360°}{a} + \dfrac{360°}{b} + \dfrac{360°}{c} = 180°$

이 식의 양변을 360°로 나누면 $\dfrac{1}{a} + \dfrac{1}{b} + \dfrac{1}{c} = \dfrac{1}{2}$

(ⅰ) $a = 3$일 때 $\dfrac{1}{3} + \dfrac{1}{b} + \dfrac{1}{c} = \dfrac{1}{2}$에서 $\dfrac{1}{b} + \dfrac{1}{c} = \dfrac{1}{6}$

$3 < b < c$이므로 이 식을 만족시키는 순서쌍 (b, c)는

$(7, 42)$, $(8, 24)$, $(9, 18)$, $(10, 15)$의 4개이다.

(ⅱ) $a = 4$일 때 $\dfrac{1}{4} + \dfrac{1}{b} + \dfrac{1}{c} = \dfrac{1}{2}$에서 $\dfrac{1}{b} + \dfrac{1}{c} = \dfrac{1}{4}$

$4 < b < c$이므로 이 식을 만족시키는 순서쌍 (b, c)는

$(5, 20)$, $(6, 12)$의 2개이다.

(ⅲ) $a = 5$일 때 $\dfrac{1}{5} + \dfrac{1}{b} + \dfrac{1}{c} = \dfrac{1}{2}$에서 $\dfrac{1}{b} + \dfrac{1}{c} = \dfrac{3}{10}$

이 식을 만족시키는 $5 < b < c$인 (b, c)는 없다.

(ⅳ) $a \geq 6$일 때 $\dfrac{1}{2} = \dfrac{1}{a} + \dfrac{1}{b} + \dfrac{1}{c} \leq \dfrac{1}{6} + \dfrac{1}{b} + \dfrac{1}{c}$

즉 $\dfrac{1}{b} + \dfrac{1}{c} \geq \dfrac{1}{3}$을 만족시키는 $6 < b < c$인 순서쌍 (b, c)는 없다.

(ⅰ)~(ⅳ)에서 구하는 순서쌍 (a, b, c)는 $(3, 7, 42)$, $(3, 8, 24)$, $(3, 9, 18)$, $(3, 10, 15)$, $(4, 5, 20)$, $(4, 6, 12)$의 6개이다.

16

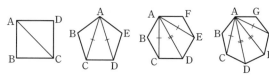

위의 그림에서 $f(4) = 1$, $f(5) = 1$, $f(6) = 2$, $f(7) = 2$이다.

같은 방법으로 $f(8) = f(9) = 3$, $f(10) = f(11) = 4$, $f(12) = f(13) = 5$, $f(14) = f(15) = 6$, $f(16) = f(17) = 7$, $f(18) = f(19) = 8$, $f(20) = f(21) = 9$, …

따라서 $f(n) + f(n+2) = 17 = 8 + 9$에서

$f(18) + f(20) = 17$, $f(19) + f(21) = 17$이고, 이때 n의 최솟값은 18이다.

[다른 풀이]

함수 $f(k)$의 규칙을 찾으면(k는 자연수) 다음과 같다.

(ⅰ) k가 짝수이면 $f(k) = (k - 2) \div 2$이므로

$f(n) + f(n+2) = \dfrac{n-2}{2} + \dfrac{n}{2} = 17$ $\therefore n = 18$

(ⅱ) k가 홀수이면 $f(k) = (k - 3) \div 2$이므로

$f(n) + f(n+2) = \dfrac{n-3}{2} + \dfrac{n-1}{2} = 17$ $\therefore n = 19$

$\therefore n$의 최솟값은 18이다.

17 먼저 직사각형의 개수인 a를 구하자.

직사각형이란 가로와 세로가 만나 만들어지는 도형으로 만들 수 있는 직사각형의 개수는 고를 수 있는 직사각형의 가로의 수와 세로의 수를 곱한 것과 같다.

가장 작은 정사각형의 한 변을 1이라 할 때, 한 변의 길이가 1인 선분이 8가지, 2인 선분이 7가지, …, 8인 선분이 1가지 있다.

따라서 고를 수 있는 모든 선분의 수는 1부터 8까지의 합인 36 이다. 이와 마찬가지로 36가지의 방법으로 직사각형의 세로의 변을 고를 수 있다.

따라서 만들 수 있는 모든 직사각형의 수는

$36 \times 36 = 1296$(개)이다.

이제 b의 값을 구하자.

1×1인 정사각형 64개, 2×2인 정사각형 49개, 3×3인 정사각형 36개, 4×4인 정사각형 25개, ⋯, 8×8인 정사각형 1개이다.

따라서 만들 수 있는 정사각형의 수는

$1+4+9+16+25+36+49+64=204$(개)이다.

따라서 $\dfrac{b}{a} = \dfrac{204}{1296} = \dfrac{17}{108}$

18 $\angle DBE = \angle a$, $\angle DCE = \angle b$, $\angle BDC = \angle x$라 하면

$\angle ABD = 2\angle a$, $\angle ACD = 2\angle b$

$\triangle ABG$와 $\triangle CEG$에서

$52^\circ + 3\angle a = 46^\circ + 3\angle b$(맞꼭지각)

$\therefore \angle b - \angle a = 2^\circ$

$\triangle ABF$와 $\triangle CDF$에서

$52^\circ + 2\angle a = \angle x + 2\angle b$(맞꼭지각)

$\therefore \angle x = 52^\circ - 2(\angle b - \angle a) = 52^\circ - 2 \times 2^\circ = 48^\circ$

2 원과 부채꼴

핵심문제 01　　72쪽

| **1** 180° | **2** 90° | **3** 224° |
| **4** 35 cm | **5** ⑤ | |

1 부채꼴과 활꼴이 같은 경우는 반원이므로 중심각의 크기는 180°이다.

2 $\angle AOB : \angle BOC : \angle COA = 2 : 3 : 7$이므로

$\angle BOC = \dfrac{3}{2+3+7} \times 360^\circ = 90^\circ$

3 $\angle x : 21^\circ = 32 : 3$에서 $\angle x = 224^\circ$

4 $\angle AOC = \angle BOD = 20^\circ$(맞꼭지각)

$\overline{AE} /\!/ \overline{CD}$이고 $\triangle OEA$는 이등변삼각형이므로

$\angle OAE = \angle OEA = 20^\circ$

따라서 $\angle AOE = 140^\circ$이므로

$\overparen{AE} : 5 = 140^\circ : 20^\circ$에서 $\overparen{AE} = 35$(cm)

5 ⑤ $\angle AOB = \angle BOD = \angle DOE$

$= \angle EOC$이므로

$3\overline{AB} = \overline{BD} + \overline{DE} + \overline{EC} > \overline{BC}$

응용문제 01　　73쪽

예제 ① 60, $\overline{OF}$, 90, 110, 60, 120, 110, 120, 13, 11, 12 / 13 : 11 : 12

| **1** 8 | **2** 6 cm | **3** 2만 원 | **4** 3 : 5 |

1 $\angle AOD = $(정오각형의 한 내각의 크기)

$= \dfrac{180^\circ \times (5-2)}{5} = 108^\circ$

부채꼴 EOF의 넓이를 S라 하면

$27^\circ : 108^\circ = S : 32$

$1 : 4 = S : 32$　　$\therefore S = 8$

2 $\triangle COP$는 이등변삼각형이므로 $\angle AOC = \angle P = 30^\circ$

$\angle OCD = \angle AOC + \angle P = 60^\circ$이고

$\triangle OCD$는 이등변삼각형이므로

$\angle ODC = \angle OCD = 60^\circ$

$\triangle OPD$에서 $\angle BOD = 30^\circ + 60^\circ = 90^\circ$

따라서 $\overparen{AC} : 18 = 30^\circ : 90^\circ$에서 $\overparen{AC} = 6$(cm)

3 교통비를 나타내는 부채꼴의 중심각의 크기는

$\dfrac{3}{3+2} \times 150^\circ = 90^\circ$

따라서 교통비를 나타내는 부채꼴의 넓이는 원의 넓이의 $\dfrac{1}{4}$

이므로 교통비는 $\dfrac{1}{4} \times 80000 = 20000$(원)

4 $\angle AOD = x$라 하면 $\angle BOC = 5x$

$5\angle x = \angle x + 90^\circ$(맞꼭지각)에서

$4\angle x = 90^\circ$이므로 $\angle x = 22.5^\circ$

따라서 $\angle AOB = 90^\circ - 22.5^\circ = 67.5^\circ$

$\angle BOC = 112.5^\circ$이므로

$S_1 : S_2 = \angle AOB : \angle BOC = 3 : 5$

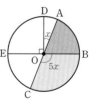

핵심 문제 02

74쪽

1 12π cm² **2** 6π cm **3** 18π cm
4 ⑤ **5** 6 cm, 150°

1 $\pi \times 4^2 - \pi \times 2^2 = 12\pi\,(\text{cm}^2)$

2 (색칠한 부분의 둘레의 길이)
$= 2\pi \times 4 \times \dfrac{1}{4} + 2\pi \times 2 = 6\pi\,(\text{cm})$

3 (색칠한 부분의 둘레의 길이)
$= (\overarc{AD} + \overarc{BC}) + (\overarc{AC} + \overarc{BD})$
$= 2\pi \times 6 + 2\pi \times 3 = 18\pi\,(\text{cm})$

4 ⑤ 반지름의 길이가 2배인 부채꼴의 넓이는
$\pi \times 12^2 \times \dfrac{120}{360} = 48\pi\,(\text{cm}^2)$이므로
주어진 부채꼴의 넓이의 4배이다.

5 부채꼴의 반지름의 길이를 r라 하면
$\dfrac{1}{2} \times r \times 5\pi = 15\pi$
$\therefore r = 6\,(\text{cm})$
부채꼴의 중심각의 크기를 $x°$라 하면
$2\pi \times 6 \times \dfrac{x}{360} = 5\pi \qquad \therefore x = 150$

응용 문제 02

75쪽

예제 ② $\dfrac{3}{4}$, $\dfrac{13}{2}\pi$ / $\dfrac{13}{2}\pi$ m

1 $\dfrac{27}{10}\pi$ cm² **2** 2 : 1 **3** $(10+\pi)$ cm² **4** 18π cm²

1 정오각형의 한 내각의 크기는 $\dfrac{180° \times (5-2)}{5} = 108°$
따라서 색칠한 부채꼴은 반지름의 길이가 3 cm,
중심각의 크기가 108°인 부채꼴이므로 구하는 넓이는
$\pi \times 3^2 \times \dfrac{108}{360} = \dfrac{27}{10}\pi\,(\text{cm}^2)$

2 원 O의 반지름의 길이를 R, 원 O′의
반지름의 길이를 r라 하면
$\dfrac{1}{2} \times R^2 = \dfrac{1}{2} \times 2r \times r$이므로 $R^2 = 2r^2$
따라서 구하는 넓이의 비는
$\pi R^2 : \pi r^2 = R^2 : r^2 = 2 : 1$

3 (구하는 넓이)
$=$ (직사각형의 넓이)
$+$ (원의 넓이)
$= 5 \times 2 + \pi \times 1^2$
$= 10 + \pi\,(\text{cm}^2)$

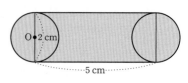

4 오른쪽 그림과 같이 색칠한 부분의
넓이는 반지름의 길이가 6 cm이고
중심각의 크기가 60°인 부채꼴 3개
의 넓이의 합과 같다.
$\therefore \pi \times 6^2 \times \dfrac{60}{360} \times 3 = 18\pi\,(\text{cm}^2)$

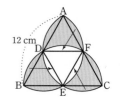

심화 문제

76~81쪽

01 200 **02** 30° **03** 68 **04** $\dfrac{\pi}{4}$

05 27 cm² **06** 13π cm **07** 180 cm **08** 132

09 20 **10** 6 **11** $(188-34\pi)$ cm²

12 425 **13** 20 : 13 **14** 110° **15** 31 : 79

16 40π cm **17** 20 cm **18** $(3600-900\pi)$ cm²

01 색칠한 부분 중 1개를 한 변의 길이가 10인 정사각형 안에 그
려 보면

㉮ 부분의 넓이와 ㉯ 부분의 넓이가 같으므로 다음 그림과 같
이 변형할 수 있다.

따라서 한 개의 은행잎 모양의 넓이는 $10 \times 5 = 50$이고, 구하
는 넓이는 $50 \times 4 = 200$이다.

02 $\overline{OC}$를 그으면
$\angle AOC : \angle COB$
$= \overarc{AC} : \overarc{CB} = 2 : 1$이므로
$\angle AOC = 180° \times \dfrac{2}{2+1} = 120°$
이때 △AOC에서 $\overline{AO} = \overline{CO}$이므로

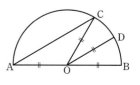

$$\angle \text{CAO} = \angle \text{ACO} = \frac{1}{2} \times (180° - 120°) = 30°$$

따라서 $\overline{\text{AC}} /\!/ \overline{\text{OD}}$이므로 $\angle \text{DOB} = \angle \text{CAO} = 30°$(동위각)

03 원이 한 바퀴 돌아간 자리는 오른쪽 그림의 색칠한 부분 이다.

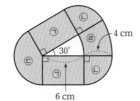

㉠ 부분의 넓이의 합은
$6 \times 4 \times 2 = 48 (\text{cm}^2)$

㉡ 부분의 넓이의 합은 $16\pi \times \frac{90}{360} \times 2 = 8\pi (\text{cm}^2)$

㉢ 부분의 넓이는 $16\pi \times \frac{150}{360} = \frac{20}{3}\pi (\text{cm}^2)$

㉣ 부분의 넓이는 $100\pi \times \frac{30}{360} - 36\pi \times \frac{30}{360} = \frac{16}{3}\pi (\text{cm}^2)$

따라서 구하는 넓이는

$$48 + 8\pi + \frac{20}{3}\pi + \frac{16}{3}\pi = 48 + 20\pi (\text{cm}^2)$$

$\therefore a = 48, b = 20$

$\therefore a + b = 48 + 20 = 68$

04 직사각형 ABCD의 넓이는 $\overline{\text{CD}}(=\overline{\text{AB}})$를 반지름으로 하는 사분원의 넓이와 같다.

$$\overline{\text{AB}} \times \overline{\text{BC}} = \pi \times \overline{\text{AB}} \times \overline{\text{AB}} \times \frac{90}{360}$$

$$\overline{\text{BC}} = \frac{1}{4}\pi \times \overline{\text{AB}} \qquad \therefore \frac{\overline{\text{BC}}}{\overline{\text{AB}}} = \frac{b}{a} = \frac{\pi}{4}$$

05 안쪽 원의 반지름의 길이를 r이라 하고, 부채꼴의 중심각의 크기를 $a°$라 하면

$$2 \times \pi \times r \times \frac{a}{360} = 6, \quad 2 \times \pi \times (r+3) \times \frac{a}{360} = 12$$

따라서 $\frac{r+3}{r} = \frac{12}{6} = 2$이므로 $r = 3$

$2 \times \pi \times 3 \times \frac{a}{360} = 6$에서 $\pi \times \frac{a}{360} = 1$이다.

그러므로 도형의 넓이는

$$\pi \times 6^2 \times \frac{a}{360} - \pi \times 3^2 \times \frac{a}{360} = 36 - 9 = 27 (\text{cm}^2)$$

06

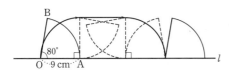

점 O가 움직인 경로를 나타내면 위의 그림과 같으므로
점 O가 움직인 거리는

$$2\pi \times 9 \times \frac{90}{360} + 2\pi \times 9 \times \frac{80}{360} + 2\pi \times 9 \times \frac{90}{360}$$

$$= 2\pi \times 9 \times \frac{260}{360} = 13\pi (\text{cm})$$

07 중심 A가 처음 위치까지 오는 데 움직이는 경로는 오른쪽과 같다.

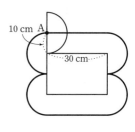

따라서 중심 A가 움직인 거리는

$$30 \times 2 + \frac{1}{2} \times 2 \times 3 \times 10 \times 4$$

$$= 180 (\text{cm})$$

08 $S_1 + S_2 = (정사각형의 넓이) - 2 \times (부채꼴의 넓이) + S_3$에서
$S_3 = S_1 + S_2 - (정사각형의 넓이) + 2 \times (부채꼴의 넓이)$

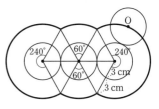

$$S_3 - S_1 - S_2 = -(10 \times 10) + 2 \times \left(\frac{1}{4} \times \pi \times 8^2\right)$$

$$= 32\pi - 100$$

$$\therefore a - b = 32 - (-100) = 132$$

09 점 O가 지나간 자리의 길이는

$$2 \times 6 \times \pi$$

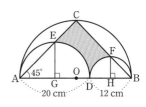

$$\times \frac{240 + 60 + 60 + 240}{360}$$

$$= 2 \times 6 \times \pi \times \frac{600}{360}$$

$$= 20\pi (\text{cm})$$

$\therefore a = 20$

10 색칠한 부분 ㉮의 넓이에서 색칠한 부분 ㉯의 넓이를 빼면 반지름이 a cm인 원의 넓이가 남는다.

(반지름이 a cm인 원의 넓이)$= 112\pi - 48\pi = 64\pi (\text{cm}^2)$

$64 = 8 \times 8$이므로 $a = 8$

$a : b$의 비율이 $\frac{4}{3}$이므로 $a : b = 4 : 3$

$$\therefore b = 8 \times \frac{3}{4} = 6$$

11 △ABC는 $\overline{\text{AC}} = \overline{\text{BC}}$인 이등변삼각형이므로
$\angle \text{CBO} = 45°$,
(색칠한 부분의 넓이)

$$= \triangle \text{ABC} - \triangle \text{EAG}$$

$$- \triangle \text{FHB} - (부채꼴 \text{EGD}) - (부채꼴 \text{FHD})$$

$$= \frac{1}{2} \times 32 \times 16 - \frac{1}{2} \times 10 \times 10 - \frac{1}{2} \times 6 \times 6$$

$$- \pi \times 10 \times 10 \times \frac{1}{4} - \pi \times 6 \times 6 \times \frac{1}{4}$$

$=256-50-18-25\pi-9\pi$

$=188-34\pi(\mathrm{cm}^2)$

12 원이 지나간 부분은 오른쪽 그림과 같이 색칠한 부분이다.

따라서 구하는 넓이는 한 변의 길이가 10 cm인 정사각형 3개,

반지름의 길이가 10 cm인 반원 2개,

반지름의 길이가 10 cm인 $\frac{1}{4}$원의 넓이를 더한 것과 같다.

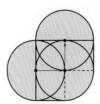

(원이 지나간 부분의 넓이)

$=10\times10\times3+\pi\times10^2\times\left(\frac{1}{2}\times2+\frac{1}{4}\right)$

$=300+125\pi(\mathrm{cm}^2)$

$\therefore a+b=300+125=425$

13 △DOB에서 $\overline{\mathrm{DO}}=\overline{\mathrm{BO}}$이므로

$\angle \mathrm{OBD}=\frac{1}{2}\times(180°-48°)=66°$

△PAB에서

$\angle \mathrm{PAB}=180°-(64°+66°)=50°$

△AOC에서 $\overline{\mathrm{AO}}=\overline{\mathrm{CO}}$이므로

$\angle \mathrm{ACO}=50°$, $\angle \mathrm{AOC}=180°-(50°+50°)=80°$

$\angle \mathrm{COD}=180°-(80°+48°)=52°$

따라서 부채꼴의 호의 길이는 중심각의 크기에 비례하므로

$\widehat{\mathrm{AC}}:\widehat{\mathrm{CD}}=80:52=20:13$

14 $\overline{\mathrm{CO}}$를 그으면

$\angle \mathrm{AOC}=180°\times\frac{5}{9}=100°$

$\overline{\mathrm{DO}}$를 그으면

$\angle \mathrm{AOD}=180°\times\frac{1}{3}=60°$

△CDO는 $\overline{\mathrm{CO}}=\overline{\mathrm{DO}}$인 이등변삼각형이므로

$\angle \mathrm{DCO}=\frac{1}{2}\times(180°-160°)=10°$

$\overline{\mathrm{EO}}$를 그으면 △COE도 이등변삼각형이므로

$\angle \mathrm{OEC}=\angle \mathrm{OCE}=\frac{1}{2}\times(180°-140°)=20°$

$\therefore \angle x=10°+20°=30°$, $\angle y=60°+20°=80°$

$\therefore \angle x+\angle y=30°+80°=110°$

15 원 O의 둘레의 길이를 x라 하면

$\widehat{\mathrm{AB}}$의 길이는 $\frac{1}{6}x$, $\widehat{\mathrm{DC}}$의 길이는 $\frac{2}{9}x$이다.

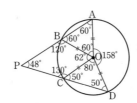

$x:\frac{1}{6}x=360°:\angle \mathrm{AOB}$에서

$\angle \mathrm{AOB}=60°$

$x:\frac{2}{9}x=360°:\angle \mathrm{DOC}$에서 $\angle \mathrm{DOC}=80°$

$\angle \mathrm{OAB}=\angle \mathrm{OBA}=\frac{1}{2}\times(180°-60°)=60°$이므로

$\angle \mathrm{OBP}=120°$

$\angle \mathrm{ODC}=\angle \mathrm{OCD}=\frac{1}{2}\times(180°-80°)=50°$이므로

$\angle \mathrm{OCP}=130°$

$\angle \mathrm{BOC}=360°-(120°+48°+130°)=62°$,

$\angle \mathrm{AOD}=360°-(60°+62°+80°)=158°$

$\therefore \widehat{\mathrm{BC}}:\widehat{\mathrm{AD}}=62°:158°=31:79$

16 문제의 조건대로 한 원을 A에서 B까지 미끄러지지 않게 굴려서 이동시킨 모습은 오른쪽 그림과 같다.

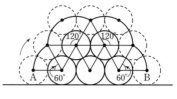

(원의 중심이 이동한 거리)

$=\left(2\pi\times20\times\frac{60}{360}+2\pi\times20\times\frac{120}{360}\right)\times2$

$=40\pi(\mathrm{cm})$

17 오른쪽 그림과 같이 $\overline{\mathrm{AB}}$를 접는 선으로 하여 접었을 때 △APR과 △AQR은 완전히 포개어지므로 합동이다.

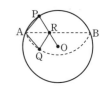

$\therefore \overline{\mathrm{PR}}=\overline{\mathrm{QR}}$

그런데 점 P의 위치에 관계없이 항상 성립하므로

$\overline{\mathrm{OR}}+\overline{\mathrm{QR}}=\overline{\mathrm{OR}}+\overline{\mathrm{PR}}=\overline{\mathrm{OP}}$

$\therefore \overline{\mathrm{OR}}+\overline{\mathrm{QR}}=20$ cm

18 가장 큰 원의 반지름의 길이를 r_1, 중간 크기의 원의 반지름의 길이를 r_2, 가장 작은 원의 반지름의 길이를 r_3라 하면

$r_2=2r_3$, $r_1=r_2+r_3$이고

$4r_2+2r_3=60$에서

$2r_2+r_3=30$, $4r_3+r_3=30(\because r_2=2r_3)$

$\therefore r_3=6(\mathrm{cm})$, $r_2=12(\mathrm{cm})$, $r_1=18(\mathrm{cm})$

$\therefore$ (색칠한 부분의 넓이)

$=60^2-\pi\times18^2-\pi\times12^2\times3-\pi\times6^2\times4$

$=3600-(324+432+144)\times\pi$

$=3600-900\pi(\mathrm{cm}^2)$

01 $\dfrac{125}{6}\pi$ cm   **02** 7번   **03** 158

04 $(100\pi+200)$ cm² **05** 138° **06** 80°

07 25π cm   **08** 24   **09** 60°   **10** 75

11 16   **12** 270   **13** 180 cm² **14** 89

15 3바퀴   **16** 144   **17** 1800π cm

18 $(168+12\pi)$ cm

---

01 오른쪽 그림과 같이 정삼각형이 정
팔각형의 변을 따라 내부를 한 바
퀴 돌아서 제자리로 올 때까지
점 P가 움직인 위치를 순서대로 나
타내면 P_1, P_2, P_3, P_4, P_5이다.
이때 정팔각형의 한 내각의 크기는

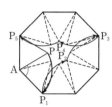

$\dfrac{180°\times(8-2)}{8}=135°$이므로 $\angle PAP_1=135°-60°=75°$

따라서 점 P가 움직인 거리는 부채꼴 PAP_1의 호의 길이의
5배이므로

$$\left(2\pi\times10\times\dfrac{75}{360}\right)\times5=\dfrac{125}{6}\pi\,(\text{cm})$$

02 슬기가 한 바퀴 도는 데 걸린 시간은 $\dfrac{6\pi r}{4}=\dfrac{3\pi r}{2}$(초)

유승이가 한 바퀴 도는 데 걸린 시간은 $\dfrac{2\pi r}{3}$(초)

슬기가 a바퀴, 유승이가 b바퀴 돈 후 두 사람이 점 P에서 만
난다면 두 사람이 만나는 데 걸리는 시간은 같아야 한다.

즉, $\dfrac{3\pi r}{2}\times a=\dfrac{2\pi r}{3}\times b$ ∴ $9a=4b$

a는 4의 배수이고, $1\le a\le30$이므로

$a=4,\ 8,\ 12,\ 16,\ 20,\ 24,\ 28$

따라서 두 사람은 모두 7번 만난다.

03 외부의 6개의 원의 중심을 연결한 선은 정육각형이 된다.

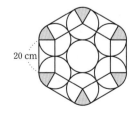

구하는 끈의 길이는

$20\times6+2\pi\times10+18=120+20\pi+18=138+20\pi\,(\text{cm})$

∴ $a+b=138+20=158$

---

04 [그림 1]과 같이 보조선을 그어 ①의
넓이를 ②로 이동시킨 후 큰 원의 넓
이에서 색칠되지 않은 부분의 넓이를
빼어 구할 수 있다.

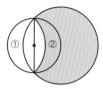

[그림 1]

[그림 2]와 같이 작은 원 안에 그린
사각형은 정사각형이고 정사각형의
한 변의 길이는 큰 원의 반지름과 같
고 정사각형의 한 변의 길이를 x cm
라 하면

[그림 2]

$x\times x=20\times20\times\dfrac{1}{2}=200$이다.

(③의 넓이)$=x^2-\left(x^2-\dfrac{1}{4}\pi x^2\right)\times2=\dfrac{1}{2}\pi x^2-x^2$

(큰 원의 넓이)$=\pi x^2$

따라서 색칠한 부분의 넓이는

$\pi x^2-\left(\dfrac{1}{2}\pi x^2-x^2\right)=\dfrac{1}{2}\pi x^2+x^2=\dfrac{1}{2}\times\pi\times200+200$

$\qquad\qquad\qquad\qquad\qquad=100\pi+200\,(\text{cm}^2)$

05 $\overline{OC}$, $\overline{OE}$를 그으면
$\triangle EOD$, $\triangle COE$,
$\triangle CBO$, $\triangle BAO$는
이등변삼각형이다.

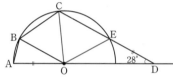

$\angle EOD=\angle EDO=28°$이므로 $\angle CEO=28°+28°=56°$

$\angle OCE=\angle CEO=56°$이므로

$\angle COE=180°-56°\times2=68°$

$\angle BOA=\angle EDO=28°$(동위각)이므로

$\angle ABO=(180°-28°)\times\dfrac{1}{2}=76°$

$\angle BOC=\angle OCE=56°$(엇각)이므로

$\angle OBC=(180°-56°)\times\dfrac{1}{2}=62°$

∴ $\angle ABC=76°+62°=138°$

06 오른쪽 그림과 같이 원의 중심 O
와 각 점을 연결하면
$\overline{OA}=\overline{OB}=\overline{OC}=\overline{OD}=\overline{OE}$
$\angle AOB=\angle a$라 하면
$\angle BOC=2\angle a$, $\angle COD=3\angle a$,
$\angle DOE=4\angle a$이므로

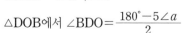

$\triangle DOB$에서 $\angle BDO=\dfrac{180°-5\angle a}{2}$

$\triangle DOA$에서 $\angle ADO=\dfrac{180°-6\angle a}{2}$

그런데 $\angle BDO$와 $\angle ADO$의 각의 크기의 차는 10°이므로

$$\frac{180°-5\angle a}{2}-\frac{180°-6\angle a}{2}=10° \qquad \therefore \angle a=20$$

$$\therefore \angle EDO=\frac{1}{2}(180°-4\times20°)=50°,$$

$$\angle ADO=\frac{1}{2}(180°-6\times20°)=30°$$

$$\therefore \angle ADE=\angle ADO+\angle EDO=30°+50°=80°$$

07 점 P가 움직인 경로를 나타내면
오른쪽 그림과 같다.

(점 P가 움직인 거리)

$$=2\pi\times6$$

$$\times\frac{120°+210°+120°+210°}{360°}$$

$$+2\pi\times3\times\frac{90°+90°}{360°}$$

$$=22\pi+3\pi=25\pi(cm)$$

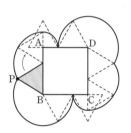

08 개가 움직일 수 있는 영역의 넓이
는 오른쪽 그림의 색칠한 부분의
넓이와 같다.

$$①\times2+②\times2+③+④\times4$$

$$=(4\times1\times2)+(3\times1\times2)$$

$$+(4\times3-2\times1)+(\pi\times1^2)$$

$$=8+6+10+\pi$$

$$=24+\pi(m^2)$$

따라서 $a=24$, $b=1$이므로 $ab=24$이다.

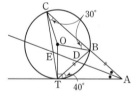

09 오른쪽 그림과 같이
$\overline{OB}=\overline{OC}=\overline{OT}$를 그어 보
면 $\overrightarrow{AT}$는 원 O 위의 점 T에
서 접하므로
$\angle ATO=90°$이다.

또한, △OBC, △OBT, △OCT는 이등변삼각형이므로

$$\angle OTB=\angle OTA-\angle BTA=90°-40°=50°$$

$$\therefore \angle OBT=50°$$

$$\angle OBC=\angle TBC-\angle OBT=80°-50°=30°$$

$$\therefore \angle OCB=30°$$

따라서 △ACT에서 $\angle OCT=\angle OTC=\angle a$라 하면

$$2\angle a+90°+40°+30°=180° \qquad \therefore \angle a=10°$$

$$\angle ETA=90°+\angle OTC=100°$$

$$\therefore \angle AET=180°-(20°+100°)=60°$$

10 오른쪽 [그림 1]에서 점 P가 점 B
에 위치하면 점 Q는 정삼각형
ABD에서 점 D에 있고 점 P가
점 C에 위치하면 점 Q는 정삼각
형 ACE에서 점 E에 있다. 이때
정삼각형 APQ에서 $\overline{AQ}$는 $\overline{AP}$
를 점 A를 중심으로 60° 회전시
킨 것과 같으므로 $\overline{AQ}$가 지나가
는 부분인 색칠한 부분은 반원 O
의 일부분인 빗금 친 부분과 합
동이다.

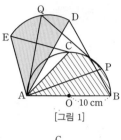

[그림 1]

또 $\overparen{CA}=\overparen{CB}$이므로 오른쪽 [그림 2]에서

$$\angle AOC=\angle BOC=\frac{1}{2}\times180°=90°$$

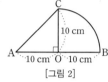

[그림 2]

$\therefore$ ($\overline{AQ}$가 지나가는 부분의 넓이)

$$=(\triangle AOC의 넓이)+(부채꼴 COB의 넓이)$$

$$=\frac{1}{2}\times10\times10+\pi\times10^2\times\frac{90}{360}=50+25\pi(cm^2)$$

따라서 $a=50$, $b=25$이므로 $a+b=50+25=75$

11 오른쪽 [그림 2]에서 가장 큰 반원의
호의 길이는 작은 반원 두 개의 호
의 길이의 합과 같다.

$$①=\frac{1}{2}\times2\pi(r+r')$$

$$=\pi r+\pi r'=②+③=6$$

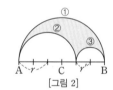

[그림 2]

그리고 오른쪽 [그림 3]에서 반원
②, ③, ④의 반지름의 길이를 차례
로 a, b, c라고 하면 반원 ②, ③, ④
의 호의 길이의 합은 $\pi a+\pi b+\pi c=\pi(a+b+c)$이므로
가장 큰 반원 ①의 호의 길이와 같다.

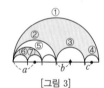

[그림 3]

또, $⑥+⑦=⑤=\left(①\times\frac{1}{2}\right)\times\frac{2}{3}=6\times\frac{1}{2}\times\frac{2}{3}=2$

따라서 [그림 3]의 색칠한 부분의 둘레의 길이는

$$6\times2+2\times2=16$$

12 점 A가 A'까지 이동했을 때의
$\angle AOB'$의 큰 각의 크기는
$45°+135°+45°=225°$이다.
반지름의 길이가 x cm이고 중
심각이 225°인 부채꼴의 넓이에
서 반지름의 길이가 12 cm이고
중심각이 135°인 부채꼴의 넓이
와 2개의 직각이등변삼각형의 넓이의 합을 빼어 구할 수 있다.

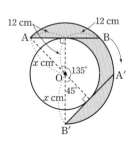

$\overline{AO}=x$ cm라 하면 $\overline{AO}$를 대각선으로 갖는 정사각형의 넓이는 $x\times x\times\dfrac{1}{2}=12\times12$이므로 $x^2=288$

($\overline{AB}$가 지나간 부분의 넓이)

$=\pi\times x^2\times\dfrac{225}{360}-\left(\pi\times12^2\times\dfrac{135}{360}+\dfrac{1}{2}\times12\times12\times2\right)$

$=288\pi\times\dfrac{5}{8}-\left(144\pi\times\dfrac{3}{8}+144\right)$

$=180\pi-54\pi-144$

$=126\pi-144(\text{cm}^2)$

$\therefore a+b=126+144=270$

13 점 O와 정육각형의 각 꼭짓점을 이으면 한 변의 길이가 모두 같은 6개의 정삼각형이 생긴다.

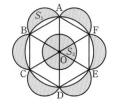

선분 AB를 지름으로 하는 반원의 넓이와 정육각형의 넓이의 $\dfrac{1}{6}$의 합에서 원 O를 중심으로 하고 정육각형의 한 변의 길이를 반지름으로 하는 원의 넓이의 $\dfrac{1}{6}$을 뺀 값을 S_1이라 하고, 점 O를 중심으로 하고 정육각형의 한 변의 길이를 지름으로 하는 원의 넓이를 S_2라고 하자.

또한 정육각형의 한 변의 길이를 x cm라고 하면

(색칠한 부분의 넓이의 합)

$=6\times S_1+S_2$

$=6\times\left(\pi\times\dfrac{1}{2}x\times\dfrac{1}{2}x\times\dfrac{1}{2}+180\times\dfrac{1}{6}-\pi\times x^2\times\dfrac{1}{6}\right)$

$\quad+\pi\times\dfrac{1}{2}x\times\dfrac{1}{2}x$

$=180(\text{cm}^2)$

14 $\angle AOB+\angle COD=180°$이므로 △AOB를 점 O를 중심으로 시계 반대 방향으로 $90°$ 회전시키면 $\overline{AO}$와 $\overline{CO}$는 일치하고 $\overline{BD}$는 일직선이 된다.

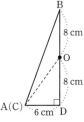

따라서 도형의 넓이는

$\pi\times10^2\times\dfrac{1}{4}+\pi\times8^2\times\dfrac{1}{4}+\dfrac{1}{2}\times6\times16=48+41\pi(\text{cm}^2)$

$\therefore a+b=48+41=89$

15 오른쪽 그림과 같이 작은 원이 큰 원의 둘레를 따라 $\overset{\frown}{AB}$의 길이만큼 움직였을 때, 작은 원이 회전한 거리는 $\overset{\frown}{BA'}$이다.

이때 $\angle AOB=a°$라 하면

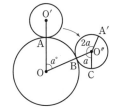

$\overset{\frown}{AB}=\overset{\frown}{BA'}$이고 큰 원의 반지름의 길이가 작은 원의 반지름의 길이의 2배이다. 즉,

$\angle BO''A'=2\times\angle AOB=2\times a°$

또한 원 O'' 위에 $\overline{O''O}\parallel\overline{O''C}$인 점 C를 잡으면

$\angle CO''B=\angle AOB=a°$(엇각)

즉, 작은 원이 큰 원의 둘레를 $a°$만큼 회전할 때, 작은 원은 $\angle CO''B+\angle BO''A'=3\times a°$만큼 회전한다.

큰 원 O의 둘레를 한 바퀴 돌 때 $a°=360°$이므로 작은 원 O'이 회전한 각도는 $3\times360°=1080°$이다.

따라서 작은 원 O'은 3바퀴 회전한다.

16 오른쪽 그림에서 ①과 ②의 넓이의 합은 원의 넓이의 $\dfrac{1}{4}$이므로

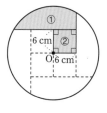

(①의 넓이)$=\dfrac{1}{4}\times\pi\times12^2-6^2$

$\qquad\qquad=36\pi-36(\text{cm}^2)$

따라서 색칠한 부분의 넓이의 합은

$(36\pi-36)\times2=72\pi-72(\text{cm}^2)$

$\therefore a+b=72+72=144$

17 테이프의 두께가 일정하므로 반지름의 길이가 일정하게 증가하고 회전한 테이프의 길이도 일정하게 증가한다.

회전한 테이프의 길이의 평균값은 50번째 회전한 길이이고, 그때의 반지름의 길이가 9 cm이므로

(한 번 감은 평균 길이)$=2\pi\times9=18\pi(\text{cm})$

따라서 총 테이프의 길이는 $18\pi\times100=1800\pi(\text{cm})$

18

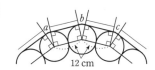

위 그림에서 $\angle a$, $\angle b$, $\angle c$, ⋯의 크기의 합은 $360°$이므로 한 바퀴 감았을 때, 끈의 길이는

$12\times14+2\pi\times6=168+12\pi(\text{cm})$

특목고 / 경시대회 실전문제 88~90쪽

01 26개 **02** 26 **03** 78개 **04** 풀이 참조

05 $\left(\dfrac{104}{3}\pi-96\right)\text{cm}^2$ **06** 12개, 14개, 21개

07 $30\pi\text{ cm}^2$ **08** 126 **09** 12개

01

(5개)   (6개)

세로가 1칸인 직사각형 :

(가로 2칸, 세로 1칸), (가로 3칸, 세로 1칸),

(가로 4칸, 세로 1칸), (가로 5칸, 세로 1칸)

세로가 2칸인 직사각형 :

(가로 3칸, 세로 2칸), (가로 4칸, 세로 2칸),

(가로 5칸, 세로 2칸)

세로가 3칸인 직사각형 :

(가로 4칸, 세로 3칸), (가로 5칸, 세로 3칸)

세로가 4칸인 직사각형 : (가로 5칸, 세로 4칸)

(3개)   (2개)

(직사각형의 개수)

=(정사각형의 개수)+(정사각형이 아닌 직사각형의 개수)

$=5+6+4+3+2+1+3+2=26$(개)

02 별 모양의 도형은 꼭짓점이 B_1, B_2, B_3, $\cdots$, B_{20}인 정20각형과 $\triangle B_{20}A_1B_1$과 합동인 삼각형 20개로 이루어져 있다.

정20각형의 한 내각의 크기는 $\dfrac{180°\times(20-2)}{20}=162°$

$\therefore \angle B_{20}B_1B_2=\angle B_1B_2B_3=\cdots=\angle B_{19}B_{20}B_1=162°$

또 $\triangle A_{20}B_{19}B_{20}\equiv\triangle A_1B_{20}B_1$이고 $\triangle A_{20}B_{19}B_{20}$과 $\triangle A_1B_{20}B_1$이 모두 이등변삼각형이므로

$\angle A_{20}B_{20}B_{19}=\angle A_1B_{20}B_1=\dfrac{1}{2}\times(180°-8°)=86°$

$\therefore x°=360°-(\angle A_{20}B_{20}B_{19}+\angle B_{19}B_{20}B_1+\angle A_1B_{20}B_1)$

$\qquad=360°-(86°+162°+86°)=26°$

따라서 x의 값은 26이다.

03

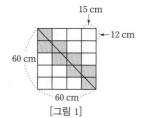 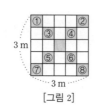

[그림 1]   [그림 2]

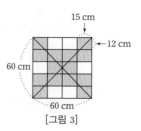

[그림 3]

15와 12의 최소공배수는 60이므로 한 변의 길이가 60 cm인 정사각형일 때 꼭짓점과 만난다.

[그림 1]과 같이 한 변의 길이가 60 cm인 정사각형의 대각선과 만나는 타일의 수는 8개이다.

한 변의 길이가 3 m인 정사각형의 두 대각선 위에는 [그림 1]과 같은 정사각형이 8개 있고 (①~⑧) 가운데의 것은 [그림 3]과 같다.

따라서 구하는 타일의 수는 $8\times8+14=78$(개)

04 점 P가 $\overline{AB}$의 중점이면서 동시에 $\overline{CD}$의 중점이라 하자.

그러면 $\overline{AB}$와 $\overline{CD}$가 지름이 아니므로 중심 O와 점 P는 일치하지 않고, $\triangle AOB$는 $\overline{OA}=\overline{OB}$인 이등변삼각형이므로 $\overline{AP}=\overline{BP}$, $\overline{OP}\perp\overline{AB}$이다.

$\triangle COD$는 $\overline{OC}=\overline{OD}$인 이등변삼각형이므로 $\overline{CP}=\overline{DP}$, $\overline{OP}\perp\overline{CD}$이다.

이것은 '점 P를 지나는 직선 중에서 $\overline{OP}$와 수직인 직선은 하나뿐이다.'는 사실과 모순된다.

따라서 점 P는 $\overline{AB}$의 중점과 $\overline{CD}$의 중점이 동시에 될 수 없다.

05 사각형 ABCD는 평행사변형이므로 $\angle A=\angle C$이다.

(부채꼴 EAB)

=(부채꼴 FCD)

$=12^2\times\pi\times\dfrac{30}{360}=12\pi(\text{cm}^2)$

(부채꼴 DAM)=(부채꼴 BCN)

$\qquad=8^2\times\pi\times\dfrac{30}{360}=\dfrac{16}{3}\pi(\text{cm}^2)$

(평행사변형 ABCD)$=12\times4=48(\text{cm}^2)$

$\therefore$ (색칠한 부분의 넓이)

$=2\times\{$(부채꼴 EAB)+(부채꼴 BCN)

$\qquad\qquad-$(평행사변형 ABCD)$\}$

$=2\times\{(①+②+③+④+⑤)+(⑤+⑥)$

$\qquad\qquad\qquad-(②+③+④+⑤+⑥)\}$

$=2\times(①+⑤)$

$=2\times\left(12\pi+\dfrac{16}{3}\pi-48\right)=\dfrac{104}{3}\pi-96(\text{cm}^2)$

06 2개의 정 n각형과 정 m각형이 존재한다고 하자.

정 n각형의 한 내각의 크기는 $\dfrac{180° \times (n-2)}{n}$이고,

정 m각형의 한 내각의 크기는 $\dfrac{180° \times (m-2)}{m}$이다.

한 점 A에서 내각의 크기의 합이 360°가 되므로

$$\dfrac{180° \times (n-2)}{n} \times 2 + \dfrac{180° \times (m-2)}{m} = 360°$$

식을 계산하면 $\dfrac{2n-4}{n} + \dfrac{m-2}{m} = 2$이므로

$nm - 2n - 4m = 0$이다.

위의 식을 풀면 $(n-4)m = 2n$에서 $n > 4$이고

$(m-2)n = 4m$에서 $m > 2$이다.

n, m은 자연수이므로 식을 만족하는 (n, m)의 쌍은

$(12, 3)$, $(8, 4)$, $(6, 6)$, $(5, 10)$이다.

각각의 경우 새로운 다각형의 변의 개수를 구해 보면

$12 \times 2 + 3 - \underbrace{6}_{\substack{\text{세 정다각형이 점 A에서}\\\text{만날 때 만나는 변의 개수:}\\3 \times 2}} = 21$, $8 \times 2 + 4 - 6 = 14$, $6 \times 2 + 6 - 6 = 12$,

$5 \times 2 + 10 - 6 = 14$이다.

따라서 새로운 다각형의 변의 개수는 12개, 14개, 21개이다.

07 $\overline{BE} \parallel \overline{CD}$이므로

$\overparen{BC} = \overparen{ED} = 3\pi$ cm,

$\overline{AD} \parallel \overline{FE}$이므로

$\overparen{ED} = \overparen{FA} = 3\pi$ cm

호의 길이는 중심각의 크기에

정비례하므로 $\angle BOC = 3x$

라 하면

$\angle BOC + \angle COD + \angle DOE = 3x + 12x + 3x = 18x$

$\triangle OBE$에서 $\angle BOE = 18x$, $\overline{EO} = \overline{BO}$이므로

$\angle OEB = \dfrac{1}{2}(180° - 18x) = 90° - 9x$

또 $\triangle OEF$에서 $\overline{OE} = \overline{OF}$이므로

$\angle OEF = \dfrac{1}{2}(180° - 16x) = 90° - 8x$

$\angle FEG = \angle EGD = 27°$(엇각)이므로

$(90° - 9x) + (90° - 8x) = 27°$ ∴ $x = 9°$

∴ $\angle AOB = 360° - (16 + 3 + 3 + 12 + 3) \times 9° = 27°$

또한 $\angle BOC = 3 \times 9° = 27°$이고 $\overparen{BC} = 3\pi$이므로

$\overline{OB} = r$ cm라 하면 $2\pi r \times \dfrac{27}{360} = 3\pi$에서 $r = 20$

∴ (부채꼴 AOB의 넓이) $= \pi \times 20^2 \times \dfrac{27}{360} = 30\pi (\text{cm}^2)$

08 다음과 같이 경우를 나누어서 생각한다.

(1)  과 을 먼저 맞붙인 후에 을 붙이는 경우

①

각각 호가 5개씩, 선분이 2개씩이며 4개이다.

②

각각 호가 5개씩, 선분이 2개씩이며 2개이다.

(2) 과 을 먼저 맞붙인 후에 을 붙이는 경우

①

호가 5개, 선분이 2개

②

→ 새로운 것이 없다.

따라서 만들 수 있는 도형은 모두 7개이고 모두 호가 5개,

선분이 2개씩이다.

(만든 도형의 둘레의 합)

$$= \left(2\pi \times 4 \times \dfrac{1}{4}\right) \times 5 \times 7 + 4 \times 2 \times 7 = 56 + 70\pi$$

∴ $a + b = 56 + 70 = 126$

09 원의 중심을 O라 하면 점 A를 지나고

가장 짧은 현은 오른쪽 그림처럼 원의

중심 O에서 현에 내린 수선의 발이 A

인 경우이다. 그때의 현의 길이는

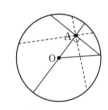

$15^2 - 9^2 = 144 = \left(\dfrac{x}{2}\right)^2$이므로

$x = 24$ cm이다. 또한 제일 긴 현의 길이는 지름이므로

30 cm이다. 그러므로 24 cm에서 30 cm 중 정수인 현은 존

재한다. 그러나 길이가 24 cm, 30 cm인 현을 제외하고는 그

림에서의 점선처럼 길이가 같은 현은 2개씩 존재하므로 현의

개수는 $5 \times 2 + 2 = 12$(개)이다.

Ⅲ. 입체도형

1 다면체와 회전체

핵심문제 01
92쪽

1 4개	**2** 오각기둥	**3** ⑤
4 $2n$	**5** ④	**6** 44개

1 다면체는 다각형인 면으로만 둘러싸인 입체도형이므로
ㄱ, ㄴ, ㄷ, ㅂ으로 모두 4개이다.

2 밑면이 평행하고 합동인 다각형이고, 옆면이 모두 직사각형인
다면체는 각기둥이다.

3 ⑤ 육각뿔의 모서리의 개수는 12개이다.

4 $a=3n$, $b=2n$, $c=3n$이므로
$a+b-c=3n+2n-3n=2n$

5 ④ 면의 개수는 7개이다.

6 꼭짓점의 개수는 14개, 모서리의 개수는 21개, 면의 개수는
9개이므로 $14+21+9=44$(개)

응용문제 01
93쪽

예제 ① 8, 12, 8, 39, 281, 12, 480, 281, 480, 41 / 41			
1 10	**2** 36	**3** 60	**4** 30

1 주어진 정육면체에서 삼각뿔
E−ABD와 삼각뿔 C−FGH를 잘
라내고 남은 입체도형은 팔면체이다.
이 팔면체는 정삼각형 모양의 면 2개
(면 BED, 면 CFH)와 직각이등변
삼각형 모양의 면 6개(면 BFE, 면 BCD, 면 BFC,
면 CHD, 면 DEH, 면 EFH)로 이루어져 있다.
∴ $a+b=8+2=10$

2 주어진 각뿔의 밑면의 변의 개수를 n개라 하면
$\dfrac{n(n-3)}{2}=20$, $n(n-3)=40=8\times5$ ∴ $n=8$
팔각뿔의 모서리의 개수는 $8\times2=16$
밑면이 다각형이고 옆면이 사다리꼴인 다면체는 각뿔대이다.
밑면의 변의 개수를 m개라 하면
$180°\times(m-2)=1440°$ $m-2=8$ ∴ $m=10$

십각뿔대의 꼭짓점의 개수는 $10\times2=20$
∴ $a+b=16+20=36$

3 꼭짓점의 개수를 v라 하면 $v-90+32=2$이므로 $v=60$

4 전개도의 도형의 변이 2개 겹치면 1개의 모서리가 된다.
또, 꼭짓점은 3개의 변이 만나면 1개 생긴다.
전개도는 정육각형 4개, 정삼각형 4개로 이루어져 있으므로
이들의 변의 수의 합계는 $6\times4+3\times4=36$
전개도로 만든 입체도형에서 모서리는 2개씩 겹치고 꼭짓점
은 3개씩 겹치므로 변의 수는 $36\div2=18$(개), 꼭짓점의 수는
$36\div3=12$(개)이다.
∴ $18+12=30$

핵심문제 02
94쪽

1 ①, ⑤	**2** ①, ③
3 3, 4, 꼭짓점, 면의 개수	**4** 11

1 ① 정삼각형이 한 꼭짓점에 5개씩 모인 정다면체는 정이십면
체이다.
⑤ 정이십면체의 각 면의 한 가운데에 있는 점을 연결하여 만
든 입체도형은 꼭짓점의 개수가 20개인 정십이면체이므로
면의 모양은 정오각형이다.

2 주어진 입체도형은 정팔면체이다.
② 면이 8개이다.
④ 밑면은 정사각형이고, 옆면은 정삼각형인 뿔 2개를 포개어
놓은 꼴이다.
⑤ 회전체가 아니다.

4 $a=6$, $b=2$, $c=3$이므로 $a+b+c=11$

응용문제 02
95쪽

예제 ② 정이십면체, 12, 30, 42, 5, 5, 십이, 12, 59 / 59			
1 ⑨, 면 F	**2** 62	**3** ⑤	**4** $\dfrac{1}{2}$

2 $e=\dfrac{5}{2}f$, $v=\dfrac{5}{3}f$를 $v-e+f=2$에 대입하면
$\dfrac{5}{3}f-\dfrac{5}{2}f+f=2$

$$10f-15f+6f=12 \qquad \therefore f=12$$
$f=12$이므로 $e=30$, $v=20$
$$\therefore v+e+f=20+30+12=62$$

3

 정삼각형   이등변삼각형   사다리꼴   마름모

 직사각형   정사각형   오각형   육각형

4

정n면체	4	6	8	12	20
a	3	3	4	3	5
b	3	4	3	5	3
c	6	12	12	30	30

$$\frac{1}{a}+\frac{1}{b}-\frac{1}{c}=\frac{1}{2}$$

핵심 문제 03   96쪽

1 ② , ④   **2** 36 cm²   **3** ③   **4** 100°

1 ① 원뿔을 회전축을 포함하는 평면으로 자른 단면만 삼각형
이다.
③ 원뿔대를 회전축을 포함한 평면으로 자르면 사다리꼴이다.
⑤ 구는 회전축이 무수히 많다.

2 $\overline{BC}$를 회전축으로 1회전시키면 원뿔대
가 생긴다.
이때 원뿔대를 회전축을 포함하는 평면
으로 잘랐을 때, 단면은 오른쪽 그림과 같다.
$$\therefore \frac{1}{2}\times(6+12)\times4=36(\text{cm}^2)$$

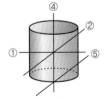

3

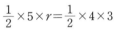

4 중심각의 크기를 $x°$라 하면
옆면의 호의 길이와 밑면의 둘레의 길이가 같으므로
$$2\pi\times18\times\frac{x}{360}=2\pi\times5 \qquad \therefore x=100°$$

응용 문제 03   97쪽

예제 ③ 18, 3, 60, 60, 60, 18 / 18 cm

1 48π cm²   **2** 40π cm²   **3** $\frac{12}{5}$ cm   **4** 2 cm

1 원뿔의 모선의 길이를 l이라 하면
$$2\pi\times4\times3=2\pi l$$
$$\therefore l=12(\text{cm})$$
따라서 원뿔의 옆넓이는
$$\pi\times4\times12=48\pi(\text{cm}^2)$$

2 주어진 원을 직선 l을 축으로 하여 1회전
시키고, 원의 중심 O를 지나면서 회전축
에 수직인 평면으로 자른 단면은 오른쪽
그림과 같다.
(단면의 넓이)=(큰 원의 넓이)-(작은 원의 넓이)
$$=49\pi-9\pi=40\pi(\text{cm}^2)$$

3 단면인 원의 반지름의 길이를 r라 하면
오른쪽 그림에서
$$\frac{1}{2}\times5\times r=\frac{1}{2}\times4\times3$$
$$\therefore r=\frac{12}{5}(\text{cm})$$

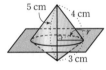

4 부채꼴 BEC에서 중심각의 크기
를 $x°$라 하면
(큰 원의 둘레의 길이)
$=(\overparen{BC}$의 길이)이므로
$$2\pi\times6=2\pi\times(8+16)\times\frac{x}{360}$$
$$\therefore x=90$$
밑면 중 작은 원의 반지름의 길이를 r라 할 때,
부채꼴 AED의 넓이는 $2\pi\times8\times\frac{90}{360}=2\pi r$이므로
$$r=2(\text{cm})$$

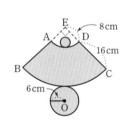

심화 문제   98~103쪽

01 60	02 145 cm²	03 오각형	04 92
05 1 : 5	06 8	07 $\frac{23}{4}$	08 12, 24
09 24 cm	10 24 cm	11 30개	12 90

13	㉠, ㉱, ㉳	14	40	15	4 cm	16	$76+12\pi$
17	25개	18	4				

01 ⑺와 ⑷에서 각뿔대이므로 n각뿔대라고 하면
⑶에서 모서리의 개수는 $3n$개, 면의 개수는 $(n+2)$개이므로
$3n=(n+2)+22$ ∴ $n=12$
따라서 십이각뿔대의 꼭짓점의 개수는 $2\times12=24$(개)
모서리의 개수는 $3\times12=36$(개)이므로
꼭짓점의 개수와 모서리의 개수의 합은 $24+36=60$이다.

02 회전체를 회전축을 포함하는 평면으로 자른 단면은 선대칭도형이다.
$\left\{\dfrac{1}{2}\times10\times4+(10+5)\times3\times\dfrac{1}{2}+5\times6\right\}\times2$
$=\left(20+\dfrac{45}{2}+30\right)\times2$
$=145(\text{cm}^2)$

03

➡ 오각형

04 정이십면체는 정삼각형이 한 꼭짓점에 5개씩 모이므로
정이십면체의 꼭짓점의 개수는 $\dfrac{3\times20}{5}=12$(개)
따라서 축구공은 정이십면체의 꼭짓점의 개수만큼 정오각형이 있고, 면의 개수만큼 정육각형이 있다.
축구공의 면의 개수는 $a=12+20=32$
축구공의 각 꼭짓점에는 3개의 면이 모이므로 축구공의 꼭짓점의 개수는 $b=\dfrac{5\times12+6\times20}{3}=60$
∴ $a+b=32+60=92$

05 정사각형 ABCD를 직선 l을 회전축으로 하여 1회전시킬 때 생기는 입체도형은 오른쪽 그림과 같다.
(사각형 D′C′CD의 넓이)
$=\dfrac{5}{3}\times$(사각형 ABCD의 넓이)
이므로
$2\times$(사각형 EFCD의 넓이)$=\dfrac{5}{3}\times$(사각형 ABCD의 넓이)

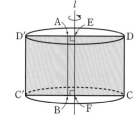

∴ (사각형 EFCD의 넓이)$=\dfrac{5}{6}\times$(사각형 ABCD의 넓이)
$\overline{ED}\times\overline{CD}=\dfrac{5}{6}\times\overline{AD}\times\overline{CD}$, $\overline{ED}=\dfrac{5}{6}\overline{AD}$
즉 $\overline{ED}=\dfrac{5}{6}(\overline{AE}+\overline{ED})$에서 $\overline{ED}=\dfrac{5}{6}\overline{AE}+\dfrac{5}{6}\overline{ED}$,
$\dfrac{1}{6}\overline{ED}=\dfrac{5}{6}\overline{AE}$ ∴ $\overline{ED}=5\overline{AE}$
∴ $\overline{AE}:\overline{ED}=1:5$

06 전개도로 만들어지는 입체도형은 정팔면체이고 그 겨냥도는 오른쪽 그림과 같다.

정팔면체는 한 꼭짓점에서 4개의 모서리가 만난다.
∴ $a=4$
정팔면체에서 한 모서리마다 꼬인 위치에 있는 모서리는 4개이다. ∴ $b=4$
∴ $a+b=4+4=8$

07 각 꼭짓점에 모이는 모서리의 개수가 3개이고 각 모서리에는 2개의 꼭짓점이 있으므로 전체 모서리의 개수는 $e=\dfrac{3}{2}v$
마찬가지로 각 꼭짓점에 모이는 면의 개수가 3개이고 각 면에는 4개의 꼭짓점이 있으므로 전체 면의 개수는 $f=\dfrac{3}{4}v$
오일러공식에 의하여 $v-e+f=v-\dfrac{3}{2}v+\dfrac{3}{4}v=2$,
$\dfrac{1}{4}v=2$ ∴ $v=8$
$a=2$, $b=3$, $c=\dfrac{3}{4}$이므로 $a+b+c=\dfrac{23}{4}$

08 전개도를 그리면 6개의 정사각형과 8개의 정삼각형으로 되어 있다. 이때 한 꼭짓점에는 네 개의 면이 모인다.
∴ (꼭짓점의 개수)$=(6\times4+8\times3)\div4=12$(개)
∴ (모서리의 개수)$=(6\times4+8\times3)\div2=24$(개)

09 주어진 정팔면체의 전개도의 일부를 이용하여 $\overline{AE}$의 중점 M에서 출발하여 면을 따라 세 모서리 AD, CD, CF 위의 점들

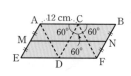

을 지나 $\overline{BF}$의 중점 N에 이르는 최단 거리를 나타내면 오른쪽 그림과 같다. 즉 최단 거리는 $\overline{MN}$의 길이와 같다.
이때 두 점 M, N은 각각 $\overline{AE}$, $\overline{BF}$의 중점이고 사각형 AMNB는 평행사변형이다.
∴ $\overline{MN}=\overline{AB}=2\overline{AC}=2\times12=24(\text{cm})$

10 $2\pi y \times \dfrac{150}{360} = 2\pi r$이므로

$r = \dfrac{5}{12}y$

$2\pi(x+y) \times \dfrac{150}{360} = 2\pi R$

이므로 $R = \dfrac{5}{12}(x+y)$

이때 $R-r=10$이므로

$\dfrac{5}{12}(x+y) - \dfrac{5}{12}y = 10$

$\dfrac{5}{12}x = 10$ $\therefore x = 24$

따라서 구하는 원뿔대의 모선의 길이는 24 cm이다.

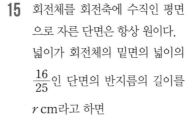
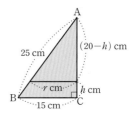

11 주어진 전개도에서 정오각형이 12개이고 정육각형이 20개이 므로 정오각형 12개의 꼭짓점의 개수와 정육각형 20개의 꼭 짓점의 개수의 합은 $12 \times 5 + 20 \times 6 = 180$(개)

그런데 이 전개도로 만들어지는 다면체의 한 꼭짓점에 모이는 면이 3개이므로 이 다면체의 꼭짓점의 개수는 $\dfrac{180}{3} = 60$(개)

이때 꼭짓점의 개수가 60개인 각기둥을 n각기둥이라고 하면 $n \times 2 = 60$ $\therefore n = 30$

따라서 삼십각기둥의 밑면의 변의 수는 30개이다.

12 마주 보는 두 면은 4쌍이므로 마주 보는 두 면에 적힌 숫자의

합은 $\dfrac{3+4+5+6+7+8+9+10}{4} = \dfrac{52}{4} = 13$

따라서 $a+9=13$, $b+3=13$, $c+5=13$, $d+7=13$이므로
$a=4$, $b=10$, $c=8$, $d=6$

$\therefore a+bc+d = 4+10 \times 8 + 6 = 90$

13 정이십면체에서 각 꼭짓점에 모이는 면의 개수는 5개이다.

⑯, ⑰, ⑱, ⑲, ⑳이 한 꼭짓점에서 모인다.

이때 ⑯과 만나는 모서리를 가진 면은 ⑦, ⑰, ⑳이 된다.

14 $\overline{AG}+\overline{GH}+\overline{HI}+\overline{IA}$의 최 단 거리는 $\overline{AA'}$의 길이와 같다.

$(\overline{AA'})^2$

$= (8+10+14)^2$

$\quad + (12+12)^2$

$= 32^2 + 24^2 = 1024 + 576$

$= 1600$

$\therefore \overline{AA'} = 40$

15 회전체를 회전축에 수직인 평면 으로 자른 단면은 항상 원이다.

넓이가 회전체의 밑면의 넓이의 $\dfrac{16}{25}$인 단면의 반지름의 길이를 r cm라고 하면

$\pi \times r^2 = (\pi \times 15^2) \times \dfrac{16}{25}$, $r^2 = 144$ $\therefore r = 12 (\because r > 0)$

이때 단면이 밑면으로부터 h cm의 높이에서 잘린 것이라고 하면

$\dfrac{1}{2} \times 15 \times 20 = \dfrac{1}{2} \times 12 \times (20-h) + \dfrac{1}{2} \times (12+15) \times h$

$15h = 60$ $\therefore h = 4$

따라서 밑면으로부터 4 cm의 높이에서 자를 때이다.

16 (단면의 둘레의 길이)

$= 2 \times (10+4) + \dfrac{1}{2} \times 2\pi \times 4 = 28 + 4\pi$ (cm)

$\therefore a = 28 + 4\pi$

(단면의 넓이)$= \dfrac{1}{2} \times 16 \times 6 + \dfrac{1}{2} \times \pi \times 4^2 = 48 + 8\pi$ (cm²)

$\therefore b = 48 + 8\pi$

$\therefore a+b = 28 + 4\pi + 48 + 8\pi = 76 + 12\pi$

17 각 층별로 잘리어지는 작은 정육면체를 표시하면 다음과 같다.

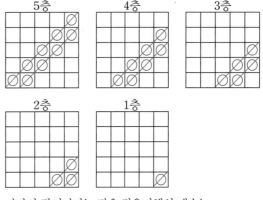

따라서 잘리어지는 작은 정육면체의 개수는

$9+7+5+3+1 = 25$(개)이다.

18 겨냥도를 그려 보면 다음과 같다.

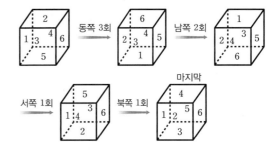

최상위 문제

104~109쪽

01 최댓값 : 23, 최솟값 : 18   **02** 6개   **03** 86

04 36   **05** 50 cm   **06** 288   **07** 2786

08 2 : 3   **09** 108개   **10** 36°   **11** 11

12 12   **13** 120개   **14** 60   **15** 9

16 83개   **17** 52   **18** 72°

01 m각뿔대의 꼭짓점의 수는 $2m$개, n각기둥의 모서리의 수는 $3n$개이므로 $2m+3n=50$

이때 $m \geq 3$, $n \geq 3$이므로 이를 만족시키는 자연수 m, n의 값은 $m=4$, $n=14$ 또는 $m=7$, $n=12$ 또는 $m=10$, $n=10$ 또는 $m=13$, $n=8$ 또는 $m=16$, $n=6$ 또는 $m=19$, $n=4$이다.

따라서 $m+n$의 최댓값은 $19+4=23$이고 최솟값은 $4+14=18$이다.

02 정십이면체의 모서리는 30개이고 각 면은 5개의 변을 가지므로 적어도 $\dfrac{30}{5}=6$(개)의 모서리에 별 모양 스티커를 붙여야 한다.

예를 들어, 오른쪽 그림과 같이 $\overline{CD}$, $\overline{EO}$, $\overline{BI}$, $\overline{PQ}$, $\overline{TN}$, $\overline{RJ}$ 6개의 모서리에 별 모양 스티커를 붙이면 모든 면이 별 모양 스티커가 있는 모서리를 갖게 된다.

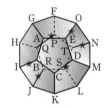

03 n각기둥의 한 밑면에서 한 모서리와 꼬인 위치에 있는 모서리는 없다.

(i) n이 홀수일 때,

다른 한 밑면의 모서리 중 평행한 모서리 1개를 제외하면 꼬인 위치에 있는 모서리는 $(n-1)$개이고,

옆면의 모서리 중 만나는 모서리 2개를 제외하면 꼬인 위치에 있는 모서리는 $(n-2)$개이므로

$$f(n)=(n-1)+(n-2)=2n-3$$

(ii) n이 짝수일 때,

다른 한 밑면의 모서리 중 평행한 모서리 2개를 제외하면 꼬인 위치에 있는 모서리는 $(n-2)$개이고,

옆면의 모서리 중 만나는 모서리 2개를 제외하면 꼬인 위치에 있는 모서리는 $(n-2)$개이므로

$$f(n)=(n-2)+(n-2)=2n-4$$

(i), (ii)에서

$$f(5)+f(10)+f(15)+f(20)=7+16+27+36=86$$

04 정육면체를 두 개의 모서리가 공유하도록 붙여 놓았을 때 생기는 도형의 한 내각은 170°이고 한 내각에 대한 외각은 10°이므로 만들어지는 도형은 $360 \div 10=36$에서 36각형이다.

따라서 사용한 정육면체는 36개이므로

$$v=(4-1) \times 36 \times 2=216$$
$$e=(12-1) \times 36=396$$
$$f=6 \times 36=216$$
$$\therefore v-e+f=216-396+216=36$$

05 원뿔대의 전개도를 그리면 오른쪽 그림과 같고 필요한 끈의 길이는 $\overline{AM}$의 길이와 같다.

$\angle AOA'=x°$라고 하면

$$2\pi \times 40 \times \dfrac{x}{360}=2\pi \times 10$$

$$\therefore x=90$$

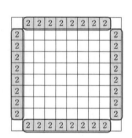

또, $\overline{B'M}=\dfrac{1}{2}\overline{A'B'}=\dfrac{1}{2} \times 20=10$(cm)이므로

$$\overline{OM}=20+10=30 \text{(cm)}$$

따라서 $\overline{AM}^2=\overline{OA}^2+\overline{OM}^2$에서

$$\overline{AM}^2=40^2+30^2=2500=50^2 \quad \therefore \overline{AM}=50 \text{(cm)}$$

06 $a=(10-2) \times (10-2) \times 6=384$

$b=(10-2) \times 12=96$

$\therefore a-b=384-96=288$

07 (i) 총 27개의 꼭짓점에서 세 점을 선택하는 방법

$$\dfrac{1}{6} \times 27 \times 26 \times 25=2925 \text{(개)}$$

(ii) 큰 정육면체의 한 모서리에서 세 점을 선택하는 경우 삼각형이 만들어지지 않는다. 즉, 27개

(iii) 큰 정육면체의 각 면의 대각선 위의 세 점을 선택하는 경우 삼각형이 만들어지지 않는다. 즉, $9 \times 2=18$(개)

(iv) 공간의 대각선 위의 세 점을 선택하는 경우 삼각형이 만들어지지 않는다. 즉, 4개

(i)~(iv)에 의하여 구하는 삼각형의 총 개수는

$$2925-27-18-4=2876$$

08 주어진 입체도형을 [그림 1]과 같이 세 꼭짓점 A, B, C를 지나는 평면으로 자르면 그 단면은 [그림 2]의 색칠한 부분과 같다.

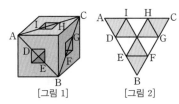
[그림 1] [그림 2]

이때 [그림 2]에서 $\triangle ABC$는 정삼각형이고, 9개의 작은 삼각형은 모두 합동인 정삼각형이므로 $\triangle ADI$의 넓이를 S라고 하면 단면의 넓이는 $6S$, $\triangle ABC$의 넓이는 $9S$이다.

따라서 단면의 넓이와 $\triangle ABC$의 넓이의 비는 6 : 9, 즉 2 : 3이다.

09 십이각뿔대의 한 꼭짓점에서 그을 수 있는 대각선의 개수를 알아보자.

십이각뿔대의 꼭짓점의 개수는 $12 \times 2 = 24$(개)이다.

한 꼭짓점이 십이각뿔대의 윗면에 있는 한 점이라 할 때 윗면에 있는 꼭짓점 12개와 밑면에 있는 3개의 점에는 대각선을 그을 수 없으므로

$24 - (12 + 3) = 9$(개)의 대각선을 그을 수 있다.

따라서 십이각뿔에서의 대각선의 개수는 $\dfrac{9 \times 24}{2} = 108$(개)이다.

10 오른쪽 그림과 같이 점 F와 두 점 N과 M을 각각 연결하면 $\overline{DH} = \overline{FE} = \overline{FG}$이고 두 점 M, N은 중점이므로 $\overline{NH} = \overline{MH} = \overline{NE} = \overline{MG}$이다.

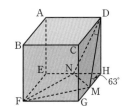

$\angle DHN = \angle DHM = \angle FEN$
$\qquad = \angle FGM = 90°$이므로
$\triangle DHN \equiv \triangle DHM \equiv \triangle FEN \equiv \triangle FGM$(SAS 합동)
$\therefore \overline{DN} = \overline{DM} = \overline{FN} = \overline{FM}$,
$\angle DNM = \angle DMN = \angle FNM = \angle FMN$
$\angle DMH = \angle FNE = \angle FMG = 63°$
$\angle EFN = \angle GFM = 90° - 63° = 27°$
$\therefore \angle NDM = \angle NFM = 90° - 27° \times 2 = 36°$

11 정사면체를 자를 때 생기는 단면의 넓이를 S라 하면 잘려진 정사면체 1개의 겉넓이는 $4S$이므로 잘려진 4개의 정사면체의 겉넓이의 합은 $S_1 = 4 \times 4S = 16S$

한편 남은 입체도형의 겉면은 오른쪽 그림의 색칠한 부분과

같이 넓이가 $6S$인 정육각형 4개와 잘려진 4개의 단면으로 구성되므로 그 겉넓이는 $S_2 = 4 \times 6S + 4S = 28S$

따라서 $S_1 : S_2 = 16S : 28S = 4 : 7$이므로 $x = 4$, $y = 7$
$\therefore x + y = 4 + 7 = 11$

12 정육면체의 모서리를 최대한 많이 지나는 평면으로 자를 때, 두 입체도형의 모서리의 개수의 합은 최대가 된다.

이때 정육면체를 한 평면으로 자른 단면의 모양이 될 수 있는 것은 다음의 4가지이다.

①   ②   ③   ④

즉, 단면이 육각형(④)이 되도록 자를 때, 두 입체도형의 모서리의 개수의 합이 최대이고 그 최댓값은

(잘리지 않은 모서리의 개수) + (잘린 모서리의 개수) × 2
$\qquad$ + (단면의 변의 개수) × 2
$= 6 + 6 \times 2 + 6 \times 2 = 30$

최솟값은 ②번 그림에서 $9 \times 2 = 18$
$\therefore a - b = 30 - 18 = 12$

13 만들어진 입체도형은 팔각형 6개와 삼각형 8개로 이루어져 있다.

이 입체도형의 꼭짓점의 총 개수는 24개이고, 임의의 한 꼭짓점에 대하여 이웃하는 3개의 꼭짓점에는 선분을 그을 수 없다.

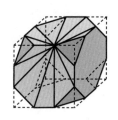

즉, 한 꼭짓점에서 다른 20개의 꼭짓점과 연결하여 선분 20개를 그을 수 있지만, 이 중에서 겉면에 놓이게 되는 선분의 개수는 오른쪽 그림과 같이 10개이므로 한 꼭짓점에서 안쪽에 놓이게 되는 선분의 총 개수는 $20 - 10 = 10$(개)이다.

마찬가지로 나머지 점에서도 안쪽에 놓이게 되는 선분을 10개씩 그을 수 있고 같은 선분이 2개씩 생긴다.

따라서 안쪽에 놓이는 선분의 총 개수는 $\dfrac{24 \times 10}{2} = 120$(개)이다.

14 정육각형 8개의 꼭짓점의 개수의 합은 $6 \times 8 = 48$, 정사각형 6개의 꼭짓점의 개수의 합은 $4 \times 6 = 24$ 다면체의 한 꼭짓점에 모이는 면이 3개이므로 이

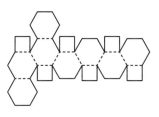

다면체의 꼭짓점의 개수는 $v = \dfrac{48 + 24}{3} = 24$

정육각형 8개의 변의 개수의 합은 $6 \times 8 = 48$, 정사각형 6개의 변의 개수의 합은 $4 \times 6 = 24$

평면도형의 2개의 변이 입체도형에서 하나의 모서리가 되므로 이 다면체의 모서리의 개수는 $e = \dfrac{48+24}{2} = 36$

$\therefore v + e = 24 + 36 = 60$

15 주어진 전개도로 만들어지는 입체도형은 오른쪽 그림과 같다.

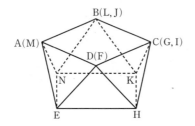

모서리 AB와 평행한 모서리는 모서리 DC의 1개이므로 $a = 1$,

또 모서리 AB와 꼬인 위치에 있는 모서리는 모서리 NE, EH, HK, KN, DE, DH, CH, CK의 8개이므로 $b = 8$

$\therefore a + b = 1 + 8 = 9$

16 단면을 자르면 그림과 같다.

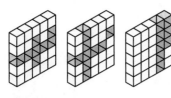 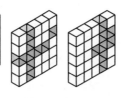

그림에서 찾으면 B 블록이 6개 있으므로 색칠된 작은 정육면체는 모두 $6 \times 7 = 42$(개) 있다.

전체 블록의 수는 125개이므로 A 블록 수는 $125 - 42 = 83$(개)이다.

17

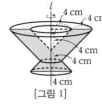
[그림 1]

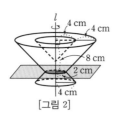
[그림 2]

회전축을 포함하는 단면의 넓이는 [그림 1]과 같이 자른 단면의 넓이이다.

$\therefore a =$ (평행사변형의 넓이) $\times 2 -$ (마름모의 넓이)

$= 4 \times 8 \times 2 - 4 \times 4 \div 2 = 56 (\text{cm}^2)$

또한 $a - b$의 값이 최대가 되려면 b의 값이 최소가 되어야 한다.

이때 회전축에 수직인 단면의 최소 넓이는 [그림 2]와 같이 자를 때이다.

$\therefore b\pi = 2 \times 2 \times \pi = 4\pi$에서 $b = 4$

$\therefore (a - b$의 최댓값$) = 56 - 4 = 52$

18 오른쪽 [그림 1]과 같이 점 C에서 $\overline{AB}$에 내린 수선의 발을 H라고 하면

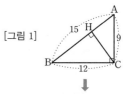
[그림 1]

$\overline{BC} \times \overline{AC} = \overline{AB} \times \overline{CH}$

이므로

$12 \times 9 = 15 \times \overline{CH}$

$\therefore \overline{CH} = \dfrac{108}{15} = \dfrac{36}{5}$

직각삼각형 ABC를 $\overline{AB}$를

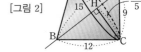
[그림 2]

회전축으로 하여 1회전시키면 오른쪽 [그림 2]와 같은 입체도형이 만들어진다.

만들어진 입체도형의 전개도는 오른쪽 [그림 3]과 같이 반지름의 길이가 각각 9, 12인 두 부채꼴의 호 부분이 맞닿은 모양으로 그릴 수 있다.

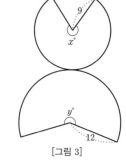
[그림 3]

이때 각 부채꼴의 호의 길이는 반지름의 길이가 $\dfrac{36}{5}$인 원의 둘레의 길이와 같다.

반지름의 길이가 9인 부채꼴의 중심각의 크기를 $x°$, 반지름의 길이가 12인 부채꼴의 중심각의 크기를 $y°$라고 하면

$2\pi \times 9 \times \dfrac{x}{360} = 2\pi \times \dfrac{36}{5}$, $\dfrac{x}{20}\pi = \dfrac{72}{5}\pi$

$\therefore x = \dfrac{72\pi}{5} \times \dfrac{20}{\pi} = 288$

$2\pi \times 12 \times \dfrac{y}{360} = 2\pi \times \dfrac{36}{5}$, $\dfrac{y}{15}\pi = \dfrac{72}{5}\pi$

$\therefore y = \dfrac{72\pi}{5} \times \dfrac{15}{\pi} = 216$

따라서 두 부채꼴의 중심각의 크기의 차는 $288° - 216° = 72°$

2 입체도형의 겉넓이와 부피

110쪽

핵심 문제 01

1 ②, 90π cm² **2** 300 cm² **3** 33π cm² **4** 188π cm²

1 옆넓이를 구할 때 안쪽의 옆넓이를 구하지 않았다.
따라서 ②에서 $8 \times 6\pi + 8 \times 4\pi = 80\pi$(cm²)가 되므로
옳은 답은 $80\pi + 10\pi = 90\pi$(cm²)

2 (밑넓이)$= \dfrac{1}{2} \times 10 \times 12 = 60$(cm²)
(옆넓이)$= (13 + 13 + 10) \times 5 = 180$(cm²)
∴ (겉넓이)$= 60 \times 2 + 180 = 300$(cm²)

3 (겉넓이)$=$(밑넓이)$+$(옆넓이)
$\qquad = \pi \times 3^2 + \pi \times 3 \times 8 = 33\pi$(cm²)

4 (밑넓이의 합)$= \pi \times 6^2 \times 2 = 72\pi$(cm²)
(옆넓이)$= 4\pi \times 5 + 12\pi \times 8 = 116\pi$(cm²)
(겉넓이)$= 72\pi + 116\pi = 188\pi$(cm²)

응용 문제 01

111쪽

예제 ❶ 2, 2, 16, 0.75, 0.45, 1, 0.45, 10.8 / 10.8 m²

1 305 cm² **2** 64π cm² **3** 412 cm² **4** 222

1 (겉넓이)$=$(밑넓이)$+$(옆넓이)
$\qquad = (5^2 + 10^2) + \left\{ 4 \times \dfrac{1}{2} \times (5 + 10) \times 6 \right\}$
$\qquad = 305$(cm²)

2 뚜껑의 반지름의 길이를 r라 하면
$2\pi \times 12 \times \dfrac{(130 - 10)}{360} = 2\pi r$에서 $r = 4$(cm)
따라서 구하는 겉넓이는 $\pi \times 4^2 + \pi \times 4 \times 12 = 64\pi$(cm²)

3 주어진 입체도형의 겉넓이는 세 모서리의 길이가 각각 8 cm,
7 cm, 10 cm인 직육면체의 겉넓이와 같다.
∴ $(8 \times 7 + 8 \times 10 + 7 \times 10) \times 2 = 412$(cm²)

4 (밑넓이)$= \pi \times 6^2 \times \dfrac{60}{360} = 6\pi$(cm²)
밑면인 부채꼴의 호의 길이는

$2\pi \times 6 \times \dfrac{60}{360} = 2\pi$(cm)이므로
(옆넓이)$= (2\pi + 6 + 6) \times 15 = 30\pi + 180$(cm²)
따라서 (겉넓이)$= 6\pi \times 2 + (30\pi + 180) = 42\pi + 180$(cm²)
이므로 $a = 42$, $b = 180$
∴ $a + b = 42 + 180 = 222$

핵심 문제 02

112쪽

1 180 cm³ **2** 2 **3** 986
4 120π cm² **5** 112π cm³ **6** 6 cm

1 $\dfrac{1}{2} \times (2 + 8) \times 4 \times 9 = 180$(cm³)

2 $\dfrac{1}{3} \times \dfrac{1}{2} \times 4 \times 5 \times 6 = \dfrac{1}{2} \times 5 \times x \times 4$
$10x = 20$
∴ $x = 2$

3 $10^3 - \dfrac{1}{3} \times \dfrac{1}{2} \times 6 \times 7 \times 2 = 986$

4 $\pi \times 6^2 \times x = \pi \times 4^2 \times 9$에서 $x = 4$이므로
A 상자의 겉넓이는 $2 \times \pi \times 6^2 + 2\pi \times 6 \times 4 = 120\pi$(cm²)

5 $\dfrac{1}{3} \times \pi \times 8^2 \times 6 - \dfrac{1}{3} \times \pi \times 4^2 \times 3 = 112\pi$(cm³)

6 원뿔의 높이를 h라 하면
$\dfrac{1}{3} \times \pi \times 4^2 \times h = 32\pi$, $\dfrac{16}{3}\pi h = 32\pi$
∴ $h = 6$(cm)

응용 문제 02

113쪽

예제 ❷ 1, $\dfrac{1}{3}\pi$, 1, 4π, $\dfrac{13}{3}\pi$ / $\dfrac{13}{3}\pi$ cm³

1 192π cm³ **2** 1 : 4 **3** 24π cm³
4 200 cm³ **5** $\dfrac{13}{3}$ cm³

1 (밑넓이)$= \dfrac{1}{2} \times 6 \times 8\pi = 24\pi$(cm²)이므로
(부피)$= 24\pi \times 8 = 192\pi$(cm³)

2 각기둥과 각뿔의 밑넓이를 각각 $4S$, $3S$라 하고
높이를 각각 a, b라 하면
$4aS = \dfrac{1}{3} \times 3S \times b$에서 $4a = b$이므로
구하는 높이의 비는 $a : b = 1 : 4$

3 $\dfrac{1}{3} \times \pi \times 6^2 \times 5 - \dfrac{1}{3} \times \pi \times 6^2 \times 3 = 24\pi\,(\mathrm{cm}^3)$

4 (우유 팩의 부피)
$=$([그림 1]의 우유의 양)$+$([그림 2]의 빈 부분의 부피)
$= 5 \times 4 \times 6 + 5 \times 4 \times 4 = 200\,(\mathrm{cm}^3)$

5 사각형 ABCD의 넓이는
$\dfrac{1}{2} \times (2+3) \times 2 + \dfrac{1}{2} \times 3 \times 1 = \dfrac{13}{2}\,(\mathrm{cm}^2)$
입체도형은 □ABCD를 밑면으로 하고 높이가
$\overline{\mathrm{AE}} = \overline{\mathrm{AF}} = 2\,(\mathrm{cm})$인 사각뿔이다.
∴ (사각뿔의 부피)$= \dfrac{1}{3} \times \dfrac{13}{2} \times 2 = \dfrac{13}{3}\,(\mathrm{cm}^3)$

핵심 문제 03 〔114쪽〕

1 $2r$, $2r$, $2r$ **2** $612\pi\ \mathrm{cm}^2$ **3** 64개   **4** $\dfrac{32}{9}$

2 $4\pi \times 12^2 \times \dfrac{7}{8} + \pi \times 12^2 \times \dfrac{3}{4} = 612\pi\,(\mathrm{cm}^2)$

3 반지름의 길이가 8 cm인 구의 부피는
$\dfrac{4}{3} \times \pi \times 8^3 = \dfrac{2048}{3}\pi\,(\mathrm{cm}^3)$
반지름의 길이가 2 cm인 구의 부피는
$\dfrac{4}{3} \times \pi \times 2^3 = \dfrac{32}{3}\pi\,(\mathrm{cm}^3)$
따라서 $\dfrac{2048}{3}\pi \div \dfrac{32}{3}\pi = 64$이므로 최대 64개를 만들 수 있다.

4 $\dfrac{4}{3}\pi \times 6^3 = \pi \times 9^2 \times x$이므로 $x = \dfrac{32}{9}\,(\mathrm{cm})$

응용 문제 03 〔115쪽〕

예제 **1** 4, 6, 4, 6, 480π / 480π

1 4 cm   **2** 8 cm   **3** $36\pi\ \mathrm{cm}^2$ **4** π

---

1 (조각품 1의 옆넓이)$= \pi \times 3 \times 6 + 2\pi \times 3 \times 5 = 48\pi\,(\mathrm{cm}^2)$
반구의 반지름의 길이를 r cm라 하면
(조각품 2의 겉넓이)$= \dfrac{1}{2} \times 4\pi r^2 + \pi r^2 = 3\pi r^2$
$3\pi r^2 = 48\pi$, $r^2 = 16$ ∴ $r = 4$

2 (원기둥의 부피)$= \pi \times 3^2 \times 24 = 216\pi\,(\mathrm{cm}^3)$
이때 반지름의 길이가 3 cm인 야구공 한 개의 부피는
$\dfrac{4}{3}\pi \times 3^3 = 36\pi\,(\mathrm{cm}^3)$
∴ (남아 있는 물의 부피)$= 216\pi - 36\pi \times 4 = 72\pi\,(\mathrm{cm}^3)$
따라서 남아 있는 물의 높이를 h cm라 하면
$\pi \times 3^2 \times h = 72\pi$ ∴ $h = 8$

3 주어진 도형을 직선 l을 축으로 하여
$180°$ 회전시킬 때 생기는 입체도형은
오른쪽 그림과 같다.

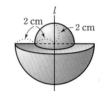

(겉넓이)$= 4\pi \times (4^2 + 2^2) \times \dfrac{1}{4}$
$\qquad + \dfrac{1}{2} \times (\pi \times 4^2 - \pi \times 2^2)$
$\qquad + \dfrac{1}{2} \times (\pi \times 4^2 + \pi \times 2^2)$
$\qquad = 36\pi\,(\mathrm{cm}^2)$

4 $A = \dfrac{4}{3}\pi \times 9^3 = 972\pi$
정팔면체를 정사각뿔 두 개로 나누면 정사각뿔의 밑면은 대각
선의 길이가 18 cm인 정사각형이고 높이는 9 cm이다.
∴ $B = \dfrac{1}{3} \times \left\{ \dfrac{1}{2} \times 18 \times 18 \right\} \times 9 \times 2 = 972$
∴ $\dfrac{A}{B} = \dfrac{972\pi}{972} = \pi$

심화 문제 〔116~121쪽〕

01 $384\ \mathrm{cm}^2$ **02** $8100\ \mathrm{cm}^3$ **03** 180   **04** 풀이 참조
05 $243\ \mathrm{cm}^3$ **06** $536\ \mathrm{cm}^2$ **07** $144\ \mathrm{cm}^3$ **08** 12 cm
09 6 cm   **10** 2160   **11** $168\pi\ \mathrm{cm}^3$
12 $(135\pi + 90)\ \mathrm{cm}^3$ **13** 6 cm   **14** 270분
15 $\dfrac{28}{3}\ \mathrm{cm}$ **16** $486\pi\ \mathrm{cm}^2$ **17** $36\pi\ \mathrm{cm}^3$ **18** 138

---

01 이 입체도형의 겉면에
나타난 작은 정사각형
의 모양은

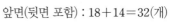

윗면(밑면 포함) :
$4 \times 4 \times 2 = 32$(개)
옆면 : $15 + 17 = 32$(개)
앞면(뒷면 포함) : $18 + 14 = 32$(개)
이므로 전체 96개가 있다.
또, 작은 정사각형의 넓이는 $2 \times 2 = 4(\text{cm}^2)$이므로
구하는 겉넓이는 $96 \times 4 = 384(\text{cm}^2)$

02 세 모서리의 길이를 a cm, b cm, 30 cm $(a < b < 30)$라 하면
$ab : 30a : 30b = 3 : 5 : 6$
$ab : 30a = 3 : 5$에서 $b : 30 = 3 : 5$ $\quad \therefore b = 18$
$ab : 30b = 3 : 6$에서 $a : 30 = 3 : 6$ $\quad \therefore a = 15$
따라서 직육면체의 부피는 $15 \times 18 \times 30 = 8100(\text{cm}^3)$

03 (정육면체의 부피) $= 6 \times 6 \times 6 = 216$

(한 개의 사면체의 부피) $= \dfrac{1}{3} \times \dfrac{1}{2} \times 3 \times 3 \times 3 = \dfrac{9}{2}$

$\therefore$ (남은 입체도형의 부피) $= 216 - 8 \times \dfrac{9}{2} = 216 - 36 = 180$

04 아래 그림에서 보듯이 3개의 입체의 밑넓이와 높이가 모두 서
로 같다.

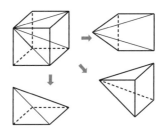

따라서 세 개의 뿔의 부피는 $\dfrac{1}{3} a^3$으로 모두 같다.

05 주어진 전개도로 만든 입체도형은 밑면이 △ECF이고
높이가 $\overline{\text{AB}}$인 삼각뿔이 된다.

$\therefore \dfrac{1}{3} \times \dfrac{1}{2} \times 9 \times 9 \times 18 = 243(\text{cm}^3)$

06 부피가 각각 8 cm^3, 216 cm^3,
512 cm^3인 세 정육면체의 모
서리의 길이는 각각 2 cm,
6 cm, 8 cm이므로
세 정육면체의 겉넓이의 합은
$6 \times (2 \times 2 + 6 \times 6 + 8 \times 8)$
$= 624(\text{cm}^2)$

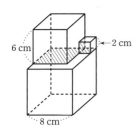

이때 세 정육면체를 면끼리 붙여서 겉넓이가 가장 작은 입체
도형을 만들면 주어진 그림과 같으므로
세 정육면체의 겉넓이의 합에서 (빗금친 부분)×2를 빼준다.
$\therefore 624 - (4 \times 2 \times 2 + 2 \times 6 \times 6) = 536(\text{cm}^2)$

07 점 P를 지나면서 면 EFGH와 평행하게 자르면 [그림 1],
[그림 2]와 같이 2개의 직육면체로 분리된다.

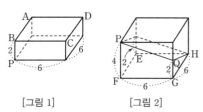

[그림 1]   [그림 2]

이때 [그림 2]의 부피는 절단면을 기준으로 직육면체의 부피
의 반과 같다.
따라서 구하려는 입체도형의 부피는
([그림 1]의 부피)+([그림 2]의 부피)
$= (6 \times 6 \times 2) + (6 \times 6 \times 4) \times \dfrac{1}{2} = 72 + 72 = 144(\text{cm}^3)$

08 물통을 45° 기울이면 오른쪽 그림과
같다. 즉, 쏟아진 물의 부피는 밑면의
반지름의 길이가 4 cm이고 높이가
8 cm인 원기둥의 부피의 반이므로

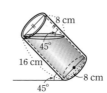

$(\pi \times 4^2 \times 8) \times \dfrac{1}{2} = 64\pi(\text{cm}^3)$

남아 있는 물의 부피는 $\pi \times 4^2 \times 16 - 64\pi = 192\pi(\text{cm}^3)$
이므로 물통에 남아 있는 물의 높이는
$192\pi \div (\pi \times 4^2) = 12(\text{cm})$

09 [그림 2]에서 물과 구의 부피의 합은
$\pi \times 9^2 \times 18 = 1458\pi(\text{cm}^3)$
([그림 1]의 부피) = ([그림 2]의 부피) − (구의 부피)

$= 1458\pi - \dfrac{4}{3}\pi \times 9^3$

$= 1458\pi - 972\pi = 486\pi(\text{cm}^3)$

$\therefore$ (높이) $= 486\pi \div 81\pi = 6(\text{cm})$

10 통을 45°만큼 기울였을 때 물이 담긴 통의
밑면은 오른쪽 그림과 같으므로 쏟아진 물
의 양은

$\left(\dfrac{1}{2} \times 12 \times 12 + \pi \times 12^2 \times \dfrac{1}{4} \right) \times 20 = 1440 + 720\pi(\text{cm}^3)$

$\therefore a + b = 1440 + 720 = 2160$

11 (회전체의 부피)

$$= \frac{1}{3}\pi \times 6^2 \times x + \frac{1}{3}\pi \times 6^2 \times y$$

$$+ \frac{1}{3}\pi \times 6^2 \times (6-y)$$

$$+ \frac{1}{3}\pi \times 6^2 \times (8-x)$$

$$= \frac{1}{3}\pi \times 6^2 \times (x+y+6-y+8-x)$$

$$= \frac{1}{3}\pi \times 6^2 \times 14 = 168\pi \,(\text{cm}^3)$$

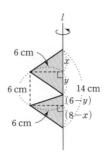

12 (입체도형의 부피)

$$= (원뿔의\ 부피) \times \frac{3}{4} + (삼각뿔의\ 부피)$$

$$= \left(\frac{1}{3} \times \pi \times 6^2 \times 15 \right) \times \frac{3}{4} + \left(\frac{1}{3} \times \frac{1}{2} \times 6 \times 6 \times 15 \right)$$

$$= 135\pi + 90\,(\text{cm}^3)$$

13 주어진 전개도를 옆면으로 하는 원뿔대의 큰 밑면의 반지름의 길이를 r_1 cm라 하면

$$2\pi \times 24 \times \frac{270}{360} = 2\pi r_1 \qquad \therefore\ r_1 = 18\,(\text{cm})$$

작은 밑면의 반지름의 길이를 r_2 cm라 하면

$$2\pi \times 12 \times \frac{270}{360} = 2\pi r_2 \qquad \therefore\ r_2 = 9\,(\text{cm})$$

즉 원뿔대는 오른쪽 그림과 같고 원뿔대의 높이를 h cm라 하면 부피가 1134π cm³이므로

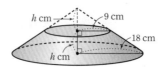

$$\left(\frac{1}{3} \times \pi \times 18^2 \times 2h \right) - \left(\frac{1}{3} \times \pi \times 9^2 \times h \right) = 1134\pi$$

$$216\pi h - 27\pi h = 1134\pi \qquad \therefore\ h = 6\,(\text{cm})$$

14 10분 동안 넣은 물의 양은 $\frac{1}{3}\pi \times 5^2 \times 10 = \frac{250}{3}\pi$

따라서 1분에 넣는 물의 양은 $\frac{250}{3}\pi \div 10 = \frac{25}{3}\pi$

원뿔 모양의 물탱크의 부피는 $\frac{1}{3} \times \pi \times 15^2 \times 30 = 2250\pi$

따라서 빈 물탱크에 물을 가득 채우는 데 걸리는 시간은

$$2250\pi \div \frac{25}{3}\pi = 270\,(분)$$

15 원뿔대 모양의 그릇에 담겨 있는 물의 부피는

$$\frac{1}{3} \times (\pi \times 12^2) \times (8+8) - \frac{1}{3} \times (\pi \times 6^2) \times 8$$

$$= 768\pi - 96\pi = 672\pi\,(\text{cm}^3)$$

컵 1개에 들어가는 물의 부피는 $672\pi \div 2 = 336\pi\,(\text{cm}^3)$

이때 컵 1개에 들어가는 물의 높이를 h cm라 하면

$$\pi \times 6^2 \times h = 336\pi \qquad \therefore\ h = \frac{28}{3}\,(\text{cm})$$

16 입체도형은 오른쪽 그림과 같으므로
(겉넓이)

$$= (\pi \times 12^2 - \pi \times 9^2)$$

$$+ 4\pi \times 12^2 \times \frac{1}{2} + \pi \times 9 \times 15$$

$$= 63\pi + 288\pi + 135\pi = 486\pi\,(\text{cm}^2)$$

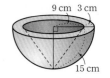

17 원기둥의 밑면의 반지름의 길이를 r cm, 높이를 h cm라고 하면 $2\pi r h = 4\pi r^2 \times 3 \qquad \therefore\ h = 6r$

원기둥의 부피가 162π cm³이므로 $\pi r^2 \times 6r = 162\pi$

$$\therefore\ r = 3\,\text{cm}$$

따라서 구의 부피는 $\frac{4}{3}\pi \times 3^3 = 36\pi\,(\text{cm}^3)$이다.

18 회전체의 겨냥도를 그리면 오른쪽 그림과 같다.
(원기둥의 부피)

$$= \pi \times 6^2 \times 2 = 72\pi\,(\text{cm}^3)$$

(원뿔대의 부피)

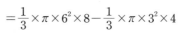

$$= \frac{1}{3} \times \pi \times 6^2 \times 8 - \frac{1}{3} \times \pi \times 3^2 \times 4$$

$$= 96\pi - 12\pi = 84\pi\,(\text{cm}^3)$$

(반구의 부피)$= \frac{1}{2} \times \frac{4}{3}\pi \times 3^3 = 18\pi\,(\text{cm}^3)$

따라서 구하는 입체도형의 부피는
(원기둥의 부피)$+$(원뿔대의 부피)$-$(반구의 부피)

$$= 72\pi + 84\pi - 18\pi = 138\pi\,(\text{cm}^3)$$

$$\therefore\ k = 138$$

최상위 문제

122~127쪽

01 3 **02** 2016 cm² **03** 225 **04** 1600 cm²

05 243 cm³ **06** 120 cm³ **07** 4800π cm³ **08** 112π cm²

09 $(14+\pi)$ cm **10** 252 **11** 19

12 20 cm **13** $\frac{1701}{2}\pi$ cm³ **14** 126

15 48 cm³ **16** 211 cm **17** 2 **18** 7 : 3

01 $(삼각기둥의 부피)=\left(\dfrac{1}{2}\times 8\times 8\right)\times 12=384(\text{cm}^3)$

$\overline{\text{PB}}=x\,\text{cm}$라 하면 $\overline{\text{EP}}=(12-x)\,\text{cm}$이므로

꼭짓점 E를 포함한 삼각뿔의 부피(V_2)는

$\dfrac{1}{3}\times\left(\dfrac{1}{2}\times 8\times 8\right)\times(12-x)=128-\dfrac{32}{3}x(\text{cm}^3)$

$V_1+V_2=3V_2+V_2=4V_2$이므로

$384=4\times\left(128-\dfrac{32}{3}x\right)$ $\therefore x=3$

02 정육면체에 뚫은 정사각형 모양의 구멍의 한 변의 길이는

$9\times\dfrac{1}{3}=3(\text{cm})$

새로 만든 입체도형의 겉넓이는 바깥쪽 면의 겉넓이와 안쪽 구멍의 겉넓이의 합과 같다.

새로 만든 입체도형의 바깥쪽 면의 겉넓이는

$(9\times 9-3\times 3)\times 16=1152(\text{cm}^2)$

새로 만든 입체도형의 안쪽 구멍의 겉넓이는

$(3\times 3\times 4)\times 6\times 4=864(\text{cm}^2)$

따라서 새로 만든 입체도형의 겉넓이는

$1152+864=2016(\text{cm}^2)$

03 오른쪽 그림과 같이 한 모서리의 길이가 6 cm인 정육면체는 세 점 A, B, C를 지나는 평면에 의하여 모양과 크기가 같은 두 입체도형으로 나누어지므로 구하려는 입체도형의 부피는 삼각뿔 A−BCE 의 부피와 한 모서리의 길이가 6 cm인 정육면체의 부피의 $\dfrac{1}{2}$의 합이다.

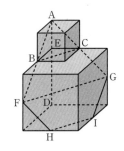

$V=\dfrac{1}{3}\times\dfrac{1}{2}\times 3\times 3\times 3+\dfrac{1}{2}\times 6\times 6\times 6=\dfrac{225}{2}(\text{cm}^3)$

$\therefore 2V=2\times\dfrac{225}{2}=225$

04 2층의 윗면 : $(4\times 8)\times 5=160(\text{cm}^2)$

2층의 옆면 : $(4\times 6)\times 10+(6\times 8)\times 5=480(\text{cm}^2)$

1층의 윗면 : $(4\times 8)\times 5=160(\text{cm}^2)$

1층의 옆면 : $(4\times 6)\times 10+(6\times 8)\times 5=480(\text{cm}^2)$

1층의 아랫면 : $(4\times 8)\times 10=320(\text{cm}^2)$

$\therefore$ (입체도형의 겉넓이)

$=160+480+160+480+320=1600(\text{cm}^2)$

05 4개의 삼각뿔 A−BCF, A−EFH, C−ADH, C−FGH 의 부피는 모두 같으므로

(삼각뿔 C−AFH의 부피)

$=($정육면체의 부피$)-($삼각뿔 C−FGH의 부피$)\times 4$

$=9^3-\left\{\dfrac{1}{3}\times\left(\dfrac{1}{2}\times 9\times 9\right)\times 9\right\}\times 4$

$=729-486=243(\text{cm}^3)$

06 ([그림 1]의 부피)

$=\pi r^2\times 5h+\dfrac{1}{3}\pi r^2\times 3h$

$=6\pi r^2 h$

([그림 2]의 부피)

$=\dfrac{1}{3}\pi r^2\times 8h=\dfrac{8}{3}\pi r^2 h$

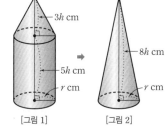

이때 두 입체도형의 부피의 차는 150 cm³이므로

$6\pi r^2 h-\dfrac{8}{3}\pi r^2 h=150$

$\left(6-\dfrac{8}{3}\right)\pi r^2 h=150$ $\therefore \pi r^2 h=45$

따라서 새로 만든 원뿔의 부피는

$\dfrac{1}{3}\times\pi r^2\times 8h=\dfrac{8}{3}\times 45=120(\text{cm}^3)$이다.

07 문제의 입체도형의 겨냥도는 [그림 1]과 같고, 이 도형의 부피는 [그림 2]와 같은 입체도형의 부피와 같다.

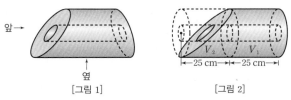

[그림 2]에서

$(V_1$ 부분의 부피$)=\pi(12^2-4^2)\times 25=3200\pi(\text{cm}^3)$

$(V_2$ 부분의 부피$)=\dfrac{1}{2}\times 3200=1600\pi(\text{cm}^3)$

$\therefore$ (입체도형의 부피)$=3200\pi+1600\pi=4800\pi(\text{cm}^3)$

08 원뿔대의 전개도는 오른쪽 그림과 같다.

$\overline{\text{OA}}=x\,\text{cm},\ \overline{\text{OB}}=y\,\text{cm}$ 라 하면

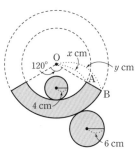

$2\pi\times x\times\dfrac{120}{360}=2\pi\times 4$에서

$x=12$

$2\pi\times y\times\dfrac{120}{360}=2\pi\times 6$에서

$y=18$

(옆넓이)$=\dfrac{1}{3}\times\pi\times 18^2-\dfrac{1}{3}\times\pi\times 12^2$

$=60\pi(\text{cm}^2)$

$$(겉넓이)=60\pi+\pi\times4^2+\pi\times6^2$$
$$=112\pi(\text{cm}^2)$$

09 (쏟아진 물의 양)

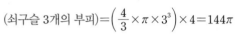

$$=12\times12\times12\times\frac{1}{2}=864(\text{cm}^3)$$

(물통의 남은 물의 양)
$$=12\times12\times20-864=2016(\text{cm}^3)$$

(쇠구슬 3개의 부피)$=\left(\frac{4}{3}\times\pi\times3^3\right)\times4=144\pi$

(물통의 물의 높이)$=(2016+144\pi)\div(12\times12)$
$$=14+\pi(\text{cm})$$

10 자르고 남은 아랫부분과 합동인
입체도형을 오른쪽 그림과 같이
올려 놓으면 두 원기둥이 붙어
있는 입체도형을 만들 수 있다.
이 입체도형의 부피는 처음 입

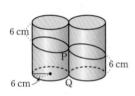

체도형의 부피의 $\frac{1}{3}\times2=\frac{2}{3}$이므로 원기둥의 높이는

$$24\times\frac{2}{3}=16(\text{cm})\qquad\therefore\overline{\text{PQ}}=16\times\frac{1}{2}=8(\text{cm})$$

또한 원기둥 B에서 자르고 남은 아랫
부분 B′과 합동인 입체도형을 오른쪽
그림과 같이 올려 놓으면 원기둥을
만들 수 있다.

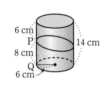

이 원기둥은 밑면인 원의 반지름의 길이는 6 cm이고 높이는
14 cm이므로
$$(부피)=\pi\times6^2\times14=504\pi(\text{cm}^3)$$
따라서 원기둥 B에서 자르고 남은 아랫부분 B′의 부피는
$$504\pi\times\frac{1}{2}=252\pi\qquad\therefore V=252$$

11 S를 병의 밑면의 넓이라고 하고 남아 있는 음료수의 양을
V라고 하면
$$V=10S=2000-8S,\ 10S+8S=2000$$
$$\therefore S=\frac{2000}{18}=\frac{1000}{9}$$
따라서 $V=10S=10\times\dfrac{1000}{9}=\dfrac{10000}{9}(\text{mL})$
$$\therefore V=\frac{10}{9}(\text{L})$$
즉, $m=9,\ n=10\qquad\therefore m+n=9+10=19$

12 $\overline{\text{AB}}=x$ cm라 하면

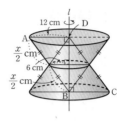

(겉넓이)
$$=(\pi\times12^2)\times2$$
$$+\left(\pi\times12\times x-\pi\times6\times\frac{x}{2}\right)\times2$$
$$=288\pi+18\pi x(\text{cm}^2)$$
이때 회전체의 겉넓이는 648π cm²이므로
$$288\pi+18\pi x=648\pi,\ 18\pi x=360\pi\qquad\therefore x=20(\text{cm})$$

13 공이 움직일 수 있는 공간의 최대 부
피는 오른쪽 그림과 같이

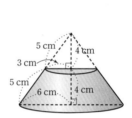

반지름의 길이가 9 cm인 구의 $\frac{1}{8}$을
잘라 내고 남은 부분의 부피와 같다.
따라서 구하는 부피는
$$\frac{4}{3}\pi\times9^3\times\frac{7}{8}=\frac{1701}{2}\pi(\text{cm}^3)$$

14 회전체의 겨냥도를 그리면 오른
쪽과 같다.

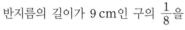

(윗면의 넓이)
$$=\pi\times3^2\times\frac{1}{2}=\frac{9}{2}\pi(\text{cm}^2)$$

(아랫면의 넓이)
$$=\pi\times6^2\times\frac{1}{2}=18\pi(\text{cm}^2)$$

(옆면의 넓이)
$$=\frac{1}{2}\times(\pi\times6\times10-\pi\times3\times5)+\frac{1}{2}\times(6+12)\times4$$
$$=\frac{45}{2}\pi+36$$

$$\therefore(겉넓이)=\frac{9}{2}\pi+18\pi+\frac{45}{2}\pi+36=36+45\pi$$

$$\therefore a+2b=36+2\times45=126$$

15 삼각뿔 B−RCF의 부피 V_1은

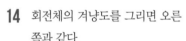

(밑넓이 △RCB)
$$=\frac{1}{2}\triangle\text{ABC}=\frac{1}{2}\times\left(\frac{1}{2}\times8\times6\right)$$
$$=12(\text{cm}^2)$$
높이는 $\overline{\text{CF}}=8(\text{cm})$이므로
$$V_1=\frac{1}{3}\times12\times8=32(\text{cm}^3)$$
삼각뿔대 AQR−DEF의 부피 V_2는
$$V_2=\frac{1}{3}\times\left(\frac{1}{2}\times6\times8\right)\times16-\frac{1}{3}\times\left(\frac{1}{2}\times3\times4\right)\times8$$
$$=112(\text{cm}^3)$$

삼각기둥 ABC−DEF의 부피 V_3는

$V_3 = \left(\dfrac{1}{2} \times 6 \times 8\right) \times 8 = 192 \,(\text{cm}^3)$

구하려는 부피를 V라 하면

$V = V_3 - (V_1 + V_2) = 192 - (32 + 112)$

$\qquad = 192 - 144 = 48 \,(\text{cm}^3)$

16 (원기둥 A_1의 겉넓이)

$= \pi \times 4^2 \times 2 + 2\pi \times 4 \times 15 = 32\pi + 120\pi = 152\pi \,(\text{cm}^2)$

(원기둥 A_2의 겉넓이)

$= \pi \times 4^2 \times 2 + 152\pi = 32\pi + 152\pi \,(\text{cm}^2)$

(원기둥 A_3의 겉넓이)

$= \pi \times 4^2 \times 2 + (32\pi + 152\pi) = 2 \times 32\pi + 152\pi \,(\text{cm}^2)$

(원기둥 A_4의 겉넓이)

$= \pi \times 4^2 \times 2 + (2 \times 32\pi + 152\pi) = 3 \times 32\pi + 152\pi \,(\text{cm}^2)$

$\qquad\qquad\qquad \vdots$

따라서 원기둥 A_{50}의 겉넓이는

$49 \times 32\pi + 152\pi = 1720\pi \,(\text{cm}^2)$

이때 원기둥 A_{50}의 높이를 h cm라 하면

$\pi \times 4^2 \times 2 + 2\pi \times 4 \times h = 1720\pi$　∴ $h = 211$

따라서 원기둥 A_{50}의 높이는 211 cm이다.

17 (i) [그림 1]의 경우 큰 반구의 반지름의 길이는 r이고,

작은 반구의 반지름의 길이는 $\dfrac{1}{3}r$이므로

(겉넓이)

$= 4\pi r^2 \times \dfrac{1}{2} + \left\{\pi r^2 - \pi \times \left(\dfrac{1}{3}r\right)^2\right\} + 4\pi \times \left(\dfrac{1}{3}r\right)^2 \times \dfrac{1}{2}$

$= 2\pi r^2 + \dfrac{8}{9}\pi r^2 + \dfrac{2}{9}\pi r^2 = \dfrac{28}{9}\pi r^2$

(ii) [그림 2]의 경우 큰 반구의 반지름의 길이는 r이고, 원뿔의

밑면의 반지름의 길이는 $\dfrac{1}{3}r$, 모선의 길이는 $\dfrac{2}{3}r$이므로

(겉넓이)

$= 4\pi r^2 \times \dfrac{1}{2} + \left\{\pi r^2 - \pi \times \left(\dfrac{1}{3}r\right)^2\right\} + \pi \times \dfrac{1}{3}r \times \dfrac{2}{3}r$

$= 2\pi r^2 + \dfrac{8}{9}\pi r^2 + \dfrac{2}{9}\pi r^2 = \dfrac{28}{9}\pi r^2$

(iii) [그림 3]의 경우 큰 반구의 반지름의 길이는 r이고, 작은

반구의 반지름의 길이는 $\dfrac{1}{3}r$이므로

(겉넓이)

$= 4\pi r^2 \times \dfrac{1}{2} + \left\{\pi r^2 - \pi \times \left(\dfrac{1}{3}r\right)^2\right\} + 4\pi \times \left(\dfrac{1}{3}r\right)^2 \times \dfrac{1}{2}$

$= 2\pi r^2 + \dfrac{8}{9}\pi r^2 + \dfrac{2}{9}\pi r^2 = \dfrac{28}{9}\pi r^2$

세 겉넓이의 합은 $\dfrac{112}{3}\pi$이므로 (i)~(iii)에 의하여

$\dfrac{28}{9}\pi r^2 \times 3 = \dfrac{112}{3}\pi$, $r^2 = 4$　　∴ $r = 2\,(\because r > 0)$

18 (x축을 회전축으로 하여 1회전시킬 때 생기는 입체도형의 부피)

$= \pi \times 2^2 \times 3 - \dfrac{1}{3}\pi \times 2^2 \times 2$

$= 12\pi - \dfrac{8}{3}\pi = \dfrac{28}{3}\pi$

y축을 회전축으로 하여 1회전시킬
때 생기는 입체도형을 y축을 포함하
는 평면으로 잘랐을 때, 그 단면은
오른쪽 그림의 색칠한 부분이다.

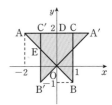

(부피)

= ($\triangle$AOD를 y축을 회전축으로 하여 1회전시킬 때 생기는
　입체도형의 부피)

　+ ($\triangle$EOB′을 y축을 회전축으로 하여 1회전시킬 때 생기
　는 입체도형의 부피)

$= \dfrac{1}{3}\pi \times 2^2 \times 2 + \left(\pi \times 1^2 \times 2 - \dfrac{1}{3}\pi \times 1^2 \times 1 \times 2\right)$

$= \dfrac{8}{3}\pi + \dfrac{4}{3}\pi = 4\pi$

따라서 x축, y축을 회전축으로 하여 1회전시킬 때 생기는 입
체도형의 부피의 비는 $\dfrac{28}{3}\pi : 4\pi = 7 : 3$이다.

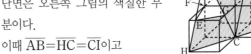

특목고 / 경시대회 실전문제 | 128~130쪽 |

01 $\dfrac{33}{2}$	**02** 248	**03** 19개	**04** 17
05 73	**06** 175	**07** 126	**08** 64π
09 4 : 3			

01 세 점 A, B, C를 지나는 평면으
로 입체도형을 잘랐을 때 생기는
단면은 오른쪽 그림의 색칠한 부
분이다.
이때 $\overline{AB} = \overline{HC} = \overline{CI}$이고
$\triangle$ABC, $\triangle$AHC, $\triangle$BCI의 높이
가 같으므로 단면의 넓이는 $\triangle$ABC의 넓이를 3배한 도형의
넓이에서 $\triangle$AEG의 넓이를 뺀 것과 같다.

한편 △ABC는 삼각뿔 D−ABC의
한 면이고 이 삼각뿔의 전개도는 오른
쪽 그림과 같다.

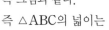

즉 △ABC의 넓이는

$$4 \times 4 - \frac{1}{2} \times 4 \times 2 \times 2 - \frac{1}{2} \times 2 \times 2$$
$$= 6$$

△AEG는 삼각뿔 F−AEG의 한 면이고
이 삼각뿔의 전개도는 오른쪽 그림과 같다.

즉 △AEG의 넓이는

$$2 \times 2 - \frac{1}{2} \times 2 \times 1 \times 2 - \frac{1}{2} \times 1 \times 1 = \frac{3}{2}$$

따라서 구하는 단면의 넓이는 $6 \times 3 - \frac{3}{2} = \frac{33}{2}$

02 각 면을 1 cm×1 cm인 정사각형 모양으로 자른 모습이 다음
그림과 같다.

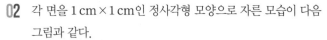

[위에서 본 모양]　　[뚫린 면에서 본 모양]

바깥쪽의 면에서 한 면에만 칠해진 경우 :
$(1 \times 6 \times 4 + 4) \times 6 = 168$(개)

안쪽의 면에서 한 면에만 칠해진 경우 :
$1 \times 3 \times 4 \times 6 = 72$(개)

∴ $a = 168 + 72 = 240$

세 면에 칠해진 정육면체의 개수는 큰 정육면체의 꼭짓점에
있는 작은 정육면체이므로 $b = 8$

∴ $a + b = 240 + 8 = 248$

03 $\overline{\mathrm{AG}}$를 이등분하면서 수직으로 만나
는 평면 위의 모든 점은 두 점 A, G
로 부터 같은 거리에 있으므로

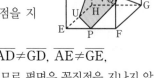

(ⅰ) 평면이 정육면체의 꼭짓점을 지
난다고 하면
$\overline{\mathrm{AB}} \neq \overline{\mathrm{GB}}$, $\overline{\mathrm{AC}} \neq \overline{\mathrm{GC}}$, $\overline{\mathrm{AD}} \neq \overline{\mathrm{GD}}$, $\overline{\mathrm{AE}} \neq \overline{\mathrm{GE}}$,
$\overline{\mathrm{AF}} \neq \overline{\mathrm{GF}}$, $\overline{\mathrm{AH}} \neq \overline{\mathrm{GH}}$이므로 평면은 꼭짓점을 지나지 않
는다.

(ⅱ) 평면이 점 A 또는 점 G를 포함하는 모서리를 지난다고 하
면 이 역시 두 점 A, G로부터 같은 거리에 있지 않다.

(ⅲ) 평면이 두 점 A, G를 포함하지 않는 모서리를 지난다고
하고, 그 점을 각각 P, Q, R, S, T, U라 하자.
여기서 △ASD와 △GSC에서
∠ADS = ∠GCS = 90°, $\overline{\mathrm{AD}} = \overline{\mathrm{GC}}$이므로 $\overline{\mathrm{DS}} = \overline{\mathrm{CS}}$이면
△ASD≡△GSC(SAS 합동)이 되어 $\overline{\mathrm{AS}} = \overline{\mathrm{GS}}$가 된다.
즉, 점 S가 $\overline{\mathrm{CD}}$의 중점이 될 때, $\overline{\mathrm{AS}} = \overline{\mathrm{GS}}$가 된다. 마찬
가지로 점 P, Q, R, T, U도 모서리 EF, BF, BC, DH,
EH의 중점이 되어야 한다.

(ⅰ), (ⅱ), (ⅲ)에 의하여 $\overline{\mathrm{AG}}$를 이등분하면서 수직으로 만나는
평면은 $\overline{\mathrm{EF}}$, $\overline{\mathrm{BF}}$, $\overline{\mathrm{BC}}$, $\overline{\mathrm{CD}}$, $\overline{\mathrm{DH}}$, $\overline{\mathrm{EH}}$의 중점인 P, Q, R, S,
T, U를 지난다.

따라서 평면이 정육면체를 지나는 모습을 각 층별로 그려보면

3층 : 잘려지지 않은 작은 정육　　2층 : 잘려지지 않은 작은 정
면체의 개수는 3개　　　　　　　육면체의 개수는 2개

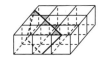

1층 : 잘려지지 않은 작은 정
육면체의 개수는 3개

따라서 작은 정육면체 27개 중에서 잘려지지 않은 정육면체
의 수는 8개이므로 잘려진 작은 정육면체는 19개이다.

04 문제의 입체도형은 정
육면체로부터 각 모서
리의 중점을 잡아서 이
중점들을 연결하여 얻
은 입체도형으로 생각할 수 있다.

그러므로 바깥쪽 정육면체에서 8개의 사면체를 떼어낸 것으
로 생각하면 된다.

$\overline{\mathrm{AB}}$와 꼬인 위치에 있는 모서리는 모든 모서리의 개수에서
모서리 AB와 평행한 모서리의 개수와 모서리 AB와 만나는
모서리의 개수를 빼어 구할 수 있다.

(모서리의 개수) $= \frac{1}{2} \times (4 \times 6 + 3 \times 8) = 24$(개)

(모서리 AB와 만나는 모서리의 개수) $= 6$(개)

(모서리 AB와 평행인 모서리의 개수) $= 3$(개)

따라서 모서리 AB와 꼬인 위치에 있는 모서리의 개수는
$24 - (1 + 3 + 6) = 14$(개)

∴ $a = 3$, $b = 14$에서 $a + b = 3 + 14 = 17$

05 오른쪽 그림과 같이 점 N, C 에서 면 OAB에 내린 수선의 발을 각각 S, Q라 하면 점 N 이 $\overline{OC}$의 중점이므로

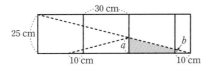

$\overline{NS}:\overline{CQ}=1:2$이고 $\overline{NS}=h$ 라 하면 $\overline{CQ}=2h$

$\overline{OM}:\overline{OA}=1:2$,

$\overline{OP}:\overline{PB}=7:3$이므로

$\triangle OMP:\triangle OAB=7:20$

$\triangle OMP=7S$라 하면 $\triangle OAB=20S$

정사면체 O−ABC의 부피는 $\dfrac{1}{3}\times 20S\times 2h=\dfrac{40}{3}Sh$

다면체 O−MPN의 부피는 $\dfrac{1}{3}\times 7S\times h=\dfrac{7}{3}Sh$

다면체 MPN−ABC의 부피는 $\dfrac{40}{3}Sh-\dfrac{7}{3}Sh=11Sh$

따라서 정사면체 O−ABC의 부피와 다면체 MPN−ABC 의 부피의 비는 $\dfrac{40}{3}Sh:11Sh=40:33$

$\therefore m=40, n=33$ $\therefore m+n=40+33=73$

06 원기둥의 옆면을 펼치면 가로의 길 이는

$10\times 3=30(\text{cm})$ 이다.

따라서 세 번 겹쳐진 부분의 넓이는 오른쪽 그림에서 네 번 겹치는 부분을 제외한 색칠한 부분이다.

$\dfrac{a}{40}=\dfrac{25}{100}=\dfrac{1}{4}$에서 $a=10(\text{cm})$

$\dfrac{b}{10}=\dfrac{1}{4}$에서 $b=\dfrac{5}{2}(\text{cm})$

따라서 구하는 부분의 넓이는

$\dfrac{1}{2}\times\left(10+\dfrac{5}{2}\right)\times 30-\dfrac{1}{2}\times 10\times\dfrac{5}{2}=\dfrac{375}{2}-\dfrac{25}{2}$

$=175(\text{cm}^2)$

07 회전체는 반구와 원뿔대 모양으로 나누어지므로

(반구의 겉넓이)$=\dfrac{1}{2}\times 4\pi\times 6^2=72\pi$

(원뿔대의 옆넓이)

$=\dfrac{1}{2}\times 10\times 2\pi\times 6-\dfrac{1}{2}\times 5\times 2\pi\times 3=45\pi$

(밑면의 넓이)$=\pi\times 3\times 3=9\pi$

따라서 회전체의 겉넓이는 $72\pi+45\pi+9\pi=126\pi$

$\therefore k=126$

08 주어진 평면도형을 직선 l을 축으로 하여 1회전할 때 생기는 입체도형은 오른쪽 그림과 같고, 이 입체도형은 다음 그림과 같이 네 부분 ㉠, ㉡, ㉢, ㉣로 나눌 수 있다.

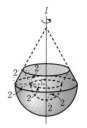

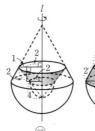 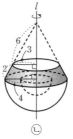 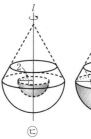 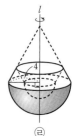

㉠　　　　㉡　　　　㉢　　　　㉣

(㉠의 넓이)$=\dfrac{1}{2}\times 6\times(2\pi\times 3)-\dfrac{1}{2}\times 4\times(2\pi\times 2)$

$=18\pi-8\pi=10\pi$

(㉡의 넓이)$=\dfrac{1}{2}\times 8\times(2\pi\times 4)-\dfrac{1}{2}\times 6\times(2\pi\times 3)$

$=32\pi-18\pi=14\pi$

(㉢의 넓이)$=(4\pi\times 2^2)\times\dfrac{1}{2}=8\pi$

(㉣의 넓이)$=(4\pi\times 4^2)\times\dfrac{1}{2}=32\pi$

따라서 입체도형의 겉넓이는 $10\pi+14\pi+8\pi+32\pi=64\pi$

09 네 점 A(0, 1), B(5, 1), C(5, 3), D(0, 6)을 좌표 평면에 나타내면 오른쪽 그림과 같다.

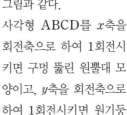 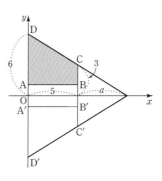

사각형 ABCD를 x축을 회전축으로 하여 1회전시 키면 구멍 뚫린 원뿔대 모 양이고, y축을 회전축으로 하여 1회전시키면 원기둥 위에 원뿔을 올려놓은 모양이 된다.

오른쪽 그림에서 a는 $6:(5+a)=3:a$에서 $a=5$이므로

$V_x=$(큰 원뿔의 부피)$-$(작은 원뿔의 부피)$-$(구멍의 부피)

$=\left(\dfrac{1}{3}\times\pi\times 6^2\times 10\right)-\left(\dfrac{1}{3}\times\pi\times 3^2\times 5\right)-(\pi\times 1^2\times 5)$

$=100\pi$

$V_y=$(원기둥의 부피)$+$(원뿔의 부피)

$=\pi\times 5^2\times(3-1)+\dfrac{1}{3}\times\pi\times 5^2\times 3=75\pi$

$\therefore V_x:V_y=100\pi:75\pi=4:3$

Ⅳ. 도수분포표와 그래프

1 도수분포표와 그래프

132쪽

핵심문제 01

1 109   **2** 35 %   **3** 72   **4** ②

1 기록이 10번째로 좋은 학생의 기록은 7.9초이다.

전체 학생 수는 잎의 개수와 같으므로 전체 학생 수는

$4+6+7+3=20$(명)

이때 기록이 8.5초가 넘는 학생 수는 6명이다.

$$\therefore \frac{6}{20} \times 100 = 30(\%)$$

$$\therefore 10a+b=79+30=109$$

2 $A=20-(9+4+5)=2$이므로 $\frac{5+2}{20} \times 100 = 35(\%)$

3 $36-\frac{8}{2} \leq x < 36+\frac{8}{2}$에서 $32 \leq x < 40$이므로 $a=32$, $b=40$

$$\therefore a+b=32+40=72$$

4 ② 신발의 크기가 가장 큰 학생은 도수분포표에서는 알 수 없다. 왜냐하면 도수분포표에서는 270 mm 이상 280 mm 미만인 학생 수가 3명이라는 것만 주어졌기 때문이다.

④ $A=20-(3+2+4+5+2)=4$

⑤ 신발의 크기가 세 번째로 큰 학생이 속한 계급은 260 mm 이상 270 mm 미만이므로 그 계급값은 265 mm이다.

응용문제 01

133쪽

예제 **①** 2, 4, 2, 8, 8, 25 / 25 %

1 1   **2** 55회   **3** 15시간 이상 20시간 미만

4 외국 영화

1 전체 학생 수는 11명이다.

나이의 총합은 $22 \times 11 = 242$(세)

$9+16+17+19+20+20+(20+\square)+25+25+33+37$

$=242$이므로

$\square=1$

2 줄넘기 횟수가 5번째로 많은 학생이 2명이므로 $\square=3$

줄넘기 횟수의 평균을 구하면

$$\frac{41+44+45+52+53+53+63+64+67+68}{10}$$

$=55$(회)

3 a시간 이상 b시간 미만인 계급의 계급값은

$\frac{a+b}{2}=7.5$(시간)이고 $d-c=5$에서 계급의 크기가 5이므로

$a=7.5-\frac{5}{2}=5$, $b=7.5+\frac{5}{2}=10$

따라서 한 달 동안 운동한 시간이 18시간인 학생이 속하는 계급은 15시간 이상 20시간 미만이다.

4 전체 영화 관객 수의 평균은 $\frac{120.2}{20}=6.01$(백만 명)이므로 평균보다 낮은 영화는 한국 영화가 5편, 외국 영화가 6편으로 외국 영화가 더 많다.

핵심문제 02

134쪽

1 12가구   **2** 36   **3** ④, ⑤

1 $8+4=12$

2 $A=2$, $B=4$

수학 성적이 80점 이상인 학생 수는 $4+2=6$(명)이므로

$\frac{6}{20} \times 100 = 30(\%)$ $\therefore C=30$

$\therefore A+B+C=2+4+30=36$

3 ④ 봉사 활동 시간이 가장 많은 학생의 봉사 활동 시간은 15시간 이상 17시간 미만이지만 정확한 시간은 알 수 없다.

⑤ 전체 학생 수는 $6+4+2+3+8+10+7=40$(명)이고, 봉사 활동 시간이 7시간 미만인 학생 수는 $6+4=10$(명)이므로 $\frac{10}{40} \times 100 = 25(\%)$

응용문제 02

135쪽

예제 **②** 10, 10, 40, 40, 6, 7, 17.5 / 17.5 %

1 7명   **2** 6명   **3** 68   **4** ㄴ, ㄷ

1 몸무게가 50 kg 이상 55 kg 미만인 학생 수를 x명이라 하면

$\frac{x+5}{40} \times 100 = 30(\%)$ $\therefore x=7$

따라서 몸무게가 50 kg 이상 55 kg 미만인 학생 수는 7명이다.

2 수학 성적이 90점 이상인 학생 수가 4명이고 전체 학생 수의
10 %이므로 전체 학생 수는 40명이다.

따라서 수학 성적이 60점 이상 80점 미만인 학생 수는
$40-(4+14+4)=18$(명)이고, 70점 이상 80점 미만인 학생
수가 60점 이상 70점 미만인 학생 수의 2배이므로 70점 이상
80점 미만인 학생 수는 12명, 60점 이상 70점 미만인 학생 수
는 6명이다.

3 도수분포다각형과 가로축으로 둘러싸인 부분의 넓이는 히스
토그램의 직사각형의 넓이의 합과 같다.

따라서 계급의 크기는 2시간, 도수의 총합은
$5+8+10+7+3+1=34$(명)이므로
구하는 넓이는 $2\times34=68$

4 ㄴ. 남학생과 여학생의 수가 같으므로 넓이는 같다.

ㄷ. 160 cm 이상은 남학생이 $4+2+1=7$(명), 여학생은 4명
이므로 남학생 수가 더 많다. 계급값이 162.5 cm인 계급
에 속하는 학생 수는 남학생과 여학생이 각각 4명으로
같다.

핵심 문제 03
136쪽

| **1** B형 | **2** 40명 | **3** ④ | **4** 0.225 |

1 1반과 전체 학생의 혈액형의 상대도수를 구하면

혈액형	1반의 상대도수	전체의 상대도수
A	0.25	0.28
B	0.3	0.25
O	0.3	0.3
AB	0.15	0.17

따라서 전체의 상대도수보다 1반의 상대도수가 더 큰 혈액형
은 B형이다.

2 (전체 도수)$=\dfrac{(\text{그 계급의 도수})}{(\text{어떤 계급의 상대도수})}$이다.

멀리뛰기 기록이 200 cm 이상 210 cm 미만인 계급의 도수
가 6명, 상대도수가 0.15이므로 이 반의 학생 수는

$\dfrac{6}{0.15}=40$(명)

3 ① 남학생과 여학생이 모두 0.08이므로 비율은 같다.

② 60점 미만인 계급의 남학생의 상대도수는 0.11이고, 여학
생의 상대도수는 0.1이므로 남학생의 비율이 더 높다.

③ $0.27+0.08=0.35$이므로 남학생의 35 %이다.

---

⑤ 80점 이상인 계급의 남학생과 여학생의 상대도수의 합은
각각 0.35, 0.22이므로 남학생의 비율이 더 높다.

4 전체 학생 수는 40명이고 수학 성적이 70점 미만인 학생 수는
$2+7=9$(명)이므로

구하는 상대도수의 합은 $\dfrac{9}{40}=0.225$

응용문제 03
137쪽

예제 **3** 0.15, 0.3, 0.3, 0.35, 0.35, 70 / 70명

| **1** 30 | **2** 9명 | **3** 3 : 1 | **4** ⑤ |

1 (전체 도수)$=\dfrac{4}{0.08}=50$이므로 $a=\dfrac{12}{50}=0.24$

$b=50\times0.12=6$

$\therefore 100a+b=24+6=30$

2 (전체 학생 수)$=\dfrac{3}{0.05}=60$(명)

수학 성적이 60점 이상 70점 미만인 계급의 상대도수는
$1-(0.05+0.8)=0.15$

따라서 수학 성적이 60점 이상 70점 미만인 학생 수는
$60\times0.15=9$(명)

3 두 집단의 전체 도수를 각각 a, $3a$라 하고 어떤 계급의 도수
를 b라 하면 이 계급의 상대도수의 비는

$\dfrac{b}{a}:\dfrac{b}{3a}=\dfrac{3b}{3a}:\dfrac{b}{3a}=3:1$

4 ⑤ 책을 1권 이상 3권 미만을 읽은 학생들의 상대도수의 합은
A 중학교가 $0.1+0.2=0.3$,
B 중학교가 $0.05+0.15=0.2$이므로
A 중학교가 B 중학교보다 높다.

심화 문제
138~143쪽

01 (1) $a=2$, $b=3$ (2) $x=83$, $y=78$	**02** 35분

03 26명	**04** 28 %	**05** 20명	**06** 40배

07 35	**08** 39번째

09 (1) $x=0.175$, $y=0.275$ (2) 210명	**10** $\dfrac{am+bn}{m+n}$

11 0.24	**12** 680	**13** 11	**14** 3 : 5

15 199	**16** 5	**17** 72명	**18** 875명

01 (1) 주어진 20개의 자료 중에서 x, y를 제외한 18개의 자료로부터 도수분포표를 만들면 오른쪽과 같다.

x와 y는 78~81, 81~84의 계급에 속해야 하므로 $a=2$, $b=3$이다.

상품의 무게(g)	도수(개)
72^{이상}~75^{미만}	2
75 ~78	3
78 ~81	6
81 ~84	4
84 ~87	3
합계	18

(2) $x-y=5$에서 $x>y$이므로

x는 81~84의 계급에, y는 78~81의 계급에 속해 있다.

따라서 $81 \leq x < 84$, $78 \leq y < 81$이고 x, y는 각각 자연수이므로 $x=83$, $y=78$이다.

02 반 전체 학생 수를 x명이라 하면

$x \times \dfrac{4}{7} = 3+6+7 = 16$ $\therefore x=28$

따라서 문제를 푸는 데 걸린 시간이 40분 이상 50분 미만인 학생은 $28-(3+6+7+4)=8$(명)이다.

유승이가 문제를 푸는 데 걸린 시간이 긴 쪽부터 16번째이므로 35분이다.

03 1번 문항만 맞힌 학생 수 : 3명

2번 문항만 맞힌 학생 수 : 12명

3번 문항만 맞힌 학생 수 :

(3번 문항의 정답자 수) − (성적이 70점 이상인 학생 수)

$=22-(8+5+2)=7$(명)

3문제를 모두 맞힌 학생 수 : 2명

따라서 3문제 중 2문제만 맞힌 학생 수는

$50-(3+12+7+2)=26$(명)

04 75점 이상 80점 미만인 계급과 80점 이상 85점 미만인 계급의 도수를 각각 $9x$, $12x$(x는 자연수)라 하면 85점 이상 90점 미만인 계급의 도수는 $12x \times \dfrac{2}{3} = 8x$이다.

전체 학생 수가 50명이므로

$3+5+7+9x+12x+8x+4+2=50$

$21+29x=50$ $\therefore x=1$

따라서 수학 성적이 85점 이상인 학생 수는

$8x+4+2=8+4+2=14$(명)이므로

$\dfrac{14}{50} \times 100 = 28(\%)$

05 도수분포다각형의 넓이는 히스토그램을 이루는 직사각형들의 넓이의 합과 같으므로 계급값이 85인 히스토그램의 직사각형의 넓이를 x라 하면

$1+2+x+3=10$ $\therefore x=4$

따라서 계급값이 85인 계급의 도수는 $4 \times 5 = 20$(명)이다.

06 세로축의 눈금 한 칸이 나타내는 학생 수를 x라 하면

(삼각형 S의 넓이)$=\dfrac{1}{2} \times 1 \times 2x = 4$ $\therefore x=4$

따라서 도수분포다각형과 가로축으로 둘러싸인 부분의 넓이는

$2 \times (12+32+24+8+4) = 160$

이때 (삼각형 T의 넓이)=(삼각형 S의 넓이)=4이므로 도수분포다각형과 가로축으로 둘러싸인 부분의 넓이는 삼각형 T의 넓이의 $160 \div 4 = 40$(배)이다.

07 평균이 76점이므로 평균 점수가 속한 계급은 70점 이상 80점 미만이다.

평균 점수가 속한 계급의 학생의 점수가 모두 평균보다 낮을 때, 평균보다 점수가 높은 학생 수는 최소가 된다.

$\therefore x=12+9=21$

평균 점수가 속한 계급의 학생의 점수가 모두 평균보다 높을 때, 평균보다 점수가 낮은 학생 수는 최소가 된다.

$\therefore y=4+10=14$

$\therefore x+y=21+14=35$

08 $\dfrac{7}{25}=0.28$이고 1반에서 160 cm 이상 180 cm 미만인 계급의 상대도수가 0.28이므로 1반에서 7번째로 크려면 160 cm 이상이어야 한다.

1학년 전체에서 160 cm 이상인 학생 수는

$(0.12+0.01) \times 300 = 39$(명)이므로 최소한 39번째로 크다고 할 수 있다.

09 (1) $x=\dfrac{7}{40}=0.175$

$y=\dfrac{11}{40}=0.275$

(2) $400 \times (0.25+y) = 400 \times (0.25+0.275) = 210$(명)

10 두 반의 학생 수를 각각 mk명, nk명(단, k는 자연수)이라고 하면 육상부 학생의 상대도수는 각각 a, b이므로 두 반의 육상부 학생 수는 각각 amk명, bnk명이 된다.

따라서 두 반 전체 학생에 대한 육상부 학생의 상대도수는

$\dfrac{amk+bnk}{mk+nk} = \dfrac{am+bn}{m+n}$

11 0원 이상 5만 원 미만인 계급의 도수가 15이고 상대도수가 0.06이므로 전체 고객의 수는 $\dfrac{15}{0.06}=250$(명)

5만 원 이상 10만 원 미만인 계급의 도수는

$0.12 \times 250 = 30$(명)

15만 원 이상 20만 원 미만인 계급의 도수는

$0.2 \times 250 = 50$(명)

따라서 10만 원 이상 15만 원 미만인 계급의 도수가
$155 - (15 + 30 + 50) = 60$(명)이고, 구입한 물품의 금액이
100번째로 적은 고객이 속하는 계급은 10만 원 이상 15만 원
미만의 계급이고 이 계급의 상대도수는 $\dfrac{60}{250} = 0.24$이다.

12 주어진 상대도수를 분수로 나타내면 다음과 같다.

$0.125 = \dfrac{125}{1000} = \dfrac{1}{8}$, $0.15 = \dfrac{15}{100} = \dfrac{3}{20}$, $0.4 = \dfrac{4}{10} = \dfrac{2}{5}$

$0.275 = \dfrac{275}{1000} = \dfrac{11}{40}$, $0.05 = \dfrac{5}{100} = \dfrac{1}{20}$

(상대도수)$= \dfrac{(\text{그 계급의 도수})}{(\text{도수의 총합})}$이므로 도수의 총합은
8, 20, 5, 40의 공배수이다.

따라서 조사 대상이 될 수 있는 가장 작은 학생 수는 최소공배
수인 $x = 40$이고, 가장 큰 학생 수는 $y = 640$이다.

$\therefore x + y = 40 + 640 = 680$

13 전체 남학생 수를 x명, 전체 여학생 수를 y명이라고 하면
기록이 25 m 이상 30 m 미만인 남녀 학생 수의 비가
9 : 2이므로

$0.45x : 0.09y = 9 : 2$, $0.9x = 0.81y$

$\therefore x = 0.9y$ ··· ㉠

기록이 20 m 미만인 남녀 학생 수의 비는
$(0.05 + 0.15) \times x : (0.2 + 0.28) \times y$
$= 0.2x : 0.48y$
$= 0.2 \times 0.9y : 0.48y \, (\because ㉠)$
$= 0.18y : 0.48y$
$= 3 : 8$

따라서 $a = 3$, $b = 8$이므로 $a + b = 3 + 8 = 11$

14 1학년 전체 학생 수는 $\dfrac{15}{0.06} = 250$(명)

2학년 전체 학생 수는 $\dfrac{32}{0.16} = 200$(명)

$\therefore a = 200b$, $c = 250d$

또한 $b : d = 3 : 4$에서 $4b = 3d$ $\therefore b = \dfrac{3}{4}d$

$\therefore a : c = 200b : 250d = \left(200 \times \dfrac{3}{4}d\right) : 250d$

$\qquad = 150d : 250d = 3 : 5$

15 기록이 176 cm인 선수가 속하는 계급의 계급값이 175 cm,
기록이 227 cm인 선수가 속하는 계급의 계급값이 225 cm이
므로 새로운 도수분포표에서의 {(계급값)×(도수)}의 총합은
신입 선수 2명이 속한 계급의 계급값의 합만큼 늘어난다.

따라서 구하려는 값은 $\dfrac{9550 + 175 + 225}{48 + 2} = \dfrac{9950}{50} = 199$

16 $x : y = 4 : 3$이므로 $x = 4k$, $y = 3k$(k는 자연수)
$b : d = 1 : 2$이므로 $d = 2b$
(그 계급의 도수)$=$(도수의 총합)$\times$(상대도수)에서
$a : c = bx : dy = 4kb : 3kd = 4kb : 6kb = 2 : 3 = m : n$
이므로 $m = 2$, $n = 3$
$\therefore m + n = 2 + 3 = 5$

17 남학생 수를 $8x$, 여학생 수를 $7x$라 하면
$7x \times 0.3 - 8x \times 0.2 = 20$ $\therefore x = 40$
따라서 남학생은 $8 \times 40 = 320$(명),
여학생은 $7 \times 40 = 280$(명)
30분 이상 40분 미만 걸린 학생은
(남학생)$= 320 \times 0.4 = 128$(명),
(여학생)$= 280 \times 0.2 = 56$(명)
그러므로 30분 이상 40분 미만 걸린 학생 중 남학생은 여학생
보다 $128 - 56 = 72$(명) 더 많다.

18 전체 남학생 수를 x명, 전체 여학생 수를 y명이라 하면 계급
값이 162.5 cm인 계급, 즉 키가 160 cm 이상 165 cm 미만
인 계급의 남학생 수와 여학생 수가 같으므로
$0.24x = 0.32y$, $3x = 4y$ $\therefore x : y = 4 : 3$
이때 $x = 4k$, $y = 3k$(k는 자연수)로 놓으면 x, y의 최소공배
수가 1500이므로
$4 \times 3 \times k = 1500$ $\therefore k = 125$
따라서 (전체 남학생 수)$= 4 \times 125 = 500$(명),
(전체 여학생 수)$= 3 \times 125 = 375$(명)이므로
(전체 학생 수)$= 500 + 375 = 875$(명)

최상위 문제 144~147쪽

01 20명 **02** 80 **03** 77명 **04** 15명

05 6 **06** 0.4 **07** 150명 **08** 216명

09 0.12 **10** $x = 19$, $y = 28$, $z = 9$ **11** 56명

12 30명

01 줄기가 6인 학생 수와 9인 학생 수를 각각 $2x$, $3x$라 하면
줄기가 6인 학생들의 평균 점수가 62점이므로
이 학생들의 점수의 합은 $62 \times 2x = 124x$(점)
줄기가 9인 학생들의 평균 점수가 94점이므로
이 학생들의 점수의 합은 $94 \times 3x = 282x$(점)
유승이네 반 전체 학생 수는 $2x + 4 + 6 + 3x = 5x + 10$(명)이
고 반 전체 학생들의 평균 점수는 80.5점이므로
$124x + 287 + 511 + 282x = 80.5 \times (5x + 10)$
$406x + 798 = 402.5x + 805$, $3.5x = 7$ ∴ $x = 2$
따라서 반 전체 학생 수는 $5x + 10 = 5 \times 2 + 10 = 20$(명)

02 1번 정답자는 최소로 a명이고 2번 정답자는 최대로 b명이다.
20점을 맞은 6명과 80점을 맞은 10명이 모두 2번 정답자라고
하면
$a = 12 + 5 = 17$, $b = 6 + 12 + 10 + 5 = 33$,
$c = 15 + 10 + 5 = 30$
∴ $a + b + c = 17 + 33 + 30 = 80$

03 55 kg 이상 65 kg 미만인 남학생 수와 여학생 수를
각각 $5x$, $4x$라 하면
$(5x - 10 + 4) : (4x - 5 + 2) = 6 : 5$
$25x - 30 = 24x - 18$ ∴ $x = 12$
55 kg 이상 65 kg 미만인 계급의 남학생과 여학생은
각각 60명, 48명이므로 전체 학생 수를 y라 하면
$y \times \dfrac{27}{100} = 60 + 48$ ∴ $y = 400$
따라서 1학년 남학생은 $400 \times \dfrac{3}{5} - 10 + 4 = 234$(명),
1학년 여학생은 $400 \times \dfrac{2}{5} - 5 + 2 = 157$(명)이 되었으므로
남학생은 여학생보다 $234 - 157 = 77$(명)이 더 많게 되었다.

04 전체 학생은 50명이므로
$4 + 3 + 6 + x + y + 6 + 4 = 50$ ∴ $x + y = 27$
이때 $x : y = 5 : 4$이므로
$x = \dfrac{5}{5+4} \times 27 = 15$, $y = \dfrac{4}{5+4} \times 27 = 12$
3회 모두 다른 점수를 얻으려면 $1 + 2 + 3 = 6$(점)을 얻어야 하
고, 점수가 6점인 15명 중에서 모두 2점을 얻은 학생은
$15 - 8 = 7$(명)
따라서 3회 모두 같은 점수를 얻은 학생은 3점의 4명,
6점의 7명, 9점의 4명이므로
구하는 학생 수는 $4 + 7 + 4 = 15$(명)이다.

05 $3 + x + 19 + y + 5 = 50$, $x + y = 23$ ⋯ ㉠
기록이 10회 이하인 학생이 전체의 20 %이므로
$x + 3 \geq \dfrac{20}{100} \times 50 = 10$, $x \geq 7$ ⋯ ㉡
기록이 25회 이상인 학생이 전체의 30 %이므로
$y + 5 \geq \dfrac{30}{100} \times 50 = 15$, $y \geq 10$ ⋯ ㉢
㉠, ㉡, ㉢을 만족시키는 자연수 x와 y의 값은 다음 표와
같다.

x	7	8	9	10	11	12	13
y	16	15	14	13	12	11	10

따라서 x의 값 중 가장 큰 값과 가장 작은 값의 차는
$13 - 7 = 6$

06 1학년 전체 학생에 대한 1학년 여학생의 상대도수는
$1 - 0.55 = 0.45$
1학년 학생 수는 $22 \div (0.55 - 0.45) = 220$(명)이므로
1학년 남학생 수는 $220 \times 0.55 = 121$(명)
2학년 남학생 수는 $200 \times 0.52 = 104$(명)
3학년 남학생 수는 $600 \times 0.555 - (121 + 104) = 108$(명)
(3학년 전체 학생 수) $= 600 - (220 + 200) = 180$(명)
(3학년 여학생 수) $= 180 - 108 = 72$(명)
따라서 3학년 전체 학생에 대한 3학년 여학생의 상대도수는
$\dfrac{72}{180} = 0.4$

07 설문에 참여한 주민 수는
$N = 12 + a + 60 + 36 + b = 108 + a + b$
도수분포표에서 200 m^2 이상 800 m^2 미만인 계급의 도수의
합은 $a + 60 + 36 = a + 96$이고 이때의 평균은 520 m^{2}이므로
$300a + 500 \times 60 + 700 \times 36 = 520 \times (a + 96)$
$220a = 5280$ ∴ $a = 24$
그러므로 $N = 108 + a + b = 108 + 24 + b = 132 + b$이고
전체의 평균은 532 m^{2}이므로 다음이 성립한다.
$100 \times 12 + 300 \times 24 + 500 \times 60 + 700 \times 36 + 900 \times b$
$= 532 \times (132 + b)$
$368b = 6624$ ∴ $b = 18$
따라서 구하는 값은 $N = 132 + 18 = 150$

08 $a = 9m$, $b = 9n$(m, n은 서로소)이라 하면
4시간 이상 6시간 미만인 계급에서 전체 학생 수는
$9m \div \dfrac{1}{3} = 9m \times 3 = 27m$
8시간 이상 10시간 미만인 계급에서 전체 학생 수는

$$9n \div \frac{1}{8} = 9n \times 8 = 72n$$

이때 $27m = 72n$에서 $3m = 8n$이고, m과 n은 서로소이므로
$m = 8$, $n = 3$이다.
따라서 조사에 참여한 학생 수는 $27 \times 8 = 216$

09 (i) 반 학생 수는 25명이므로 1명의 상대도수는 $\frac{1}{25} = 0.04$
이다.

(ii) 점수가 40점 이상 50점 미만인 계급의 상대도수는 0.08에서 0.04가 되었으므로 1명이 한 계급 올라갔다.

(iii) 60점 이상 70점 미만 계급에서 수정 전 7명(0.28)에서 수정 후 0.36(9명)으로 2명이 50점 이상 60점 미만 계급에서 올라왔다.

∴ $A = 0.04 \times (4+1-2) = 0.12$
∴ $B = 1 - (0.04+0.12+0.36+0.2+0.04) = 0.24$
∴ $B - A = 0.24 - 0.12 = 0.12$

10 〈조건 1〉에서 $\frac{x}{100} = \frac{z}{100} + 0.1$에서 $z = x - 10$ … ㉠
〈조건 2〉에서 $2x = y + 10$에서 $y = 2x - 10$ … ㉡
도수의 총합이 100명이므로
$x + y + z = 100 - (10+24+10) = 56$ … ㉢
㉢에 ㉠, ㉡을 대입하면
$x + (2x-10) + (x-10) = 56$, $4x = 76$
∴ $x = 19$, $y = 2 \times 19 - 10 = 28$, $z = 19 - 10 = 9$

11 B 중학교의 전체 학생 수를 x라 하면 A 중학교의 전체 학생 수는 $\frac{0.2}{0.16}x = \frac{5}{4}x$
A 중학교에서 등교하는 시간이 8시 50분에서 9시 사이인 계급의 상대도수는
$1 - (0.06+0.16+0.28+0.24+0.18) = 0.08$
이 계급에 속하는 학생 수는 A 중학교가 B 중학교보다 8명 더 많으므로 $\frac{5}{4}x \times 0.08 = x \times 0.08 + 8$ ∴ $x = 400$
B 중학교에서 등교 시간이 8시 40분에서 8시 50분 사이인 계급의 상대도수는
$1 - (0.04+0.2+0.32+0.22+0.08) = 0.14$
따라서 8시 40분에서 8시 50분 사이에 등교하는 B 중학교의 학생 수는 $400 \times 0.14 = 56$

12 그래프의 세로 눈금 한 칸의 크기를 x라 하면 B 아파트의 상대도수의 총합은 1이므로
$x + 6x + 8x + 4x + x = 1$, $20x = 1$
∴ $x = 0.05$
즉 그래프의 세로 눈금 한 칸의 크기는 0.05이다.

이때 A 아파트에서 50세 이상인 성인의 상대도수의 합은
$1 - 0.05 \times (3+7+5) = 0.25$
따라서 A 아파트에서 살고 있는 50세 이상인 성인은
$120 \times 0.25 = 30$(명)

특목고 / 경시대회 실전문제 · 148쪽

01 62명   **02** 16   **03** 59 : 41

01 점수가 30점 이상인 학생 수를 x명이라 하면 전체 학생 수는 $(x+2)$명, 30점 이상인 학생들의 평균 점수가 70점이므로 이 학생들의 총점은 $70x$이다.
또 80점 미만인 학생 수는 $x+2-(10+2) = x-10$(명)이고 이 학생들의 평균 점수가 64.2점이므로 이 학생들의 총점은 $64.2(x-10)$점이다.
(30점 이상인 학생들의 총점) − (80점 미만인 학생들의 총점)
= (80점 이상인 학생들의 총점)
　− (20점 이상 30점 미만인 학생들의 총점)이므로
$70x - 64.2(x-10) = (85 \times 10 + 95 \times 2) - (25 \times 2)$
$5.8x + 642 = 990$ ∴ $x = 60$
그러므로 수학 경시대회에 참가한 학생 수는 $60 + 2 = 62$(명)

02 윗몸말아올리기 횟수가 18회 미만인 1학년 학생 수와 2학년 학생 수가 같으므로 1학년 전체 학생 수를 a명, 2학년 전체 학생 수를 b명이라 하면 $(0.04+0.2)a = 0.12b$
∴ $b = 2a$
한편 도수가 가장 큰 계급은 상대도수가 가장 큰 계급이므로 1학년에서 도수가 가장 큰 계급은 18회 이상 24회 미만인 계급이고 그 계급의 도수는 $0.32a$(명)
2학년에서 도수가 가장 큰 계급은 24회 이상 30회 미만인 계급이고 그 계급의 도수는 $0.34b = 0.34 \times 2a = 0.68a$(명)
이때 1학년에서 도수가 가장 큰 계급의 도수와 2학년에서 도수가 가장 큰 계급의 도수의 차가 18명이므로
$0.68a - 0.32a = 18$, $0.36a = 18$ ∴ $a = 50$
∴ $b = 2 \times 50 = 100$
1학년에서 윗몸말아올리기 횟수가 30회 이상인 계급의 상대도수는 $1 - (0.04+0.2+0.32+0.28) = 0.16$이므로 학생 수는 $50 \times 0.16 = 8$(명)
2학년에서 윗몸말아올리기 횟수가 30회 이상인 계급의 상대도수는 $1 - (0.12+0.3+0.34) = 0.24$이므로 학생 수는

$100 \times 0.24 = 24$(명)

따라서 윗몸말아올리기 횟수가 30회 이상인 학생은 2학년이 1학년보다 $24 - 8 = 16$(명) 더 많으므로 $x = 16$

03 쓴 용돈이 8000원 이상인 학생이 전체의 54 %이므로 8000원 미만인 학생은 전체의 $100 - 54 = 46$(%)이고 학생 수가 $5 + 8 + 10 = 23$(명)이므로

(전체 학생 수)$= 23 \div 0.46 = 50$(명)

$m + n = 50 - (5 + 8 + 10 + 2) = 25$, $m - n = 1$

$\therefore m = (25 + 1) \div 2 = 13$, $n = 13 - 1 = 12$

따라서 다음 그림과 같이 그래프의 가장 높은 꼭짓점에서 가로축에 수선을 그어 각각의 넓이를 구하면

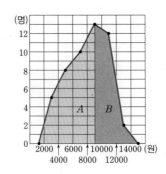

$A = 2000 \times \left(5 + 8 + 10 + \dfrac{1}{2} \times 13\right)$

$ = 2000 \times \dfrac{59}{2}$

$B = 2000 \times \left(\dfrac{1}{2} \times 13 + 12 + 2\right)$

$ = 2000 \times \dfrac{41}{2}$

$\therefore A : B = \left(2000 \times \dfrac{59}{2}\right) : \left(2000 \times \dfrac{41}{2}\right)$

$ = 59 : 41$

중학수학
절대강자

정답 및 해설

최상위

펴낸곳 (주)에듀왕
개발총괄 박명전
편집개발 황성연, 최형석, 임은혜
표지/내지디자인 디자인뷰
조판 및 디자인 총괄 장희영
주소 경기도 파주시 광탄면 세류길 101
출판신고 제 406-2007-00046호
내용문의 1644-0761

⚠ 주 의
• 책의 날카로운 부분에 다치지 않도록 주의하세요.
• 화기나 습기가 있는 곳에 가까이 두지 마세요.

KC마크는 이 제품이 공통안전기준에 적합하였음을 의미합니다.

중학수학
절대강자